VOYAGES D'ÉTUDE PHYSIOLOGIQUE
CHEZ LES PROSTITUÉES
DES PRINCIPAUX PAYS DU GLOBE

I

Le pélerin de Cythère.

Je me trouvais en 1885 à Genève, où un de mes confrères et moi étions venus, en partie de vacances, pour visiter l'admirable établissement hydrothérapique du docteur Glatz, à Champel-sur-Arve.

Nous avions élu domicile dans une excellente pension bourgeoise, située hors de la ville, non pas du côté de Champel et de Carouge, mais au contraire dans la région tout-à-fait opposée, au-delà de la gare de Cornavin et du faubourg de la Servette, en un délicieux endroit qu'on nomme le Petit-Sacconnex; de là, on domine la ville, on a vue sur le Léman, le Salève et les Alpes. Nous logions donc et prenions nos repas dans une coquette villa qui a été transformée en pension alimentaire, au milieu d'un site ravissant, comme beaucoup de maisons de campagne qui font, grâce à leur confortable parfait, une terrible concurrence aux hôtels de la cité.

Entre pensionnaires, on lie vite connaissance, et,

pour peu que l'on sympathise, on se tient mutuellement au courant de mille petites nouvelles.

C'est ainsi qu'un soir j'appris, d'une dame de Morat, qu'on avait enterré, quelques jours auparavant, à Versoix, un homme porteur d'un nom assez bruyamment connu dans les annales de la médecine française: Guilbert de Préval.

A cette occasion, après le dîner, mon confrère et moi, nous ne manquâmes pas de discuter, — mais exclusivement entre nous deux, — sur la grosse question que Guilbert de Préval souleva au siècle dernier; le défunt de Versoix était son petit-fils.

Ce livre ne s'adressant pas uniquement aux médecins, je vais donc raconter d'abord, avec quelques détails, l'incident auquel je viens de faire allusion.

Denis Guilbert de Préval était, en 1772, un médecin d'environ trente-cinq ans, devant qui s'ouvrait le plus brillant avenir; il avait déjà le titre de docteur-régent, et il était, à la Faculté de médecine de Paris, un des professeurs dont les cours avaient une grande renommée. Un jour, il annonça à ses amis qu'il venait de résoudre l'énorme problème de la prophylaxie de la syphilis, et cela, assurait-il, d'une façon absolue; il avait découvert un spécifique qui préservait de toute contagion. Il s'agissait d'une découverte scientifique, médicale, et non d'un de ces moyens qui sont du domaine des bandagistes.

Cette nouvelle, se répandant promptement, produisit à Paris une vive émotion. Les personnages les plus considérables, des gentilshommes de la cour, parmi lesquels une Altesse Royale, firent venir Guilbert de Préval devant eux, et le mirent en demeure, pour prouver qu'il n'était pas un vulgaire charlatan, de faire sur lui-même et en présence de témoins l'expérience

LE PÈLERIN DE CYTHÈRE

VOYAGES

D'ÉTUDE PHYSIOLOGIQUE

CHEZ

LES PROSTITUÉES

DES

PRINCIPAUX PAYS DU GLOBE

PAR LE

Docteur GRANDIER-MOREL
Ex-Médecin de la Marine,
Annotateur de PARENT-DUCHATELET et auteur de
VÉNUS DEVANT ESCULAPE

Prix : 6 francs.

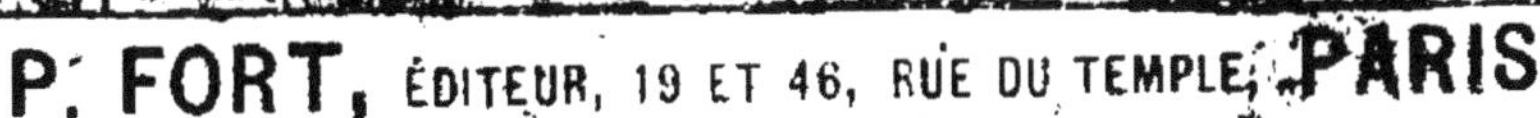

P. FORT, ÉDITEUR, 19 ET 46, RUE DU TEMPLE, PARIS

VOYAGES D'ÉTUDE PHYSIOLOGIQUE

CHEZ LES PROSTITUÉES

DES PRINCIPAUX PAYS DU GLOBE

Sceaux. — Imprimerie E. Charaire

VOYAGES
D'ÉTUDE PHYSIOLOGIQUE
CHEZ
LES PROSTITUÉES
DES
PRINCIPAUX PAYS DU GLOBE

PAR LE

Dr GRANDIER-MOREL

Ancien médecin de la Marine

PARIS

PIERRE FORT, ÉDITEUR

46, RUE DU TEMPLE, 46

—

nécessaire. Le médecin se soumit à cette épreuve, et c'est surtout ce qui lui valut la réprobation de ses confrères. On lui amena une femme, syphilitique au plus haut degré; l'expérience fut faite. A plusieurs reprises, d'autres jours, elle fut renouvelée, par contacts avec d'autres femmes, toutes affectées de la terrible maladie, si facilement contagieuse, et Guilbert de Préval sortit indemne, après avoir ainsi bravé maintes fois le danger.

Cet événement scandalisa au plus haut point la Faculté; elle déclara que le docteur-régent avait avili la médecine. Dans une séance solennelle, tenue le 8 août 1772, et où les cent cinquante-six docteurs dont se composait ce corps se trouvaient réunis, Guilbert de Préval fut, *à l'unanimité moins six voix*, expulsé de la Faculté de médecine de Paris, rayé de la liste de ses membres, et condamné à la perte de tous ses titres scientifiques.

Guilbert de Préval en appela de cette sentence devant le Parlement. L'affaire dura cinq ans. Enfin, le 13 août 1777, le Parlement ratifia le décret de la Faculté, et même l'aggrava, en frappant d'une amende de trois mille francs l'inventeur du préservatif de la syphilis.

Les principaux arguments soulevés contre Denis Guilbert de Préval se trouvent dans le mémoire adressé au Parlement par la Faculté de médecine.

« Nous ne voulons pas, disaient les docteurs parisiens, confraterniser avec le sieur Guilbert de Préval, parce que cet homme s'est déshonoré publiquement; parce que, fauteur du libertinage, il en est l'instigateur; parce qu'il a osé faire sur sa personne une démonstration réitérée, dont l'homme le plus dissolu ne pourrait soutenir, nous ne disons pas le spectacle, mais même le récit ; parce que, enfin, il a, par cette expérience infâme, offert avec l'impunité un appât pour le vice et anéanti les mœurs autant qu'il était en lui.

« Ce serait à la morale qu'il appartiendrait d'examiner à quel point serait licite une invention dont l'unique objet serait d'ajouter à l'attrait naturel du vice celui de l'impunité. Nous savons, ou du moins nous croyons qu'un préservatif pour la maladie dont il est question produirait un dérèglement dont souffriraient la population et le bon ordre social, nous pourrions ajouter la pureté des mœurs. »

On le voit, Guilbert de Préval fut sévèrement condamné, quoiqu'il protestât de ses bonnes intentions. Il ne trouva que six médecins pour l'absoudre. Parmi le public même, ses partisans furent très rares ; il fut désavoué par les hauts personnages, à cause de qui il s'était compromis.

Cependant, il eut une consolation dans son malheur. Au cours de la dernière année du procès au Parlement, une généreuse femme, voyant en lui un philanthrope incompris et calomnié, s'intéressa à sa cause ; elle avait la conviction que Guilbert de Préval n'avait pas agi dans un intérêt pécuniaire, pour donner la vogue à son spécifique et gagner ainsi de l'or, mais qu'au contraire il n'avait eu en vue que les grands intérêts de l'humanité ; elle ne considéra pas comme des actes de débauche les épreuves auxquelles il s'était soumis. Guilbert de Préval était célibataire; elle était veuve d'un médecin des armées royales. Le lendemain de la condamnation définitive par le Parlement, elle offrit son cœur, sa main et sa fortune au condamné, disant qu'elle serait fière de porter son nom. Cette union s'accomplit. Les deux époux s'exilèrent en Suisse, où Guilbert de Préval finit obscurément ses jours. Cette fin prouva qu'on s'était trompé sur le but qu'il avait tenté de poursuivre à Paris, en voulant doter la France d'un remède préventif contre la syphilis : en effet, à l'étranger, il aurait pu faire commerce de sa découverte ; or, il s'en abstint tout-à-fait, et l'opinion générale fut, parmi ses partisans, qu'il se vengea de l'injustice des hommes en emportant avec lui son secret dans la tombe.

Nous causâmes donc de ces choses, lorsqu'en 1885 mourut à Versoix, dans sa soixante-huitième année, Louis Guilbert de Préval, petit-fils du docteur-régent de la Faculté de Paris.

Mon confrère et compagnon de voyage, qui est, comme moi, un admirateur de Parent-Duchâtelet, me disait qu'il regrettait amèrement que l'illustre auteur de la *Prostitution à Paris* n'ait pas été conséquent avec lui-même au sujet de la question Guilbert de Préval ; car il a approuvé sa condamnation par le Parlement, oubliant que lui-même avait écrit les lignes suivantes au sujet de la nécessité de lutter contre la syphilis :

« Une supposition : si aujourd'hui tous les cabarets de Paris fabriquaient de mauvais vins; s'il était à la connaissance du public que ce vin contient un poison lent; si les rues étaient remplies d'ivrognes et la ville de maladies contagieuses par l'effet de cette intoxication d'un grand nombre; si, malgré tous les avertissements, cette importante partie de la population avait un goût tellement décidé pour cette boisson pernicieuse, que ni la honte, ni les reproches, ni les plus graves châtiments ne pussent l'empêcher d'en faire usage ; que dirait-on d'un homme qui trouverait le moyen de purifier ce vin et d'en rendre l'usage moins funeste, même pour les intempérants? ne lui adresserait-on pas des louanges? quelqu'un s'aviserait-il de soutenir qu'il commet une mauvaise action en empêchant les gens sensuels et sans prévoyance d'être empoisonnés?

« Eh bien! l'administration se trouve dans le même cas : elle ne peut pas rendre les hommes vertueux; elle ne peut pas rectifier leur jugement et refréner l'impétuosité des passions qui parlent trop haut pour laisser aux hommes la conscience de leur devoir; mais elle peut aller au-devant des dangers qu'affrontent les imprudents. J'irai plus loin; car je soutiens qu'elle le doit, et que les hommes d'État qui ont négligé ce point important ont failli à leur mission, et ne peuvent être excusés que par l'ignorance où ils étaient de l'efficacité de la surveillance sanitaire. En négligeant cette partie de leur mandat, aujourd'hui que le bienfait de cette surveillance est connu, ils seraient plus coupables que s'ils laissaient vaquer librement les serpents venimeux et les chiens enragés. »

Il coule de source que, étant donné précisément le bienfait partiel résultant de la visite sanitaire des prostituées, l'immunité complète, la suppression absolue de la contagion, et, par conséquent, la disparition totale de la syphilis à brève échéance, auraient été un grand bien, à plus forte raison. Avant l'apparition de l'horrible maladie, la débauche avait sévi dans l'humanité, autant que de nos jours, et parfois davantage, comme au temps de la décadence romaine; ce qui rend la syphilis plus pernicieuse et, disons le mot, plus haïssable que toutes les maladies vénériennes d'une origine antérieure à 1494, c'est qu'elle atteint les êtres les plus innocents, les plus purs, c'est qu'elle se transmet avec une extrême facilité en dehors des relations sexuelles, c'est qu'elle se perpétue de génération en génération dans les familles, empoisonnant la descendance et abâtardissant les races. La lutte contre un tel fléau est la plus forte raison d'être des polices sanitaires, instituées par les gouvernements intelligents et soucieux de l'hygiène des populations.

Il est donc permis de regretter que la découverte de Denis Guilbert de Préval, au lieu de valoir à l'inventeur un méprisant ostracisme, n'ait pas été accueillie et étudiée en 1772 par la Faculté de Paris, qui aurait pu, nous semble-t-il, lui donner une application pratique et salutaire, sans aucun scandale.

Mais ne récriminons pas. Acceptons philosophiquement le fait accompli : le Jenner de la vérole américaine a été incompris de ses contemporains, et sa découverte est perdue.

Il y a trois ans, je recevais la visite d'un homme dans toute la force de l'âge, vigoureux, plein de santé, qui s'annonça chez moi, muni d'une lettre de présentation émanant de cette dame de Morat dont j'ai parlé plus haut. La carte de mon visiteur portait ce nom : *Victor Guilbert ;* et quand je lui demandai s'il n'était pas, par hasard, de Versoix, il me répondit affirmativement. Cette circonstance me causa une agréable surprise ; elle fut complète et me poussa à m'intéresser de plus en plus à mon visiteur, lorsque, à la suite d'autres questions, je sus que je me trouvais en présence du fils de Louis Guilbert de Préval, décédé lors de mon voyage en Suisse. M. Victor Guilbert était donc l'arrière-petit-fils de l'ex-docteur-régent de la Faculté de Paris.

Je m'employai de mon mieux à lui être utile dans l'affaire pour laquelle il m'était adressé et qui nécessitait le concours direct d'un de mes proches parents, et le service que nous lui rendîmes tous deux à cette occasion fut le point de départ de relations amicales entre notre famille et lui.

Comme on le pense bien, je ne cachai pas à M. Victor

Guilbert ma façon de penser sur son bisaïeul ; en ceci, je lui exprimai l'opinion d'un grand nombre de médecins, qui, aujourd'hui, ne manqueraient pas d'accueillir avec faveur une découverte aussi importante que celle de la prophylaxie de la syphilis. En le priant de ne pas me répondre s'il me trouvait indiscret, je l'interrogeai sur la destinée réelle de la découverte de son illustre ancêtre : ce spécifique préservatif était-il vraiment perdu ?

— Oui, me dit M. Victor Guilbert, perdu pour tous, la descendance de l'inventeur seule exceptée.

— Guilbert de Préval a donc légué aux siens son secret ?

— Sous des conditions formelles et précises, que nous nous faisons un devoir d'observer, ainsi qu'on exécute les volontés dernières d'un mourant... Le condamné de 1772 et 1777 n'eut qu'un fils, Edmond Guilbert de Préval, mon grand-père. Lui, il eut trois enfants : en premier lieu, deux filles ; et comme dernier né, mon père Louis, qui naquit en 1818, qui est mort il y a douze ans... De mes deux tantes, l'une est décédée sans enfants ; l'autre vit encore, mariée en Ecosse, veuve depuis une quinzaine d'années, et habitant Edimbourg avec son fils unique, Geo Mac-Laren, mon cousin germain... Quant à mon père, il a eu quatre enfants ; mais l'aîné et le cadet, Denis et François, sont morts en bas âge ; Hélène, ma sœur, ne s'est pas mariée, pour se dévouer à notre père et à moi-même, attendu que nous perdîmes ma mère en 1869. Je n'avais alors que sept ans ; Hélène en avait quinze... Actuellement, les seuls dépositaires du secret de notre bisaïeul sont mon cousin Geo Mac-Laren et moi, votre ami ; car vous me permettrez de vous donner ce titre, n'est-ce pas, mon cher docteur ?

Il n'y avait pas le moindre espoir de me faire confier la formule du précieux spécifique; je ne fis, d'ailleurs, sur ce point, aucune tentative : les descendants de Guilbert de Préval obéissent aux volontés testamentaires de leur bisaïeul, comme à l'ordre le plus sacré. Toute cette famille est, depuis plus d'un siècle, à l'abri du terrible fléau; voilà ce que je puis affirmer.

— Peu de temps avant la mort de mon père, me dit encore M. Victor Guilbert, je revenais d'un voyage que j'avais été dans l'obligation de faire à Smyrne, pour sauvegarder une importante créance de notre famille; pendant le retour, j'avais eu la curiosité de visiter quelques-uns des lieux les plus célèbres de la Grèce antique... C'est à ma rentrée à Versoix que mon père m'apprit le secret de notre ancêtre... Puis, lorsqu'il vit que sa fin était proche, il écrivit une lettre, qui m'était destinée, et que je trouvai dans son secrétaire, le lendemain de son décès. Elle était cachetée; mais je ne l'ouvris pas, car l'enveloppe portait cette suscription : « Mon fils Victor ne prendra connaissance du contenu de ce pli, que lorsqu'il aura atteint sa vingt-cinquième année. » J'attendis donc deux ans.

Inutile de dire avec quelle attention j'écoutais mon jeune ami. Il poursuivit ainsi sa confidence :

— Cette lettre, je l'ai lue plus de cent fois; je la sais par cœur. Elle était datée du 10 août 1885.

« Jusqu'à ce jour, m'écrivait mon père, tu n'as montré aucune tendance pour le mariage, et, d'autre part, j'ai été heureux de constater que tu n'es pas porté à mener une existence irrégulière. Comme tous les jeunes gens, à l'époque qui a suivi ta sortie du collège, tu as jeté ta gourme, pendant que tu étais étudiant; mais, cette période passée, tu t'es adonné plus que jamais au travail; c'est la science que tu as prise pour maîtresse. C'est un plaisir pour moi de t'en féliciter. Or, la joie que tu as eue naguère à me raconter, avec mille détails, tes excursions grecques, me convainc du goût très vif que tu as aussi pour les voyages, et ceci m'incite à te suggérer un projet.

« Si à vingt-cinq ans tu persistes encore à demeurer célibataire, si tu n'éprouves aucune inclination de nature à te donner le paisible bonheur de la vie conjugale, entreprends le tour du monde, au lieu de t'immobiliser à Versoix, et que tes pérégrinations à travers tous les peuples soient utiles à la science!

« Parmi les docteurs renommés qui, en ce siècle-ci, ont approuvé la condamnation de ton bisaïeul, figure Parent-Duchâtelet, dont les études sur la prostitution parisienne jouissent d'une réputation méritée. Complète son œuvre, en l'élargissant dans les proportions les plus vastes. Évidemment, tu ne pourras pas faire une étude aussi fouillée que la sienne; la vie d'un homme n'y suffirait pas, ni celles de dix, de vingt hommes. Tu seras, néanmoins, en mesure de voir promptement par toi-même, tandis que d'autres, obligés à beaucoup de prudence, perdraient les neuf dixièmes de leur temps à consulter, vu la nécessité où ils se trouveraient, le plus souvent, de ne pas se rendre personnellement compte des faits.

« Toutes les sciences sociologiques étant basées sur l'observation, il est indéniable que la première condition pour réaliser un progrès social quelconque réside dans un ensemble de comparaisons, aussi variées que possible, du sujet observé et étudié. Or, la question de la prostitution étant un des plus importants problèmes sociaux, son étude ne saurait se restreindre à une seule ville, fût-elle une des plus populeuses cités du monde, fût-elle la capitale d'une des plus grandes nations.

Il faut aux hommes d'État, aux gouvernants, et aussi à l'opinion publique, avoir sous les yeux les résultats d'une enquête générale, pour pouvoir apprécier d'une façon juste l'état de la question ; et, comme les mœurs et habitudes de la prostitution diffèrent nécessairement suivant l'origine des peuples, suivant leurs lois et coutumes, suivant leur civilisation plus ou moins avancée ou arriérée, sans parler de la diversité des climats qui ne peut manquer d'exercer aussi une influence, il est donc impossible de se former une opinion exacte et juste, si l'on ne possède pas un tableau universel présentant les observations faites, au point de vue de la physiologie, sur cette classe particulière de la société, dans les principaux pays du globe.

« Telle est la tâche à laquelle tu pourras peut-être te consacrer : faire cette enquête générale. Ainsi, tu montrerais qu'un Guilbert de Préval, tout en demeurant fidèle aux volontés dernières du philanthrope méconnu et persécuté dont nous nous honorons d'être les descendants, sait servir avec désintéressement la grande cause de l'humanité.

« Parent-Duchâtelet, te disais-je, s'est mépris sur la pureté des intentions de notre ancêtre vénéré ; il a joint son blâme aux condamnations de la Faculté de médecine et du Parlement de Paris. Eh bien, tu vengeras notre nom de ce blâme, en associant notre nom au sien, en étudiant dans le monde entier cette prostitution qu'il n'a étudiée qu'à Paris, en accomplissant une œuver analogue à la sienne, mais générale au lieu d'être restreinte ; et, puisque son œuvre est proclamée bonne, la tienne, tendant au même but, ne pourra pas être déclarée mauvaise. Que dis-je? il n'est pas un sociologue intelligent et honnête, pas un homme vertueux à l'esprit large et dégagé de préjugés rétrogrades, qui n'applaudira à ta mission, en se réjouissant de ses fruits.

« Mais, après avoir mené à bien cette tâche, irréalisable par tout autre qu'un Guilbert de Préval, sois modeste, comme il convient aux bons serviteurs de l'humanité. Borne-toi à être l'intrépide moissonneur des observations nécessaires, utiles aux réformateurs et aux hommes d'État; apporte simplement à l'opinion publique le produit de cette immense enquête, et laisse le soin de conclure aux docteurs de la science sociale. »

Je savais que M. Victor Guilbert était resté célibataire; je lui posai donc immédiatement la question suivante :

— Et cette exploration générale du monde, vous l'avez sans doute entreprise? où en êtes-vous de vos voyages?

— Ils sont terminés; ils ont duré dix ans. Je suis allé à peu près partout... J'ai vu de près, j'ai observé, et j'ai consigné par écrit les faits les plus saillants, les plus caractéristiques, dont j'ai été témoin au cours de mes diverses pérégrinations.

— Sans indiscrétion, mon cher ami, puis-je vous demander quand livrerez-vous votre manuscrit à la publicité?

— Ma foi, je n'en sais rien encore. Ce sont des notes que j'ai prises, que j'ai classées; tout cela a besoin d'être revu, pour recevoir une forme définitive, digne de l'impression... Mais, si ce dossier vous intéresse, tel qu'il est à présent, je me ferai un devoir de vous le communiquer, dès qu'il vous plaira.

Enchanté de cette offre si gracieuse, je m'empressai de l'accepter. Le lendemain même, M. Victor Guilbert me confiait la volumineuse collection de ses notes de voyages.

Sur un feuillet détaché, placé immédiatement sous la couverture du dossier, il avait inscrit sept ou huit projets de titres, parmi lesquels je remarquai celui-ci : *Le Pélerin de Cythère.*

— Tiens! lui dis-je, voilà un titre original.

— C'est celui qui me plaît le mieux, et que, probablement, j'adopterai quand le moment sera venu de publier ma relation complète, bien coordonnée et rédigée à nouveau, peut-être accompagnée de gravures; car le pittoresque abonde dans mes voyages, et j'ai eu soin de rapporter bon nombre de photographies.

— Ce sera en effet, très intéressant.

Le Pélerin de Cythère, c'est ainsi qu'il se qualifiait, pour synthétiser sa mission. De l'île de Cythère elle-même, il ne pouvait être beaucoup question, m'expliqua-t-il, attendu que le mythologique berceau de Vénus ne compte plus aujourd'hui qu'une seule prêtresse de la volupté, et encore Mlle Marina ne peut guère être classée dans aucune catégorie de courtisanes...

— Cythère est un des lieux que j'avais visités, avant la mort de mon père, me dit-il. Vous comprenez qu'un admirateur de l'antiquité ne saurait traverser la Grèce, sans aller saluer en passant l'île à jamais célèbre dont le nom est auréolé des plus poétiques légendes.

Là-dessus, il m'ouvrit le cahier concernant le voyage antérieur à sa mission. Je retranscris ici quelques feuillets du manuscrit de M. Victor Guilbert de Préval :

« Cythère! quels gracieux souvenirs mythologiques se présentent d'eux-mêmes à la pensée, à la seule évocation de ce doux nom, dont les modernes, en leur stupide manie de changement, ont fait Cérigo!... Pourquoi Cérigo? cela dit-il quelque chose à l'imagination, Cérigo?...

« D'après la légende, que chacun connaît, la déesse

de la beauté naquit de l'écume de l'onde, sur cette belle mer qui s'étend entre la pointe méridionale du Péloponèse et les côtes de la Syrie. La tradition grecque veut qu'en sortant de l'onde Vénus ait pris terre et se soit montrée d'abord aux habitants de Cythère; c'est pourquoi toute l'île lui fut consacrée. De là, son culte s'est peu à peu étendu à la Grèce entière, puis à toute l'Europe civilisée.

« Et voici qu'en songeant à Cythère, ma mémoire se remplit des beaux vers de Musset :

Regrettez-vous le temps où le Ciel, sur la terre,
Marchait et respirait dans un peuple de dieux?
Où Vénus Astarté, fille de l'onde amère,
Secouait, vierge encor, les larmes de sa mère,
Et fécondait le monde en tordant ses cheveux?

« Et il semble que la déesse nous apparaît telle que la décrivent Homère, Hésiode et Pindare. Voyez là-bas ce nuage immaculé, aux formes capricieuses; les zéphyrs le poussent, le soleil à son déclin l'inonde de ses rayons joyeux et doux. Voyez! c'est Vénus victorieuse qui parcourt l'espace dans son char aérien, traîné par les blanches colombes, et Cupidon, son malicieux enfant, dirige leur vol, tandis que, de la conque où elle siège, des roses tombent en pluie embaumée sur les mortels!

« Les Heures la précédent, les Grâces l'entourent, la Jeunesse est sa charmante messagère. La voici, celle qui fait l'admiration des dieux : elle est couronnée de violettes; son cou délicat et sa blanche poitrine sont ornés d'un magnifique collier; elle a pour ceinture le ceste, ce talisman divin, dans lequel sont réunis tous les charmes irrésistibles, tous les attraits vainqueurs. Un sourire ineffable erre sur ses lèvres; son regard est tendre et voluptueux, ce regard à la fois humide et brillant, que l'art humain est impuissant à reproduire.

« Poursuis ta route céleste, ô Vénus, déification de la femme! plane sur nous dans l'azur, ô reine toujours victorieuse, toujours triomphante!

« Nature a donné cornes au taureau, s'écrie Anacréon, « sabots au cheval, pieds rapides au lièvre, au lion la « mâchoire béante, au poisson la nage, à l'oiseau le vol, « à l'homme la pensée; à la femme... Mais il n'y a plus « rien pour elle. Que lui donner maintenant? La « beauté, contre tout bouclier, contre toute lance. Elle « vainc et le fer et le feu, celle qui a la beauté! »

« Or, ayant quitté Argos, je me suis embarqué à Nauplie pour Gythéion, d'où je gagnerai Sparte en voiture; l'une des quatre escales, au cours de la traversée, est précisément un petit port de l'île de Vénus. Je ne me suis arrêté ni à Astros, ni à Léonidi, encore moins à Monemvasia (par corruption, Malvoisie), dont les ruines féodales, haut perchées, ont seules un aspect imposant, mais dont les vignobles célèbres, ont totalement disparu[1]. Nous venons de doubler le cap Malée, où nous apercevons un ermitage installé sur la pointe voisine du phare, et maintenant nous voguons vers Cythère. Le vapeur de la Compagnie Panhellénique, où je suis passager, file bien; un matelot m'assure que nous en avons à peine pour quatre heures, du cap Malée à la baie où nous jetterons l'ancre.

« Cythère enfin se montre... Ah! quel désenchantement!... A douze kilomètres qui la séparent du grand roc rougeâtre que nous venons de tourner, l'île avance ses falaises basses et dépouillées; nous obliquons légè-

1. « La race des ceps de Malvoisie est heureusement conservée à Santorin et à Chypre; la Sicile en possède aussi. Mais, à Malvoisie même, il n'y a plus de vignes : un pays désolé, des terres arides et mauvaises; à peine 500 habitants dans le petit village actuel. »

rement à gauche, et nous n'avons devant nous qu'une ligne de côtes mornes, sauvages, arides. Pauvre, pauvre Cythère ! elle ne peut même pas nourrir, tant elle est infertile, les 10,000 habitants épars sur ses rochers abrupts ; la plupart d'entre eux, sitôt devenus grands, vont chercher fortune en Asie-Mineure. Je dirai plus loin quels sont les heureux mortels qui seuls mènent bonne vie en l'île de Vénus.

« Sur la côte est, que nous longeons, quelques maisons blanchies à la chaux, au toit en terrasse, au pied d'une roche nue et calcinée de soleil, sont tout ce qui rappelle le délicieux nid qui vit éclore jadis le culte de la déesse de la beauté et des amours.

« Oh ! quelle triste fin pour l'île enchanteresse d'autrefois ! C'est à l'action des volcans, dont elle offre mille indices, que Cythère doit son désastreux changement.

« Nous pénétrons dans la baie d'Avlémona. Où est le port que je croyais trouver ? Il n'y en a pas. On jette l'ancre, au petit bonheur, dans l'endroit le mieux abrité, et les chaloupes nous conduisent au rivage. N'importe ! je resterai jusqu'au passage du prochain bateau ; je visiterai l'île de Vénus.

« Me voilà donc débarqué au Phoïnikos, célébré par Xénophon. Le christianisme en a fait Hagios-Nikolaos, c'est-à-dire saint Nicolas, à qui la ville est consacrée. En réalité, c'est un petit bourg, sans eau, sans jardins, sans arbres ; on pourrait presque ajouter sans âme qui vive, si quelques carrés de maigres vignes, disséminés çà et là, ne marquaient cette terre de l'empreinte humaine.

Pas une hôtellerie, par conséquent ; pas la moindre auberge. Heureusement, j'ai déjà trois semaines de voyage en Grèce, et je sais me tirer d'embarras. Il n'y a aucune raison, je pense, pour que l'habitant soit ici moins accommodant qu'ailleurs ; or, le paysan grec est hospitalier et toujours très flatté qu'un touriste vienne lui demander le vivre et le couvert. Je me trouve au milieu de marins, population excellente partout.

« L'hospitalité m'est bientôt accordée par une famille de braves pêcheurs, qui m'ont délégué un de leurs jeunes garçons, aussitôt qu'on a compris que je ne rembarquais pas. Dès le soir même, le parèdre (maire de la commune), informé de la présence d'un étranger, se met à ma disposition pour me faire visiter les environs, si j'y tiens ; il a soin de me prévenir que cette partie de l'île n'offre aucun sujet d'excursion. Mieux vaut, me conseille-t-il, prendre une barque qui me conduira à Kapsali, officiellement Kythéra, le chef-lieu de l'île, puis au pied du mont Hagia-Eléousa, puis dans l'anse Makrinia, d'où l'on gagne le village de Mitata, et enfin, tandis que j'irai de là dans le nord de Cérigo, jusqu'à Potamo, la barque viendra me reprendre à ma descente de cette petite ville et stationnera sur un point de la côte, en face de l'îlot Makri, pour me permettre d'aller aux ruines de Palœocastro ; de là, je rentrerai à Hagios-Nikolaos. En tout, sept jours pour cette tournée, sans grande fatigue.

« J'acceptai volontiers ce programme, le bon parèdre m'ayant énuméré les rares curiosités de l'île. Mes hôtes traitèrent, pour moi, au mieux de mes intérêts, avec le patron d'une bonne et solide barque, maître Spiridion Kadmos ; et ma visite complète de l'île de Cythère s'effectua dans les meilleures conditions.

« A Kapsali, où j'allai d'abord, rien de remarquable. Ce chef-lieu de l'île a beau posséder un évêché (orthodoxe) ; ce n'est qu'un village de 1,500 habitants, dont les plus notables sont deux médecins et un négociant italien qui sert d'agent consulaire à... la France. Cette bourgade est à vingt minutes de son port, lequel, bien qu'abrité à l'est et à l'ouest par deux petits caps, présente un mouillage moins sûr que la baie d'Avlémona; aussi les bateaux à vapeur n'y relâchent-ils qu'en été. En face, pour réjouir l'œil, un îlot aride, nommé Ovo; c'est là tout ce qu'on peut contempler du haut de Kapsali, le village épiscopal aux maisons mal bâties, qui s'étagent sur une colline étroite, longue de 500 mètres et terminée par un rocher abrupt dont le seul ornement est un vieux château du moyen-âge, à moitié en ruines. Pauvre Cythère !...

« Cependant, les Cérigotes sont fiers de leur chef-lieu ; maître Spiridion me fait remarquer, avec orgueil, qu'à Kapsali, au bureau de poste, on peut toucher des mandats; dans tout le reste de l'île, les bureaux ne sont pas assez riches pour payer, à présentation, un bon de poste, fût-il seulement de trois drachmes (3 francs).

« Que dire de ces malheureuses localités?... Cela sent, partout, le délaissement et la misère... Pour l'archéologue, rien d'intéressant à citer. Quelques ruines, près de Palœocastro, attestent une haute antiquité ; on en ignore l'origine. Mes guides déplorent que le gouvernement ne fasse pas effectuer des fouilles au temple de Vénus Uranie, dont ils me montrent les piteux vestiges. Dans les environs de Potamo, je visite une belle grotte à stalactites, on la nomme aujourd'hui, et personne ne sait pourquoi, la grotte de sainte Sophie. C'est tout.

« Il me faut, cependant, consigner dans ces rapides notes la mention d'un monastère assez bizarre, situé à mi-chemin entre le village de Potamo et le cap Spathi, au nord de l'île. Ce couvent possède dans sa chapelle un trésor inestimable, aux yeux des dévots :

c'est un ossement que les moines affirment être le coccyx authentique de sainte Eudoxie, *hagia Eudoxia*, dont le nom grec signifie « bonne réputation » ; ces moines, retirés ainsi au milieu des collines de Cythère, jouissent d'ailleurs d'une réputation excellente.

« Aussi barbus qu'ignorants, ils passent, comme la plupart de leurs congénères de toutes religions, la journée entière à ne rien faire. J'en aperçois, d'abord, neuf ou dix assis en rond à l'ombre des platanes, à travers lesquels se distingue, à quelque distance, leur vénérée demeure. Ils guettent, là, le rare passant ; et dès que j'approche, voilà leurs faces luisantes de graisse qui me sourient, obséquieuses. Un grassouillet petit père, le plus jeune de la bande, se précipite à ma rencontre, pour me supplier de m'arrêter au couvent. Avec quelle joie, me dit-il, les révérends me donneront l'hospitalité! Je lui réponds tant bien que mal, plutôt mal que bien, dans la langue d'Homère si défigurée aujourd'hui par la nation hellène, et je lui exprime le désir de continuer ma route, si le monastère n'offre aucune antiquité de la grande époque glorieuse de Cythère.

« Mais le petit père se cramponne à mes vêtements ; il me jure, par tous les habitants du paradis, que je ne regretterai pas l'hospitalité des moines de sainte Eudoxie. Au rire mystérieux de mon muletier, je pressens quelque étrangeté joyeuse ; je finis par me laisser entraîner.

« Bientôt, on m'entoure, avec de vives démonstrations d'amitié. Ils sont là tous, les bons révérends; ils accourent, l'un d'eux ayant sonné la cloche ; il en sort de tous les coins. Bref, je suis l'objet d'une véritable ovation. Nos mulets sont emmenés à l'écurie par mon guide. On apporte des rafraîchissements. Ah! le cher étranger! quelle fête de le recevoir!

« — Vous baiserez la relique de notre sainte, n'est-ce pas?

« — Quelle relique? »

« C'est alors qu'on m'explique en quoi consiste le trésor du couvent. Le croupion sacré de sainte Eudoxie porte bonheur, déclarent-ils, et le baisement n'est pas taxé; nos gais religieux s'en rapportent à la générosité des fidèles. Et déjà, avant d'avoir montré le miraculeux coccyx, ils tendent des plateaux, des tirelires, des soucoupes de cuivre. Je distribue quelque monnaie, et l'on me saute au cou, on m'embrasse.

« Comment, après cela, esquiver l'obligatoire et habituelle dévotion à la relique eudoxienne?

« — Vous verrez! criaient-ils tous, vous verrez quel « bonheur vous allez avoir, dès maintenant!

« — Je ne demande pas mieux que d'avoir du bon« heur, répondis-je en riant, et le plus tôt possible.

« — Oh! cela ne tardera pas, vous verrez, vous « verrez! »

« Le soir, j'eus les honneurs du réfectoire; repas simple, mais très convenablement apprêté. Au dessert, on déboucha des flacons d'un akrotiri d'âge respectable, un des meilleurs crûs de l'île Santorin.

« Mes hôtes s'amusaient fort de ce que j'étais venu visiter Cérigo en mémoire de l'antique culte de Vénus, et cela leur servait de prétexte pour me demander des anecdoctes mythologiques, afin, disaient-ils en s'esclaffant, de faire leur éducation païenne. De leur côté, ils me racontaient des légendes plus ou moins édifiantes, dont les saints grecs, et principalement ceux des Cyclades, étaient les héros. En vérité, on ne s'ennuyait de part ni d'autre.

« Pour me mettre à l'aise, les joyeux moines m'avaient prié de m'exprimer en italien, langue que je parle mieux que le grec moderne et qui est très répandue en ces régions.

« A ce propos, un de mes deux voisins de table, révérend à barbe grise, se pencha vers moi et murmura dans mon oreille :

« — Si le ciel daigne vous gratifier d'une apparition « de sainte Eudoxie, vous pouvez causer en italien « avec elle ; la sainte le comprend à merveille.

« — Ma foi, lui répondis-je à voix basse aussi, votre « bienheureuse patronne me doit bien une apparition, « puisque j'ai baisé sa relique.

« — Certainement, vous y avez droit, comme tout « étranger aussi aimable que vous... Allons, cher mon« sieur, encore un petit verre d'akrotiri...

« — A la santé de sainte Eudoxie! »

« Et nous trinquâmes ; et le flacon, au ventre rebondi, circula, tous les verres se tendant, pour être remplis, puis lestement vidés. Et les révérends se pâmaient, poussaient de petits cris, et se reprenaient à me dire, à qui mieux mieux :

« — La relique vous portera bonheur!... Vous « verrez! vous verrez! »

« A vrai dire, je commençais à être légèrement intrigué.

« Enfin, l'on me conduisit à l'une des cellules destinées aux étrangers de passage ; chambrette au mobilier sévère et peu nombreux, mais proprette et relativement confortable, un lit de fer, mais fort bien garni. En somme, quoique nommée cellule, cette chambre était préférable à celles d'un grand nombre d'hôtelleries.

« Bonsoir, bonne nuit ; je ferme ma porte, et j'entends les pas de mes moines s'éloigner dans le corridor. Par habitude, j'inspecte le logis. J'ouvre les tiroirs d'une commode qui est placée dans un angle de la pièce, près de la fenêtre; ils sont vides. A l'autre angle, j'avise un énorme placard : il est fermé à clé, et la clé n'est pas à la serrure; sans doute, est-ce une armoire à linge qui doit être pleine et, par conséquent, n'est pas mise à la disposition du voyageur.

« Me voilà couché. Décidément, ce lit est parfait; il fera bon y dormir. Je prends ma position la plus commode pour m'apprêter à sommeiller; mais j'ai beau fermer les yeux, le sommeil ne vient pas, et les souvenirs de la journée s'obstinent à défiler dans mon cerveau. Combien de temps se passe ainsi? Je l'ignore...

« Tiens! qu'entends-je?... On dirait qu'une clé grince dans une serrure, oh! mais là, tout doucement... Que signifie ceci?... Sous leurs dehors de gais lurons, ces moines seraient-ils de simples brigands, et leur couvent si complaisamment hospitalier ne serait-il rien autre qu'une auberge sanglante?... Et moi qui ai laissé, tant j'étais confiant, mon revolver au fond d'une de mes poches, au lieu de le placer, comme toujours, à ma portée sur la table de nuit!...

« L'oreille au guet, j'écoute, plus attentif que jamais. Peut-être, ma bourse ayant excité la convoitise de mes hôtes, se contentera-t-on de la prendre, si je ne la défends pas. Feignons un profond sommeil... Et je ronfle, en observant toujours...

« Le bruit de grincement de pène a cessé. Une porte s'ouvre, mais ce n'est pas celle qui donne entrée dans ma chambre; c'est la porte du placard. Plus de doute, un des mes coquins s'était caché là, attendant l'heure propice pour me dépouiller. Je l'accueille par un ronflement des plus sonores...

« Maintenant, il s'avance, avec précaution. Il va passer devant la fenêtre, et, à la faveur du clair de lune, je pourrai assez bien le distinguer... Le voici...

Pas de barbe; à coup sûr, ce n'est aucun des moines que j'ai vus... O surprise! quelle gorge opulente!... Sa tête n'est pas rasée; au contraire, quelle abondante chevelure, éparse sur les épaules!... C'est une femme!... Mais alors, je n'ai pas affaire à un voleur?... Je ronfle de plus belle.

« L'ombre vient à moi, se penche sur ma tête; des lèvres voluptueuses se collent sur mes lèvres et me donnent un long baiser.

« — Mio caro!... carissimo! »

« Je feins le réveil; je demande qui est là. Pour toute réponse, mon inconnue m'étreint et m'embrasse ardemment, appliquant sur ma poitrine ses robustes appas. Je me débats; car, en dépit du proverbe que la nuit tous les chats sont gris, je me soucie fort peu, en somme, des tendresses d'un laideron.

« Enfin, me refusant à ces caresses par trop obscures, j'obtiens ce que je veux : le droit à la lumière, avant tout. On s'entendra mieux après, si le cœur m'en dit.

« La bougie est allumée. J'ai devant moi mon assaillante, qui rit, à demi nue, assise au bord du lit. C'est une plantureuse commère, une grosse brune réjouie, aux yeux égrillards, à la bouche sensuelle, une sorte de beauté sauvage, au sang mêlé, rien du type grec. Elle est fille d'un pirate de l'Adriatique, m'apprend-elle; sa mère était sicilienne. Elle a été vendue par son père à un riche turc de Janina, s'est échappée ensuite à Corfou, où elle a fait quelque temps la noce, puis est venue à Kapsali avec le fils d'un négociant albanais qui l'a plantée là sans ressources; un religieux cérigote lui a conseillé de se rendre au monastère de Hagia-Eudoxia, où l'on avait besoin d'une lingère, disait-il; et c'est en effet sous ce titre qu'elle est restée au couvent, seule femme au milieu d'une vingtaine de moines paillards.

« Elle me raconte son histoire, d'un ton comique, en folle fille qui est heureuse de ne plus avoir jamais les soucis de l'existence; elle se laisse vivre, en faisant l'amour polyandre, grasse poularde entourée d'une cour de coqs fainéants, qui ignorent la jalousie. Jamais de dispute à son sujet; car elle n'a de préférence pour aucun et les contente tous. Ses vingt maris, experts en l'art de tondre les brebis crédules, capables d'extraire de l'or d'un vieux morceau de bois sec, trouvent moyen de faire bombance en ce pauvre pays; ils quêtent à tour de rôle dans l'île, vont en Grèce avec passage gratuit sur les paquebots, et sont toujours admirablement approvisionnés. Ils savent deviner, parmi les étrangers qui les visitent, celui qui ne dédaignera pas une nuit agréable, le retiennent sous leur toit, et tels sont les petits profits de Mlle Marina.

« Et, ma curiosité satisfaite, la lingère du couvent m'embrasse de nouveau.

« — Tu as baisé le croupion de notre sainte? me dit-
« elle dans un éclat de rire. Eh bien, tu vois que cela
« t'a porté bonheur, puisque tu ne dormiras pas seul.
« Et, tu sais, tu ne trouverais pas, dans toute l'île, une
« seule autre petite femme pour passer une bonne
« nuit.... Allons, veux-tu? »

« Le lendemain matin, je rémunérai la tendresse de Mlle Marina, et je pris congé de mes moines eudoxiens, qui m'accompagnèrent jusqu'au portail, me tendant encore leurs plateaux, leurs tirelires et leurs soucoupes de cuivre. Le surlendemain, je rembarquai à Hagios-Nikolaos. Adieu, Cythère!

« Adieu, île sacrée de Vénus, dont l'unique prêtresse est aujourd'hui une orthodoxe catin, jouant dans les monastiques cellules le rôle de fantôme amoureux! »

Lorsque j'eus fini de lire ce premier épisode des voyages de M. Victor Guilbert de Préval, — épisode qui est en quelque sorte un hors d'œuvre, et qu'il compte placer dans l'avant-propos de son futur grand ouvrage illustré, — mon désir de parcourir sa volumineuse collection de notes fut plus vif que jamais. Je me fis renouveler l'autorisation d'en user, et c'est ce qui me permet d'en donner dès à présent la primeur.

Quoique je n'eusse pas insisté pour connaître la composition ni même la forme solide ou liquide du précieux spécifique inventé par l'ex-docteur-régent de la Faculté de Paris, et sans que j'eusse posé n'importe quelle question sur ce point à son arrière-petit-fils, celui-ci me fournit cependant un renseignement, qui, on va le voir, ne constitue de sa part aucune violation de cet historique secret.

— Le spécifique célèbre de mon bisaïeul, me dit-il, n'est pas seulement le seul moyen prophylactique qui empêche infailliblement la contagion de la syphilis; mais encore il préserve, d'une façon générale, de toute maladie vénérienne, quelle qu'elle soit... Je puis vous dire aussi qu'il n'est pas d'un usage externe, comme les divers demi-préservatifs qu'un certain nombre de docteurs ont indiqués, faute de mieux. Il est d'une préparation extrêmement facile. Soluble dans l'eau, pris à l'état liquide, il n'a aucun goût désagréable; il suffit d'en boire quelques grammes dans la valeur d'un verre à bordeaux pour n'avoir absolument rien à craindre, à la condition de prendre régulièrement cette potion une fois tous les trois mois... Voilà comment, mon cher docteur, j'ai pu affronter la prostitution dans les principaux pays du globe.

Maintenant, je vais reproduire, sans les classer par

contrées, et sans suivre aucun ordre chronologique, — ce qui importe peu, — celles des notes de voyage de M. Victor Guilbert de Préval, qui m'ont le plus particulièrement frappé.

Dr Grandier-Morel.

II

Londres.

J'avais prévenu mon cousin Mac-Laren de mon voyage en Angleterre. Il est venu m'attendre à Londres. Geo est de treize ans mon aîné. Ma tante Fanny, qui, à vingt-six ans, épousa M. William Mac-Laren, d'Édimbourg, eut, pour ses débuts maternels, un mauvais accouchement, dont elle faillit mourir ; il lui fallut longtemps pour se remettre, et ce fut seulement huit ans après, en 1849, qu'elle mit au monde, cette fois avec un plein succès, un beau bébé, blond comme son père, et qui ne fut pas chétif, je vous prie de le croire. Malgré ses trente-huit ans, quand je commençai mon tour du monde, Geo avait conservé une si florissante jeunesse, qu'on lui eût donné, à le voir, une dizaine de printemps en moins. Toutefois, je trouvai à Londres, en mon cousin, un homme qui avait déjà une complète expérience de la vie.

C'est la seconde fois que je viens dans la capitale de l'Angleterre ; mais, précédemment, je ne songeais en aucune façon à l'étude qui m'amène aujourd'hui.

Quand j'apprends à Geo à quelle intention je me suis improvisé touriste universel, il n'en est guère surpris. L'idée lui était venue, me dit-il, d'entreprendre une exploration de ce genre; mais il y a renoncé à cause de sa mère, qui, à l'âge avancé où elle est parvenue, a plus que jamais besoin de l'avoir auprès d'elle.

Geo consènt donc de tout cœur à me servir de guide à Londres, qu'il connaît comme sa poche. De mon côté, j'ai l'avantage de l'excellente instruction que l'on reçoit en Suisse : en effet, même dans les écoles les plus modestes, on y apprend réglementairement trois langues, le français, l'allemand, l'anglais; et le jour où j'ai lu cette lettre de mon père qui était une sorte de post-scriptum à son testament, j'ai compris pourquoi il avait tant activé mes études supérieures, en me poussant surtout vers cette admirable science de la linguistique, qui ne coûte d'efforts que pendant les premières années; en mê faisant enseigner même les langues orientales, le cher homme voulait m'armer pour l'immense pérégrination dont il avait rêvé l'accomplissement par son fils.

Ainsi, la grande difficulté qui arrête d'abord tout amateur de nombreux et lointains voyages ne m'embarrasse pas; je me ferai comprendre à peu près partout. Grâce à mon père, je suis un Pic de la Mirandole, et j'ai la bourse bien garnie.

La prostitution de Londres ne saurait être comparée à celle de Paris. Ici, elle déborde dans des proportions telles qu'il est impossible de s'en rendre compte, si l'on n'a pas de ses yeux vu. Il n'est pas d'endroit où la femme ne s'offre au passant, et, de son côté, à tous les échelons de la société, le mâle a de si fréquents accès de rut, qu'il lui faut les assouvir à tout prix.

En haut, un monde vicieux et hypocrite; en bas, une misère inouïe, qui pousse la toute jeune fille au raccrochage le plus cynique, dès le lendemain du premier faux-pas. Entre les deux, un proxénétisme effrayant par son organisation et son audace.

Nous nous étions donné rendez-vous, Geo et moi, à un bon petit hôtel de Cecil-street, une des rues allant de la Tamise au Strand, qui est le centre des quartiers fréquentés par les étrangers.

— Avant tout, me dit mon cousin, je t'emmène à Seven-Dials, qui n'est pas loin d'ici.

Nous traversons le Strand, et, par la rue de Southampton, nous arrivons directement, d'abord, au Covent-Garden-Market, le principal marché de Londres pour les fleurs et les légumes; sous le rapport des fruits et des fleurs, il est un des plus beaux du monde, et, depuis six heures du matin jusqu'à dix, le charme de son mouvement grandiose, qui offre un spectacle des plus curieux, est encore relevé par ses enivrants parfums.

Cependant, nous regardons, sans nous arrêter; nous nous contentons d'aspirer avec délices les frais aromes qui se dégagent de toutes parts. Au nord du marché, nous prenons James-street, qui, en quelques pas, nous conduit à King-street, rue faisant suite à la première, en traversant la large chaussée de Long-Acre. Là, tout près, se trouve la grande brasserie Combe, établissement très remarquable de Castle-street, qui peut servir de point de repère à l'explorateur; il ne nous reste plus qu'à pénétrer au cœur de l'un des foyers les plus répugnants du vice londonien. Nous l'atteignons par la rue Great-Earl, qui part de King-street à son croisement avec Castle-street, et qui présente à son entrée deux îlots de maisons en angle aigu.

Il y a une heure à peine que le soleil vient de se lever, et déjà la prostitution grouille sur le pavé, à Seven-Dials.

Seven-Dials est, en quelque sorte. une miniature du fameux White-Chapel, quartier général de la misère et du vice. Ici, le centre est une place, presque circulaire, où aboutissent sept rues; ces rues, y compris celle du Grand-Comte (Great-Earl-street), ne contiennent guère que des garnis de bas étage, des tavernes infectes et des boutiques de revendeurs du dernier ordre.

A Paris, l'on cite, à titre de curiosité, tels et tels bouges épars çà et là, comme le cabaret du Père Lunette, rue des Anglais, ou le Château-Rouge, rue Galande; on cite, comme exemple de la pire dégradation féminine, un fragment de la rue de Venise; on cite encore, aux fortifications, près des portes, quelques étalages en plein vent où se débitent des marchandises innommables, vendues par la lie des chiffonniers. A Londres, tout cela est mêlé et n'a rien d'exceptionnel; ce ne sont pas deux ou trois Père-Lunette qui pourraient se citer à Seven-Dials, ni une rue de Venise ; c'est une profusion de bouges ignobles, ce n'est que cela!... Et, je le répète, Seven-Dials est une miniature, un microcosme. Cet amoncellement d'infamies et d'ordures est un coin, un simple coin; il se répète, ailleurs, formidable, constituant une véritable ville dans la ville; ici, il ne dépasse pas les proportions d'un quartier.

Encore la basse prostitution parisienne, à laquelle je viens de faire allusion, se compose exclusivement de vieilles *pierreuses*, c'est-à-dire de ces femmes usées par le vice, flétries par un long exercice de leur honteux métier, tombées moralement du trottoir au ruisseau et du ruisseau à l'égoût; elles sont le rebut du vagabondage, leur visage souvent n'a plus rien d'humain. A Londres, en général, et à Seven-Dials, en particulier, la prostitution est jeune, tout-à-fait jeune; les prostituées ne vivent pas; huit ans, au maximum, suffisent pour les coucher au tombeau. Leur mortalité est à faire frémir : le docteur Ryan, qui est le Parent-Duchâtelet de l'Angleterre, affirme que les neuf dixièmes de ces filles ne résistent pas sept années à la vie qu'elles mènent et qu'en nombre formidable c'est par l'aliénation mentale et le suicide qu'elles finissent; selon M. Clarke, ancien trésorier de la Cité, la vie moyenne des filles publiques à Londres ne serait que de quatre ans.

Après ce que j'ai vu, je crois fermement à ce qu'ont écrit M. Clarke et Ryan. Ce qui est surtout pénible, c'est de constater que l'œuvre abominable de la corruption saisit et broie la jeune fille dès l'enfance la plus tendre. Oui, voilà ce qui caractérise la prostitution dans la capitale du royaume britannique. A ces cochons d'Anglais (tant pis! le mot est lâché), il faut des petites filles.

Les Parisiens se rappellent peut-être une affiche qu'une compagnie de chemins de fer français placarda partout, récemment, pour faire mousser les avantages de prix et de vitesse qu'elle offrait sur la compagnie concurrente, par rapport au voyage à Londres. Comme *great-attraction* londonienne, l'affiche exhibait des fillettes au pâle sourire, dont l'une, au premier plan, épanouissait une bouche lascive et tenait à la main une rose qu'elle offrait au passant. En fait de réclame, c'était assez dégoûtant; mais comme cela était vrai !... Si Seven-Dials n'est pas, en effet, englobé dans les quartiers aristocratiques, il n'en est pas moins à dix pas de Regent-street et de Piccadilly, il est proche, par conséquent, du monde élégant, des clubs, des fashionables. Or, Seven-Dials est une pépinière de prostitution enfantine.

Sur les sept rues immondes, se greffent des impasses, des allées, des cours, un labyrinthe dont tous les débauchés de la Cité connaissent les dédales, un fouillis de ruelles où les actes les plus immoraux se commettent en plein jour.

Avant d'être parvenus à la place centrale, nous sommes, mon cousin et moi, assaillis par des fillettes que l'on jurerait échappées d'une école primaire. C'est à qui cherchera à nous entraîner dans un gin-palace, mastroquet où coulent à flots jour et nuit le gin, le porter et le brandy, et où tout se fait sur une banquette, tout, sans obligation de monter dans une chambre. Et les gin-palaces sont innombrables.

Entre autres, huit gamines, dont la plus âgée pouvait bien avoir treize ans tout au plus, nous entourent, veulent absolument s'emparer de nous, et nous disent :

— Vous êtes deux jolis garçons, nous sommes quatre pour chacun de vous ; nous vous ferons la *cluster*.

Cluster veut dire : grappe.

La doyenne des gamines, voyant que nous ne comprenons pas le sens de la proposition, nous l'explique. *Faire la grappe* est un jeu spécial de la prostitution des enfants.

— On ira à l'hôtel. Nous nous déshabillerons tout-à-fait, vous et nous, et alors nous nous suspendrons en grappe à chacun de vous... Et vous verrez, mes gentlemen, que vous serez contents, pour trois shillings (3 fr. 75) que cela vous coûtera à chacun... Si vous voulez, nous irons chercher encore trois ou quatre de nos amies, pour faire plus grosse *cluster*, et ce sera le même prix.

Telles étaient les paroles qui sortaient d'une bouche de petite fille. Je supprime les détails qui complétaient l'explication de la *grappe;* car il ne s'agissait pas uniquement de se suspendre à nos cous. Dès ce premier incident, s'ouvrait à mes yeux un abîme de dépravation.

Nous ne fûmes pas longtemps à nous consulter, Geo et moi. L'un et l'autre, nous sortîmes un shilling de notre porte-monnaie, et nous en fîmes cadeau à ces malheureuses, en les dispensant du jeu de la grappe. Toutefois, pris d'une profonde pitié, je me dis qu'il me fallait arracher les plus jeunes de ces gamines à leur triste sort, si c'était possible, et je les interrogeai sommairement. L'une d'elles avait neuf ans; l'autre, huit. Il fut convenu que Geo se mettrait aussitôt en quête d'une voiture, dans les environs, et viendrait me reprendre à l'un des gin-palaces du quartier.

Les deux pauvrettes crurent que nous les avions choisies pour les emmener chez nous, et leurs compagnes les félicitèrent de leur bonne fortune.

Tandis que mon cousin allait à la recherche d'un cab à quatre places, je poursuivis mon exploration dans ce repaire de la honte. Avec quelque monnaie, bien des portes s'ouvrirent devant moi; je pus ainsi me rendre compte exactement de l'avilissement des femmes et des jeunes filles de Seven-Dials. On riait de ce que je payais pour n'être qu'un visiteur curieux, se bornant à poser des questions; mais je sondais l'abîme, je me documentais.

Au débit de boissons spiritueuses où j'attendis Geo, j'assistai à des spectacles que ma plume ne peut décrire. Les clients des cabarets de ce genre n'ont pas conscience de leur indignité. Le tavernier, flegmatique, préside aux contacts les plus obscènes, contre-nature même, en versant placidement l'alcool de table en table. C'est un capharnaüm d'orgies crapuleuses, et les acteurs ne sont pas tous des voyous. Le grand seigneur, le lord, vient là, en se dissimulant au moment où il franchit les limites du quartier infâme; il coudoie le paysan brutal, enrichi du produit de sa vente à Covent-Garden-market, et l'indicateur-entremetteur, qui, après qu'il a fini avec une fille, l'arrête au passage, lui propose une jeunesse encore plus jeune que la précédente, et même tâche de le capter pour son propre compte, avec des grimaces libidineuses à la Oscar Wilde. C'est la licence de la prostitution, féminine et masculine, dans tout ce qu'elle peut avoir de plus infect.

Enfin, Geo arrive. Nous embarquons nos deux fillettes, Dott et Lizzy, qui ne se tiennent plus de joie, en croyant qu'elles vont gagner une livre sterling, par l'effet de notre caprice.

Pauvres enfants ! nous ne leur donnerons rien ; il ne leur sera plus infligé aucune honte; c'est à une société de bienfaisance, de sauvetage, que nous les conduisons.

En route, pressée par notre interrogatoire amical, la petite Dott (huit ans) nous raconte sa navrante histoire.

La pauvre enfant n'a gardé aucun souvenir de son père, mort sans doute peu d'années après sa naissance; mais elle a la mémoire de son village, Botley, et de la ville voisine, Chesham. Elle se rappelle bien sa maman, qu'on a enterrée à une époque évaluée par elle approximativement à trois ans. Elle a été recueillie par son oncle Harry, qui pourtant ne l'aimait guère et souvent la battait.

Un jour, l'oncle Harry, ayant à venir à Londres, l'a emmenée avec lui. Elle ne sait comment ceci s'est fait : le lendemain, elle s'est trouvée toute seule à la rue, perdue dans une foule, le soir, loin de l'hôtel où elle était avec son oncle. Comme elle pleurait, une femme l'a prise avec elle et l'a consolée, en lui disant de ne s'inquiéter de rien, de bien dormir dans la jolie chambre où elle l'avait conduite, et que bientôt elle reverrait l'oncle Harry. Ceci se passait dans l'année précédente, et Dott sait qu'elle avait alors sept ans.

Ensuite, la dame lui fit fête à son réveil, la régala d'un bon déjeuner, avec des gâteaux; puis, on partit, toutes deux, pour retrouver l'hôtel où elle avait couché l'autre nuit. On arriva ainsi à une belle maison, qu'elle croit située dans le voisinage du Lincoln's-Inn; mais ce n'était pas une hôtellerie. Là, il y avait des salons magnifiques. Dott en fut si émerveillée, qu'elle demanda à la dame si ce n'était pas un des palais de la reine.

Une autre dame vint et dit :

— Ma chère, c'est bien aimable à vous de m'avoir amené cette petite; j'ai un old-dotard et un lunatique (un vieux gâteux et un fou) qui trouvent les fillettes de douze ans beaucoup trop vieilles...

Et les deux femmes se mirent à rire.

Dott ne comprit pas alors ce que cela signifiait. Néanmoins, ces paroles restèrent toujours gravées dans son esprit; elle se les rappelle comme si elles avaient été prononcées hier.

Elle demanda quand est-ce qu'on retrouverait son oncle, en ajoutant qu'elle priait de ne pas dire qu'elle aimait sa tante mieux que lui, parce que sa tante ne la battait jamais.

La dame de cette belle maison la prit sur ses genoux, l'embrassa et lui dit :

— Mignonne, ton oncle ne te battra plus. Un de mes amis le connaît; il lui défendra de te maltraiter...

Après quoi, les deux femmes causèrent quelque

temps à voix basse, et celle de la maison donna de l'argent à l'autre, beaucoup d'argent. Cet argent, raconte Dott, c'était des pièces d'or.

— Tu vas rester ici, mon petit ange, fit la première femme, après avoir compté les pièces d'or et en les mettant dans son porte-monnaie. Moi, je m'en vais voir ton oncle ; car, d'après ce que tu m'as expliqué, je suis sûre de connaître l'hôtel où il loge. Si je ne reviens pas avec lui, ne t'inquiète pas ; c'est qu'il sera absent de l'hôtel, et que, probablement, il te cherche de son côté ; j'y retournerai donc, jusqu'à ce que je le rencontre. En attendant, madame fera venir son ami, dont elle t'a parlé...

— Oui, interrompit la dame de la maison ; c'est un riche monsieur de Chesham, avec qui ton oncle Harry fait des affaires. On ne lui dira pas que tu aimes mieux ta tante, ma chérie ; mais il grondera le vilain méchant qui te bat, et tu ne recevras jamais plus de lui un seul coup.

Alors, la femme qui avait reçu de l'argent étant partie, la dame de la maison embrassa encore la petite Dott ; puis, après avoir traversé deux salons, pleins de glaces et de dorures, l'enfant fut conduite à un des étages supérieurs. Dans une chambre élégante, une jeune fille était couchée, dormant encore, quoiqu'il fût plus de dix heures du matin.

La dame la réveilla.

— Nelly, lui dit-elle, je te donne une petite sœur.

Et à Dott :

— Ma mignonne, ici on va te gâter, et tout le monde t'aimera bien. Voici d'abord ma bonne Nelly, qui sera comme ta sœur aînée... Allons, toi, lève-toi un peu plus vite, au lieu de bâiller et de t'étirer...

— Mais, madame, vous savez bien que je ne me suis couchée que ce matin à cinq heures !

— Hein! que dis-tu?... Comment me parles-tu?... Madame? qu'est-ce que ceci à présent?... Madame!... Est-ce que je ne suis pas ta mère aujourd'hui?... Essaie donc de dire le contraire!...

— Bien, maman... Je vous obéis... je me lève.

Elle sauta à bas du lit, ajoutant, tout en se frottant les yeux :

— Que faut-il que j'en fasse, moi, de cette petite sœur?

— Je te la confie...

— Comme la petite Nicol d'il y a deux mois, alors?...

— Tu sais ce que je veux dire, Nelly, et je te défends de répéter le nom que tu viens de prononcer, entends-tu bien?... Je vais t'envoyer ce qu'il faut, pour que tu habilles toi-même ce joli bébé. Tu ne descendras plus au salon, jusqu'à nouvel ordre; tu prendras tes repas, ici dans ta chambre, avec Dott... C'est le nom de ta petite sœur... Elle couchera avec toi... En un mot, tu la gardes, tant que je ne te fais pas appeler... Nous attendons le vieux crapaud à lunettes... Tu sais comment tu dois préparer Dott à sa première entrevue avec lui... Est-ce compris?

— Oui, mada... Oui, maman!

— Milord connaît le père de Dott.. non, je veux dire, l'oncle... un oncle qui est venu de Botley à Londres, voici deux jours... Botley, près de Chesham... Dott a perdu cet oncle, et une de mes amies s'est chargée de le retrouver... Ainsi, la mignonne attend chez moi l'oncle Harry, dont elle a d'ailleurs à se plaindre, attendu qu'il l'a brutalisée et l'a quelquefois battue... pauvre ange!... et c'est Milord qui viendra ici pour... pour protéger ta petite sœur... Il est évident qu'il l'aimera à en être fou, dès qu'il la verra, et, par conséquent, il ne la remettra à l'oncle qu'après lui avoir fait promettre de ne plus la battre... Voilà !... Est-ce compris, cela aussi ?

— Oui, maman.

— Attention, Nelly, pas de maladresse!... et surtout n'oublie pas que c'est par faveur que tu es encore chez moi, au lieu de pourrir en prison !

Là-dessus, la dame laissa Dott seule avec la jeune fille qu'elle nommait Nelly.

Toutes ces paroles qui venaient d'être échangées devant la malheureuse enfant la frappèrent vivement, tant elles étaient étranges. Elle ne comprenait rien à cette bizarrerie d'une mère que sa fille appelait madame et qui se faisait dire maman, en l'exigeant d'un ton impérieux, menaçant même. Et encore, pourquoi ce terrible mot de prison était-il tombé des lèvres de la dame? pourquoi Nelly s'était-elle mise tout à coup à trembler? Et enfin, ce milord dont on lui promettait la protection contre les brutalités de l'oncle Harry, comment se faisait-il qu'on le traitait de vieux crapaud à lunettes? Cette qualification moqueuse n'avait pas échappé à Dott, qui, ainsi que la plupart des enfants, saisissait au vol tout ce qui dans le langage a quelque chose d'anormal.

Maintenant, Dott était un peu effarée. Elle ne s'était pas sentie attirée vers la dame, malgré ses caresses; mais elle lui avait semblé plutôt bonne, et voici que brusquement elle venait de se montrer méchante. Oh ! comme elle avait eu des yeux mauvais, pendant un long moment, en regardant sa fille Nelly !...

Une vieille servante apporta deux costumes d'enfant : l'un comportait une robe de fillette, très riche, avec des dentelles; l'autre était un vêtement complet de garçonnet, en drap bleu, accompagné d'un chapeau marin, en cuir bouilli, avec une inscription dorée sur le ruban.

Cette vieille déposa les deux costumes sur le lit de Nelly, et dit, en désignant le premier :

— Ceci, c'est pour Milord.

Puis, étalant l'autre tout auprès, elle ajouta :

— Le petit mousse, c'est pour le lunatique, quand viendra son tour. Mais madame te recommande, Nelly, de voir immédiatement si les deux costumes vont bien à la morveuse.

Et elle s'en alla, en riant d'un rire aigre qui effraya Dott ; la peur, de plus en plus, prit l'enfant.

— Pourquoi veut-on me faire changer de robe? demanda-t-elle.

— C'est afin que tu sois plus belle.

— Mais, puisque mon oncle m'a fait habiller comme je suis, je n'ai pas besoin d'être vêtue autrement, pour retourner avec lui... Et ce costume de petit garçon, pourquoi la vieille a-t-elle dit de me l'essayer?... Je n'en veux pas, moi!

— Il le faut, petite sœur.

— Non!

— Et d'abord, ici, il ne faut jamais dire : Je ne veux pas.

— La dame n'est pas ma tante, je n'ai pas à lui obéir.

— Tu y seras bien obligée, ma pauvre Dott!

— Non, non, et non!

— Si tu n'obéis pas, tu seras battue.

— Je veux qu'on me ramène à mon oncle Harry!... J'aime mieux être battue par mon oncle!... Mon oncle!... Je veux mon oncle!

— Allons, ne crie pas... Sois sage, petite sœur.

— Tu n'es pas ma sœur.

— Si.

— Non, je n'ai pas de sœur... Je ne te connais pas!...

La malheureuse enfant nous a redit sa révolte, sa lutte; comment, après cet essai de résistance, elle pria, supplia la jeune fille à qui elle avait été remise, et qui, captive elle-même dans cette maison de honte et de crime, était constituée sa gardienne, sa geôlière.

Brisée par l'effort, Dott avait eu une crise de larmes. Après avoir repoussé Nelly, et celle-ci ayant laissé échapper aussi quelques pleurs de ses yeux tristes et doux, l'enfant s'était jetée au cou de sa jeune compagne.

— Oh! Nelly, fit-elle en sanglotant, vois-tu, j'ai peur... Je t'aimerai bien, va, si tu me fais échapper d'ici!...

Nelly avait secoué sa tête, en victime résignée:

— C'est impossible, petite Dott.

— Alors la dame m'a menti?... mon oncle ne viendra pas?

— Je ne sais que te dire, pauvrette.

— Tu n'es pas méchante, toi, Nelly, je le comprends. Eh bien, pourquoi pleures-tu avec moi?

Nelly garda le silence.

— Elle n'est pas ta maman, la dame, n'est-ce pas?

— Chut! ne me demande rien...

— Quel mal t'a-t-on fait, à toi?... Quel mal veut-on me faire?... J'ai peur, j'ai peur!

Elles mêlaient leurs larmes. Dott se serrait à présent contre la jeune fille. Celle-ci finit par dire:

— Écoute, je ne suis pas heureuse; mais on nous battrait, toutes les deux, à nous tuer, si...

— Si... quoi?

— Si tu ne me laisses pas t'essayer les deux costumes.

A ce moment, la porte de la chambre s'ouvrit. C'était la vieille qui revenait, apportant un bourrelet, comme ceux dont on coiffe les babys, mais un peu plus grand.

— Tiens, dit-elle en le remettant à Nelly, madame avait oublié cela; pour Milord, il faut que la petite soit un bébé parfait.

Et elle redisparut aussitôt.

Nelly insista de nouveau. Finalement, l'infortunée Dott, renonçant à comprendre, se laissa faire, quoique l'épouvante ne la quittât pas.

— Tu crois qu'on me tuerait, si je ne changeais pas de robe? répétait-elle.

— Oh! oui...

Sa compagne procéda ensuite à l'essayage des vêtements de petit mousse, en la cajolant de plus belle, avec une tristesse infinie. Ce second costume allait tant bien que mal à Dott, et Nelly s'empressa de l'en débarrasser, pour lui remettre le premier, moins le bourrelet cette fois. Après quoi, elle s'habilla elle-même.

Et, comme Dott sanglotait toujours :

— Voyons, mademoiselle, rions un peu, fit la jeune fille... Ici, il est défendu de pleurer...

La malheureuse enfant nous raconta tous les détails du crime affreux dont elle fut victime. Elle nous dit qu'elle était devenue une machine, dans son anéantissement.

Ce jour-là, on leur servit, à Nelly et à elle, dans la chambre, un repas où les friandises abondaient; elle n'y toucha pas, tant elle avait le cœur gros.

Nelly s'efforçait de l'amuser, sans y parvenir.

Le soir, madame revint, en disant que Milord était là et qu'il s'impatientait au salon rose. Il fallut remettre alors le bourrelet ridicule et descendre vers le vieux crapaud à lunettes.

C'était un gros homme, laid, très âgé, aux paupières énormes, dont ses larges bésicles en or ne parvenaient pas à cacher le boursouflement; il avait une bouche immense, à la mâchoire édentée, à la lèvre inférieure pendante. En l'apercevant, Dott recula d'horreur.

— Elle ne me déplaît pas, cette petite, dit l'odieux personnage; seulement, elle est encore trop vieille pour moi...

— Trop vieille! s'exclama la dame de la maison. Elle a tout au plus sept ans, milord... Voyez comme elle est gentillette; c'est un vrai bébé.

Le vieux satyre grogna :

— Un bébé... un bébé... Non, elle n'est pas assez jeune...

— Ah! ça, riposta la dame, vous ne voulez pas des enfants au maillot, peut-être?

— Le bébé, ce sera moi... Donnez-moi son bourrelet; je vais le mettre... et je veux... je veux...

— Quoi?

— Je veux jouer à la poupée... avec cette petite...

— A la poupée!... Qu'est-ce que cette fantaisie encore?

— Eh! oui, faites-m'en une poupée... Je paie en conséquence...

— Ce sera dix livres de supplément.

— Vingt livres, si vous voulez; mais donnez-moi ma poupée!...

L'ignoble lord se coiffa du bourrelet, en nouant les attaches sous son menton, ruisselant de bave.

Dott, au comble de l'effroi, cria :

— Mon oncle! où est mon oncle?... Je veux partir d'ici!... Ah! mon oncle Harry! mon oncle Harry!...

La dame et la vieille se saisirent de l'enfant et l'emportèrent.

— Veux-tu te taire, petite bête?... As-tu fini de crier?... C'est l'ami de ton oncle, ce bon monsieur...

— Non, non... Vous m'avez volée!... Je veux partir!...

— Ah! tu ne te trouves pas bien ici?... Ah! tu ne veux pas être la poupée de Milord?... Tiens, morveuse! tiens, vermine! tiens, vaurienne! tiens, saleté!...

Et les coups pleuvaient sur la fillette. Les deux abominables femmes eurent bientôt raison de l'enfant. En vain se débattait-elle; on la lia avec des linges; ses petits bras meurtris furent maintenus le long de son corps, où ses bourreaux enroulaient des serviettes, qu'elles épinglaient; en quelques minutes, Dott fut totalement empaquetée, n'ayant que la tête libre.

C'est ainsi qu'on la rapporta au salon rose. On la posa, criant encore, mais faiblement, sur un canapé, auprès du vieux lord; il la prit dans ses bras, comme pour la bercer, et, tandis qu'elle se lamentait, toute pâle, il lui grogna, avec un rire hébété :

— Oh! la mauvaise poupée qui pleure!... Dis *papa* et *maman*, rien de plus... ou je te donne le fouet!...

Alors, comme il penchait sa tète sur la sienne, Dott s'évanouit.

Quand elle reprit ses sens, elle était dans le lit de Nelly, couchée contre sa compagne de douleur. Celle-ci la plaignit, plus encore pour l'avenir qu'au sujet de ce qui s'était passé avec cet être dégoûtant qu'on désignait, dans la maison, par le sobriquet de vieux crapaud à lunettes. Ainsi que la veille, Dott ne put obtenir aucun renseignement précis.

La vieille revint, au moment du premier déjeuner.

— Voyez-vous cette petite méchante, qui ne veut pas faire la poupée! dit-elle... Quels cris elle a poussés hier soir!... Ne semblait-il pas qu'on allait l'égorger?... Bon Dieu! avec Milord, elle n'avait rien à craindre, n'est-ce pas, Nelly?

— Non, en vérité.

— Seulement, en s'en allant, il a fait promettre à madame que la prochaine fois on ne lui donnerait pas une poupée pleurarde et à moitié morte.

Dott, n'osant ouvrir la bouche, écoutait, frissonnante encore. Nelly laissait dire.

— Petite Dott, reprit la mégère, c'est ta faute, si l'on t'a battue. Tu n'as qu'à être sage, et tu verras que madame est très bonne; elle ne demande qu'à te gâter... Si tu avais un grand-père, et s'il voulait te prendre dans ses bras, t'embrasser, tu ne crierais pas, tu l'embrasserais, toi aussi; si ça l'amusait de jouer à la poupée avec toi, cela te ferait rire d'être sa poupée, tu lui dirais *papa* et *maman,* et tout ce qu'il voudrait. Ce n'est pas difficile, ça... Eh bien! que la correction que tu as reçue te serve de leçon, au moins!... En obéissant bien à madame, tu auras des gâteaux, mille gourmandises, et tu seras heureuse ici comme une petite princesse... Demande à Nelly si elle n'est pas contente, très contente...

— Oui, je ne manque de rien.

— Tu vois, petite Dott... Quant à ton oncle, on ne l'a pas retrouvé; il est reparti à ton village; il ne pense plus à toi... Si tu ne me crois pas, apprends à écrire, et envoie-lui une lettre.

Cela dit, la vieille sortit, avec un rire moqueur.

La malheureuse enfant se sentit perdue, dès lors; elle avait l'impression d'un malheur immense qui fondait sur elle et qui allait l'accabler; mais elle avait aussi le sentiment de sa faiblesse. Sous l'empire de la faim, elle ne refusa plus de manger. Et puis, Nelly la consolait de son mieux.

Il est nécessaire de retracer le martyre des enfants, livrées par centaines, par milliers, à la prostitution dans la ville de Londres; l'impunité, dont bénéficient les proxénètes et leurs dignes clients, doit être dénoncée à l'indignation de la conscience humaine. C'est pour cela que j'ai consigné tout au long dans mes notes de voyage ce que j'ai vu, ce que j'ai su avec la certitude la plus absolue de n'être pas trompé.

Continuons le récit de Dott, enfant volontairement perdue sur le pavé de Londres par un misérable parent, et accaparée, volée, séquestrée par des criminels que la loi anglaise paraît menacer, mais qu'en réalité elle n'atteint pas, sous le fallacieux prétexte de l'inviolabilité du domicile.

Disons encore que je ne cite pas un cas exceptionnel, venu à ma connaissance par hasard. Dans ce même quartier de Lincoln's-Inn, où se sont passés les faits atroces que j'enregistre ici, le révérend R. Ainslie, ministre du culte protestant, a découvert et signalé vingt-deux maisons de prostitution de jeunes filles et d'enfants. Et qu'est-ce que le quartier de Lincoln's-Inn? C'est le quartier des avocats et des avoués, traversé par Chancery-lane; c'est l'endroit de Londres où s'étudie la loi; c'est là que sont réunis tous les tribunaux, formant dix-neuf cours dans le nouveau palais de justice; c'est là que les magistrats rendent leurs arrêts.

Dott eut à servir de jouet au vieux lord gâteux, pendant plus de quinze séances, consécutives tous les soirs. Elle dut surmonter son dégoût et subir les immondes caresses de ce ramolli, d'ailleurs incapable de consommer un viol.

Nous lui fîmes narrer, Geo et moi, les fantaisies stupides de cet érotomane impuissant. Parfois, elles n'étaient que grotesques.

Le vieux crapaud à lunettes se coiffait du bourrelet,

se faisait donner un biberon, rempli d'un sirop mêlé de liqueur forte; il tétait le biberon, et sa poupée Dott devait le téter après lui, le lui repasser, le reprendre, tout sali de bave, et téter encore en réprimant son envie de vomir; cet exercice durait une demi-heure, trois quarts d'heure, une heure. Et l'idiot prodiguait pour cela les banknotes à madame.

Mais aussi, d'autres fois, le sadique se réveillait en lui, et l'idiot devenait ignoble. Ici, ma plume s'arrête. Tout au plus, puis-je dire, pour me faire comprendre, que Dott, avant de perdre sa virginité, fut contrainte à jouer le rôle des petits poissons de Tibère à Caprée.

Sa virginité était réservée au lunatique.

Un second fou, celui-là, mais pas encore tombé au gâtisme; c'était un homme d'une quarantaine d'années.

Dans la maison du martyre de Dott, il revêtait un habit d'officier de marine; l'habit seul, c'est-à-dire ni gilet, ni pantalon, ni chemise. Par contre, son cou était pris dans une collerette-carcan, en étoffe blanche, épaisse et fortement empesée, comportant une multitude de pointes, à chacune desquelles était cousu un grelot. Les parements de l'habit, les manches, les basques, avaient aussi quantité de grelots, qui tintaient à tous ses mouvements. Il se collait des étoupes sur le ventre, sur ses jambes nues, sur le visage, et il se livrait à des gambades, à des cabrioles, dans le salon, devant Dott travestie en petit mousse.

Il s'intitulait le singe du petit mousse.

Tout en cabriolant, il s'arrêtait de temps à autre pour boire du gin, du whisky, et en faire boire à Dott. Dès le premier soir de sa présentation au lunatique, l'enfant fut enivrée, et c'est dans cet état que le fou la viola.

Une fois complètement domptée, elle eut d'autres compagnes que Nelly. Les pensionnaires de la maison étaient une vingtaine environ, exclusivement des jeunes filles, dressées à satisfaire tous les goûts, naturels ou dépravés. Nelly avait quinze ans; la plus âgée, dix-neuf.

Dott n'a pas pu savoir pourquoi Nelly redoutait tant la prison; elle se souvient seulement que la moindre menace de madame la faisait trembler. Le personnel du lupanar se renouvelait, sauf Nelly, qui avait la charge particulière de préparer les enfants, amenées là par fraudes et ruses de tout genre.

La maîtresse de cette maison ne garda pas Dott bien longtemps; elle la revendit à un lupanar de second ordre, d'où elle passa à une troisième catégorie, pour dégringoler finalement à Seven-Dials, de vente en vente, à la discrétion d'une exploiteuse infime, teneuse d'un garni abject, dont les filles, habilement groupées, battaient le trottoir et raccrochaient, sous la direction de la plus hardie de la bande.

Quant à l'histoire de Lizzy, la seconde des fillettes que nous emmenâmes de Seven-Dials, elle est moins compliquée que celle de Dott.

Lizzy a le malheur d'être fille d'une ivrognesse et d'un nombre considérable de pères; c'est une fleur du mal, poussée dans la boue de Londres. Sa mère l'a tout bonnement menée, un beau matin, au marché des enfants, où, sous couleur de louage, les parents indignes vendent et abandonnent leurs petits garçons, leurs fillettes. On devine quel est le sort du plus grand nombre.

Lizzy n'a pas connu les splendeurs du lupanar aristocratique, et, au surplus, elle ne jalouse pas Dott, dont elle connaît les débuts répugnants. Elle a été achetée par un cabaretier; un humble gin-palace a été le théâtre de son premier déshonneur ; éclose au milieu de la fange, ce sont des voyous qui l'ont souillée dès son plus jeune âge, au profit du débitant de boissons populaires. Inconsciente, elle n'a pas les tristesses de Dott ; mais elle n'en est pas moins à plaindre.

Voilà deux exemples, parmi des milliers, je le répète. Londres a la spécialité de la prostitution enfantine.

Le marché aux enfants a existé de tout temps, dans la capitale de l'Angleterre. Autrefois, il se tenait à Commercial-street, la grande artère qui relie White-Chapel à Bethnal-Green ; c'était alors une route, dont l'accroissement de la population a fait une rue. Aujourd'hui, le lieu de cet infâme trafic s'est légèrement déplacé : il est au nord et à peu de distance du marché de Spitalfields, toujours auprès de Commercial-street, mais à gauche quand on se dirige vers la grande gare de Bethnal-Green (ligne du Great-Eastern-Railway) ; il se tient tous les lundis et mardis, entre six et sept heures du matin, à la rue Fleur-de-Lis, qui va de High-street-Shoreditch à Commercial-street. C'est un vaste espace, ouvert à tout venant, où, sous l'œil indifférent des autorités, les enfants des deux sexes, *de sept ans* et au-dessus, se présentent d'eux-mêmes, s'ils sont déjà grands, ou sont amenés, s'ils sont encore tout petits, pour être loués à la semaine ou au mois par toute personne, quelle qu'elle soit, qui peut avoir besoin de leurs services.

« Quoi de plus monstrueux! a écrit avec raison M. Léon Faucher (*Études sur l'Angleterre*). Un père, une mère mène son enfant au marché. Ils le crient comme une vile marchandise, l'étalent aux regards des passants, et le laissent palper corps et âme ; ils le livrent pour être exploité, dans l'âge même où les forces naissent à peine, au premier venu, pourvu qu'il soit le plus offrant, et au maître dissolu comme au maître rangé dans ses habitudes, sans la moindre garantie d'un bon exemple, ni d'un bon traitement! »

Quand des parents infâmes trouvent un loueur qui paie cher, ils savent ce que cela veut dire; dans ce cas, ils ne se préoccupent guère de l'exactitude du domicile indiqué par le preneur; mais le prix de location, qui devient alors payable d'avance, ils l'exigent pour six mois, pour un an, le plus qu'ils peuvent. C'est une vente dissimulée; l'acheteur ou l'acheteuse paie comptant, et l'enfant est sacrifié, irrémédiablement perdu.

Incalculable est le nombre des petites filles, qui, par l'effet de ces monstrueuses ventes publiques, sont livrées à la prostitution. Mais il ne faudrait pas croire que les lupanars londoniens sont organisés exclusivement pour recevoir et attirer des fillettes : dans près de la moitié de ces établissements, on tient aussi des enfants de l'autre sexe.

La prostitution, qui est *légalement* libre sur toute l'étendue du territoire britannique, y compris les colonies, est surtout effrayante à Londres. Il en résulte une démoralisation générale, et la pruderie affectée de l'aristocratie et de la bourgeoisie ne trompe pas le voyageur. Les écrivains moralistes anglais sont eux-mêmes obligés de reconnaître l'étendue du mal : « à Londres et dans sa banlieue, dit le docteur Ryan (*the Prostitution in London*), on compte une prostituée pour sept femmes honnêtes, et, dans les rangs inférieurs de la société, sur trois jeunes filles, il y en a une qui devient prostituée avant l'âge de vingt ans. »

Encore les pauvres ouvrières sont-elles excusables; car nulle part elles ne sont plus malheureuses, sous le rapport de l'insuffisance des salaires. Le récit des souffrances que ces victimes sociales endurent, lorsqu'elles s'efforcent de vivre avec le produit de leur aiguille, a quelque chose de navrant. Quand, pour une enquête sur leur condition, on pénètre dans leur lamentable intérieur, le cœur se serre, tandis qu'elles exposent l'exploitation qui les tue, et l'on comprend aisément combien de fois une lutte pénible a précédé la chute ; car il est juste d'admettre que, parmi les jeunes femmes en âge d'apprécier ce qu'elles font et qui ont succombé, il n'en est peut-être qu'un petit nombre qui eussent consenti à s'abîmer dans la prostitution si elles avaient eu à leur disposition un autre moyen d'assurer leur existence.

« Les ouvrages d'aiguille, écrit le docteur Ryan, sont si peu rétribués à Londres que les jeunes personnes qui s'y livrent ont de la peine à gagner 3 fr. 75 à 5 francs *par semaine*, en travaillant seize à dix-huit heures par jour. Le salaire d'une brodeuse est, pour une forte journée, de 50 à 60 centimes au maximum ; les lingères obtiennent généralement 30 centimes pour la couture totale d'une chemise; les confectionneuses, 20 à 25 centimes pour un pantalon. On ne saurait rien imaginer de plus affreux que l'existence de ces pauvres filles. Il faut qu'elle se lèvent dès quatre ou cinq heures du matin, dans toutes les saisons, pour se mettre à l'ouvrage ou pour aller recevoir les commandes des marchands. Elles travaillent sans relâche jusque vers minuit, dans des chambres étroites, où elles sont réunies, pour plus d'économie dans l'usage du feu et de la lumière, par cinq ou par six. Cette vie sédentaire et cette application constante les vieillissent avant l'âge, quand la phthisie les épargne. Doit-on s'étonner si quelques unes, effrayées ou rebutées de trouver le chemin de la vertu aussi rude, tendent les bras à la prostitution ? »

Ces malheureuses ouvrières ont une chanson, chef-d'œuvre de mélancolie où perce le désespoir de leur situation; elles la chantent, à la veillée, d'une voix plaintive, pour lutter contre le sommeil, et la musique n'est pas gaie, certes; on dirait une complainte funèbre. Je me suis procuré cette chanson, dont les paroles datent de la vieillesse de Thomas Hood. Elle s'appelle *Song of the Shirt*, chanson de la chemise. La voici, dans une traduction qui ne peut en donner qu'une idée forcément imparfaite :

« *Premier couplet.* — Avec ses doigts roidis par la fatigue — et ses paupières lourdes et rougies, — une femme assise, vêtue de guenilles, — faisant courir le fil avec l'aiguille, — cousait, cousait, cousait, — pauvre, affamée et crasseuse ; – et cependant, d'une voix douloureusement plaintive, — elle chantait la chanson de la chemise.

« *Deuxième couplet.* — Travailler, travailler, travailler, — tandis qu'au loin retentit le chant du coq! — Travailler, travailler, travailler, — tout le temps que brillent les étoiles dans le ciel! — Travailler jusqu'à ce que le jour vienne! — Et la tâche quotidienne, — il s'en faut bien, mon Dieu! — n'est pas encore accomplie!

« *Troisième couplet.* — Travailler, travailler, travailler, — jusqu'à ce que le vertige me prenne! — Travailler, travailler, travailler, — jusqu'à ce que mes yeux s'obscurcissent! — Coutures, goussets, épaulettes, — épaulettes, goussets et coutures, —jusqu'à ce que je tombe endormie sur mes boutons, — que je crois voir encore dans mon songe!

« *Quatrième couplet.* — Oh! hommes qui avez des sœurs chéries, — hommes qui avez mère ou femme, — ce n'est pas du linge que vous usez, — mais la vie de pauvres créatures humaines! — Et je couds, je couds, je couds, — pauvre, affamée et crasseuse, — je couds, avec un double fil, — aussi bien mon linceul qu'une chemise.

« *Cinquième couplet.* — Mais pourquoi parler de la mort, — ce fantôme aux affreux ossements? — Je ne crains guère sa figure décharnée; elle ressemble tant à la mienne! — Oui, elle ressemble à la mienne, — car je jeûne trop souvent. — Comment, mon Dieu, le pain est-il si cher, — quand la chair et le sang humain sont à si vil prix?

« *Sixième couplet.* — Travailler, travailler, travailler! — mon labeur ne cesse jamais; — et quel est son salaire? une couche de paille, — une croûte de pain, des haillons, — cette mansarde dévastée, ce plancher nu, — une table, une chaise cassée, — un mur si blanc que je remercie — mon ombre de s'interposer entre lui et moi!

« *Septième couplet.* — Travailler, travailler, travailler, — d'un carillon à l'autre; — travailler, travailler, travailler, — plus durement que les forçats ne travaillent pour expier leurs crimes! — Épaulettes, goussets et coutures, — coutures, goussets, épaulettes, — jusqu'à ce que le cœur tourne et que le cerveau se glace, — aussi bien que les mains roidies!

« *Huitième couplet.* — Travailler, travailler, travailler, — sous le rude aquilon de décembre! — Travailler, travailler, travailler, — au souffle énervant du brûlant été, — tandis que, sous les toits, — les hirondelles attachent leurs nids, — comme pour me montrer leurs dos luisants — et me rappeler le printemps!

« *Neuvième couplet.* — Oh! respirer seulement l'odeur — des primevères, odeur si douce, — avec le ciel au-dessus de ma tête, — l'herbe tendre sous mes pieds, — oh! seulement pour une petite heure! — Éprouver les sensations — que j'ai connues avant celle du besoin, — et avant de savoir combien coûte cher le plus maigre repas!

« *Dixième couplet.* — Oh! seulement une petite heure, — un moment de répit, si court qu'il soit! — Jamais un moment pour aimer ou espérer, — mais du temps et de reste pour gémir! — Des pleurs soulageraient mon cœur; mais que la plus petite larme s'arrête — dans sa source amère, — car elle ralentirait mon travail!

« *Onzième et dernier couplet.* — Avec ses doigts raidis par la fatigue — et ses paupières lourdes et rougies, — une femme assise, vêtue de guenilles, — faisant courir le fil avec l'aiguille, — cousait, cousait, cousait, — pauvre, affamée et crasseuse; — et cependant, d'une voix douloureusement plaintive, — elle chantait toujours, toujours, la chanson de la chemise. »

Non, il ne faut pas s'étonner des chutes; et celui-là n'a rien vu, qui, venu à Londres, n'a pas vu les quartiers de Bethnal-Green, centre des tisserands, Saint-Gilles, où croupissent cent cinquante mille irlandais, et White-Chapel, où la misère murmure sourdement son anathème aux riches, où, parmi les désespérés qui s'abrutissent dans l'alcool, viennent se réfugier, en des repaires cependant distincts, les sans-famille, les vagabonds, les cambrioleurs de la capitale, toute cette lie issue de mères prostituées, les pickpockets, dont l'adresse s'exerce principalement de jour sur tous les points de la ville, aussi bien que les night-walkers, dévaliseurs nocturnes, en un mot, les voleurs et assassins de profession, ou les « clercs de saint Nicolas », comme ils s'appellent entre eux.

Nous ne manquâmes pas, Geo et moi, d'explorer ces bas-fonds de la misère, du vice et du crime.

On a beaucoup exagéré, je crois, le danger qu'il

peut y avoir à s'aventurer dans ces milieux crapuleux et d'aspect sinistre. L'important, à mon avis, est de ne pas commettre de maladresses et de ne pas trop exciter la convoitise des filous. Il est évident qu'un gros richard, âgé ou faible, surtout s'il est étranger ne parlant pas l'anglais, agirait avec imprudence en se risquant, isolé, dans certains taudis qui ne sont fréquentés que par les fripons; mais deux hommes, jeunes, robustes, bien décidés, curieux sans but d'espionnage, en imposent parfaitement et sont respectés même par les derniers vauriens. Ce n'est pas chez eux que ceux-ci attaquent.

En plein White-Chapel, les coquins, qui ne sont pas occupés à exécuter un mauvais coup en ville ou à la campagne, et qui demeurent par exception telle ou telle nuit dans les tavernes où ils se réunissent, sont là pour dépenser en orgies le produit d'un vol récent; et tout autour d'eux, dans les gin-palaces voisins, où matelots et ouvriers miséreux boivent leur paie, il y a assez de braves gens du peuple pour intervenir dans la rue en cas d'agression qui sentirait l'assassinat, et pour se porter au secours de quelqu'un qui, dans les bars à thieves (voleurs), se défendrait. Même, les patrons de ces tavernes, tolérées par la police, à qui elles servent souvent de souricières, laissent les souteneurs jouer du couteau pour vider leurs querelles personnelles, mais ne prêteraient pas les mains à des guet-apens organisés en permanence chez eux.

Allons plus loin encore : il y a foule dans ces repaires de bandits, et ces buveurs-là sont tous des criminels, si l'on veut; mais leurs divers groupes, qui vocifèrent à tue-tête ou qui complotent à voix basse, représentent tout autant de bandes rivales, se jalousant, se détestant cordialement, se dénonçant les unes les autres à l'occasion. L'honnête homme, fort et résolu, ne risque aucunement sa vie, en venant s'asseoir un moment à une table quelconque, dans ce milieu si profondément divisé : il est là sans provoquer personne, il fait acte d'étranger qui a voulu voir uniquement pour s'instruire lui-même ; sa présence étonnera au premier instant, mais les gredins ont assez de flair pour reconnaître bien vite à qui ils ont affaire en ces cas-là. C'est une naïveté de s'imaginer que ces bandes vont tout à coup s'unir dans une même pensée, et se ruer ensemble à l'assaut de l'intrus.

La terreur de White-Chapel existe, il est vrai, au sein des classes possédantes; ce n'est pas une raison pour qu'elle soit justifiée. A défaut d'une expérience, facile à faire, il suffit d'un peu de réflexion pour se rendre compte de l'absurdité d'une telle crainte. Au surplus, les faits sont là : drames de la misère ou de la prostitution, suicides, rixes sanglantes, oui ; meurtres d'étrangers observateurs, jamais.

Eugène Sue ni aucun écrivain sociologue n'ont compromis le moins du monde leur existence en étudiant les mystères de Paris. Pour les raisons que j'ai indiquées, dans les conditions que je précise, les bas-fonds du crime à Londres comme à Paris offrent la même certitude d'inocuité. Il faut avoir l'âme bien trempée ; voilà le meilleur bouclier.

Pour nous aguerrir, nous avions arrêté d'entrer d'abord en contact avec ceux de nos scélérats anglais qui ont, dans le monde entier, la réputation la mieux établie de ruse et d'audace. Leur centre est universellement connu, quoiqu'aucun bon bourgeois n'ose s'y hasarder.

Au nord de la grand'rue de White-Chapel, au-delà de l'église Saint-Jude, après avoir passé Wentworthstreet, on trouve, à partir de cette rue et à droite de Commercial-street, jusqu'à la hauteur du marché de Spitalfields, un massif de maisons toutes plus mal famées les unes que les autres, mais auxquelles on accède par des ruelles aux noms charmants d'antithèse : la rue de l'Elégance (Fashion-street), la rue de la Fleur et du Cygne (Flower-and-Dean-street), etc. A ne voir que ces titres gracieux, on croirait que là se trouve l'Eden de l'élégie et de l'idylle. Or, les plus affreuses ruelles parisiennes sont des bijoux auprès de ces foyers de crime, de basse débauche et de pestilence. Mais la perle des perles, le diamant le plus merveilleux de cet écrin riche en horreurs, c'est la Lower-Keate-street qui est une des rues débouchant sur celle de la Fleur et du Cygne.

Lower-Keate-street est le Capharnaüm de ces pickpockets fameux dans les deux mondes et plus particulièrement redoutés en Europe. C'est là que ces chevaliers prestidigitateurs méditent leurs coups longtemps à l'avance, comme de vrais joueurs d'échecs; c'est de là que ces escrocs, formés en sociétés, ayant chacun son chef et ses statuts, partent pour exploiter en coupe réglée Londres et la Grande-Bretagne, et, laissant parfois leur noble patrie, momentanément, vont inquiéter Paris, Berlin et Vienne de leurs vols audacieux.

Ce qui m'a frappé dès le premier coup d'œil, — et je ne pus m'empêcher d'en faire la remarque à Géo, — c'est l'absence totale de fillettes dans la compagnie féminine de cette catégorie de malandrins. En outre, les maîtresses de ces voleurs se tiennent relativement bien, ne sont pas tombées dans la dernière dégradation, comme celles des vulgaires escarpes ; plusieurs de ces filles étaient mises avec une certaine recherche. Quant à eux-mêmes, sous le rapport du vêtement, ils offrent dans leur intimité une variété réellement typique : les uns ont gardé le costume qui les déguise au cours de leurs opérations, et je renonce à dire leur diversité extraordinaire ; les autres sont dans un négligé qui parcourt une gamme invraisemblable, depuis le simple laisser-aller, avec une tenue qui n'a rien de déshonnête, jusqu'au débraillé le plus sans-façon.

A notre entrée dans une des tavernes de Lower-Keate, les visages se rembrunissent; mais cela dure une minute à peine. Nous ne paraissons ni des mouchards ni des gogos ; nous avons l'air de ce que nous sommes, pas plus ennemis qu'imbéciles à duper. Aussi l'on ne montre bientôt aucune inquiétude, ni aucune joie, à notre sujet. Notre présence, pourtant, ne leur est pas indifférente; elle étonne ces sacripants, mais aussi elle les flatte en quelque sorte. A cause de la rareté du fait, il ne leur déplaît pas de voir des touristes de notre genre entrer hardiment dans la gueule du loup.

A la table où nous avons pris place, deux, trois, quatre voleurs se délèguent et viennent nous complimenter. L'un des pickpockets nous offre de nous montrer un spécimen de ses petits talents, oh! en simple Robert-Houdin, histoire de rire. Il nous demande si nous n'aurions pas, par hasard, de la menue monnaie d'argent, de la moindre, et il nous annonce qu'il se fait fort de la changer instantanément en pièces beaucoup plus grosses, et cela sous nos yeux, sans aucun creuset d'alchimiste.

Le hasard nous a servis, en effet : Geo a, parmi sa monnaie, deux pièces blanches dites threepence (environ 31 centimes), un quart de shilling, et moi, j'en possède trois.

Notre joyeux filou en prend une délicatement entre

le pouce et l'index, et, en moins d'une seconde, c'est une grosse pièce de bronze, un penny (10 centimes), qui a remplacé la piécette d'argent au bout de ses doigts; nous n'y avons vu que du feu. Quatre fois encore, le tour se renouvelle, et nous avouons gaiement qu'il est réussi dans la perfection.

Maintenant, d'autres drôles viennent à nous et se font offrir quelques consommations, en invitant leurs compagnes. Nous acceptons volontiers cet arrosage à nos frais, et nous voilà bons amis avec cette canaille. On trinque à la meilleure santé de tous; nous portons nos toasts à l'heureuse prospérité de l'aimable compagnie. Et pourquoi pas? Nous ne sommes pas venus ici pour faire les dégoûtés, les bégueules.

L'une de ces dames, voleuse experte, dont la spécialité est d'écouler de la fausse-monnaie d'une façon fort ingénieuse, se déclare charmée de notre bon vouloir et nous offre une expérience de son habileté.

— Tenez, me dit-elle, supposons que vous êtes une gantière, ou un marchand de musique, un boutiquier ou une commerçante en n'importe quoi. Vous êtes assis à votre comptoir, et je viens d'acheter pour quatre shillings (5 francs) de votre marchandise. J'ai apprécié votre tête avant d'entrer. Je vous remets une livre sterling.

En même temps, elle sort d'une coquette silk-purse (bourse de soie) la pièce d'or, la livre de 25 francs; elle la pose devant moi.

— A présent, ajoute-t-elle, ce n'est pas au marchand que je parle; c'est au gentleman curieux qui est venu ici... Rendez-moi, s'il vous plaît, sur cette livre, en monnaie quelconque à votre choix.

L'expérience étant amusante, j'entre dans le jeu.

— Nous avons quatre shillings à prendre, dis-je gravement; voici, mademoiselle.

Et je place à mon tour devant elle, à peu de distance de sa livre sterling, une pièce d'or d'un demi-souverain (12 fr. 50) et trois doubles-shillings d'argent, faisant le solde.

Elle prend le demi-souverain, le fait tinter sur la table.

— Oh! monsieur! c'est une mauvaise pièce, ça!... Elle ne sonne pas l'or...

Puis, éclatant de rire et s'adressant à Geo :

— Si monsieur préfère avoir la complaisance de me rendre, en monnaie qu'il voudra, sur ma livre, qui est bonne?...

— Je veux bien, fait Geo.

A son tour, il place sur la table la valeur des vingt francs à rendre, mais en monnaie différente de la mienne, soit quatre grosses pièces d'argent, de quatre shillings chacune, des doubles-florins.

— Oh! quelle mauvaise monnaie décidément! s'écrie avec une moue l'adroite prestidigitatrice, plus forte encore que notre premier pickpocket.

En effet, elle n'a pas plus tôt touché les grosses pièces de Geo, qu'elles rendent, à sa volonté, un son de cuivre ou de plomb.

— Trois faux doubles-florins sur quatre!... Mais c'est donc une bande de faux-monnayeurs qui a passé ici avant moi, monsieur le caissier!... Comment avez-vous pu accepter de si mauvaises pièces, vraiment?... Donnez-moi de la bonne monnaie, je vous prie, et surveillez mieux vos clients désormais.

Nous étions ébahis, et il y avait de quoi. Or, nous, bien prévenus, nous qui savions que notre soi-disant cliente était une rose de Lower-Keate, nous qui n'avions pas perdu de vue une seconde ses doigts d'effrontée coquine, nous ne nous étions pas aperçus de la susbtitution de son faux demi-souverain d'or et de ses trois faux doubles-florins d'argent, remplaçant instantanément sur la table nos excellentes pièces, disparues, évanouies. S'il en était ainsi avec nous, quelle doit être la grimace de sincère désappointement des naïfs marchands et marchandes, roulés par une paroissienne de cette force?...

Alors, pour compléter l'expérience, elle tint à nous prouver qu'elle était en mesure d'escamoter n'importe quelle monnaie, avec remplacement analogue, mais en faux. Et ce fut une cascade de shillings, de florins, de couronnes, de demi-souverains et de pounds, qui ruissela de ses doigts agiles, vrais doigts de fée, c'est le cas de le dire ; et de sa mignonne silk-purse il sortit, en quelques instants, pleuvant sur la table, pièces bonnes et pièces fausses, avec des tintements clairs mêlés à des chutes sourdes. de quoi remplir plus d'une grosse sacoche de garçon de recette de la Banque. Cela tenait du prodige.

Née dix-neuf siècles plus tôt, et transplantée en Palestine, cette gaillarde eût multiplié les poissons et les pains sur la montagne des sermons !...

Mais ce qui mit le comble à notre surprise, ce qui paraîtra à beaucoup de personnes plus étonnant même que ces miracles de prestidigitation, ce fut leur conclusion.

— Voilà ce qui vous appartient, messieurs, nous dit cette étrange créature en terminant. A l'un de vous, son petit jaunet ; à l'autre, ses trois grosses pièces blanches.

Et, comme Geo et moi refusions, en déclarant que le plaisir de cette mirifique expérience était certes bien supérieur à cette monnaie si drôlement escamotée, elle répliqua :

— Pardon, mes gentlemen!... J'ai l'habitude de garder ce que j'ai conquis sur l'ennemi; mais vous êtes venus chez nous par distraction, en curieux ne cherchant pas à nous nuire, et moi aussi, j'ai voulu simplement m'amuser, et non vous duper... Reprenez, je vous prie, votre bien... N'ai-je pas raison? dites, vous autres, les joyeux clercs de saint Nicolas!...

Tous l'approuvèrent, y compris notre premier pick-pocket, qui, lui, en dépit de ses chaudes félicitations à sa camarade, ne restitua pas néanmoins nos piécettes; il est juste d'ajouter que la chose n'en valait, d'ailleurs, pas la peine.

Notre expédition prenant ainsi une excellente tournure, au-delà de nos espérances, une idée germa soudain en mon cerveau.

— Vous l'avez dit, mademoiselle, fis-je, notre but en visitant ces parages n'est pas de nuire à quiconque. Nous croyons, mon cousin et moi, que tout sur notre planète mérite d'être étudié, et l'on peut s'instruire sans entrer dans les intérêts de personne; nous ne tenons notre mission que de nous-mêmes...

— Goddam! on l'a compris, vous n'êtes pas des espions de police, interrompit une grosse voix.

— Je vous exposerai donc franchement notre désir... Nous avons sur nous une douzaine de livres sterlings. Si vous y consentez, nous en ferons trois parts égales : la première sera dévolue à celui d'entre vous qui voudra bien nous servir de guide dans notre excursion de White-Chapel...

— Tous! tous!

— Et, pour qu'il n'y ait pas de jaloux, notre *cicerone* sera tiré au sort...

— Accepté!

— Quatre autres livres, deuxième part, seront attribuées à la compagnie ici présente, prise dans son ensemble, c'est-à-dire à tous les clercs de saint Nicolas dont nous ne pourrons pas utiliser les bons offices...

— C'est cela!... Fort bien imaginé... Hip! hip! hourrah!

— Quant à la troisième part, elle suffira, je pense, à faire face aux menus frais qui pourront se rencontrer, plus ou moins multiples, au cours de notre original pélerinage.

— A la bonne heure! fit un vieux bandit à la mine joviale... Voilà deux jeunes gens qui ne sont ni étourdis ni ridicules... Dans ma longue existence, combien ai-je vu de ces moralistes pédants, qui viennent, la bourse vide, pour nous sermonner, et de ces curieux stupides, qui veulent, disent-ils, étudier notre société, notre vie, sous la protection du constable, avec une escorte d'inspecteurs!... A leur approche, les portes se ferment, chacun se terre ou s'esquive; le spectacle auquel ils prétendent assister, se transforme en entr'acte... Ils ne voient rien, les imbéciles!... Interrompue, la comédie ou la tragédie! le rideau est baissé!... Et, quand ils s'en vont, ils croient tout connaître, tout savoir; ils s'imaginent avoir pénétré jusque dans les coulisses, ou bien ils ont pris les grimaces de quelques starvelings (meurt-de-faim) demi-policiers pour une grande pièce en répétition... Eh bien, voici enfin deux gentlemen bien avisés. Nous acceptons leurs huit livres, et nous nous ferons honneur de leur donner du vrai spectacle pour au-delà de leur argent...

— Oui! oui! crièrent plus de cinquante voix.

— Il n'y a qu'un seul point sur lequel je ne suis pas d'accord avec nos charmants visiteurs. Quant à la seconde part, si aimablement proposée, nous devons reconnaître leur bonne intention; mais qu'est-ce que quatre livres sterlings à partager entre nous tous?... Je propose de faire quatre lots de cette seconde part, et on les tirera au sort en faveur des dames.

— Oui! oui!... Hourrah pour sire Bertram!...

Par ce trait, l'on voit que le pickpocket de Londres n'est pas souteneur. Loin de vivre aux crochets de sa belle, il la fait participer aux profits de sa chevalerie industrieuse; comme le bookmaker, en général, il entretient sa maîtresse.

Nous déposâmes nos huit livres entre les mains du doyen Bertram, et des billets furent promptement confectionnés, recueillant les noms de tous les membres de l'assistance.

Le premier gagnant, c'est-à-dire celui que le sort désigna pour être notre guide, fut maître John Oxtail (en français, Jean Queue-de-Bœuf), ainsi surnommé parce que la soupe à la queue de bœuf est son régal favori. Imaginez un hercule aux cheveux roux, qui, d'un coup de poing, eût pu assommer un taureau, et qui, entre ses doigts d'acier, plia et redressa devant nous un double-florin; loin d'être lourd et trapu comme la plupart des athlètes, il est surtout nerveux, de haute taille et bien découplé.

Quant aux dames à qui échurent les quatre lots, leur portrait importe peu. Disons seulement que la joie ne les rendit pas égoïstes et qu'elles payèrent, séance tenante, à toute l'assemblée force pintes de pale-ale et de stout, sans compter les petits verres de gin, de whisky et de brandy.

Nous voilà en route, maître Oxtail très heureux de nous conduire.

Il nous précède partout, et les portes s'ouvrent à sa voix, comme au mot magique de « Sésame » dans les *Mille et une Nuits*; et, — c'est là pour nous l'important,

— personne à notre vue ne se dérange, attendu que sa présence suffit à attester à tous nos pacifiques intentions.

Autre avantage : parmi les simples miséreux, maître Oxtail n'est pas connu pour ce qu'il est en réalité ; on le croit, non pas pickpocket, mais seulement bookmaker, et il jouit d'une certaine popularité, due à sa générosité native qui le pousse à distribuer à l'occasion quelques menus secours aux plus pauvres, quand son exploration des poches et goussets riches a été fructueuse.

Sous ce rapport, il est un peu descendant de Cartouche. Il prétend voler *par principe* et se félicite de ses aptitudes spéciales. Il n'est pas loin de se croire un homme providentiel, du moins dans une certaine mesure ; vu la mauvaise organisation de la société, dit-il, il contribue à rétablir un peu l'équilibre entre la richesse exorbitante et la misère, mais faiblement, il est vrai, car il n'a nulle tendance à se dépouiller en totalité du produit de ses rapines en faveur des indigents et il en garde la part la plus léonine. Mais il espère, nous glisse-t-il en confidence, finir ses jours béatement dans une villa bien fleurie, en plein pays d'agriculture, et il assure qu'alors il n'y aura pas de malheureux autour de lui, dans sa paroisse. Cet homme qui n'hésiterait pas à forcer les coffres-forts de la Banque d'Angleterre, s'il le pouvait, et à faire main basse sur leur contenu, entasse des économies, amasse une fortune, pour en jouir paisiblement dès la cinquantaine, et, contradiction cocasse, c'est à la Banque d'Angleterre qu'il confie son magot pour le grossir d'intérêts et le tenir en sûreté.

Un vrai type, John Oxtail. Il se tient au courant de la politique ; il lit les journaux, matin et soir, entre deux râfles de porte-monnaie; il s'indigne de l'exploitation du travail par le capital. Chemin faisant, il ne nous cache pas sa façon de penser, qui est sévère à l'égard du Mammon britannique.

— N'est-ce pas honteux, ce qui se passe? nous dit-il. Voyez, par exemple, les employés et ouvriers des grandes administrations, des compagnies de railways et autres : pendant vingt-cinq ans, on leur retient, chaque mois, une part du salaire, déjà maigre, qui leur est accordé, et cela sous prétexte de leur assurer une pension de retraite ; puis, quand arrive la dernière année de service actif, on leur cherche noise à n'importe quel propos, afin de les renvoyer, et, d'après les statuts, ils n'ont plus droit à la retraite, et l'on ne leur rembourse pas l'argent capitalisé qui a été retenu... Tout ça, pour engraisser les actionnaires!... Et vous voulez que ces pauvres diables ne songent pas à mettre des bombes de dynamite dans les édifices que leur labeur a construits et dont ils sont chassés, dans les banques où est déposée l'épargne qu'on leur extorque et dont on les frustre?...

— Vous êtes anarchiste, maître John?

— Halte-là! pas le moins du monde!... J'excuse les misérables exploités que l'injustice et le sans-cœur des richards rendent anarchistes; mais je ne les approuve pas... Eh bien, que deviendrai-je, moi, si l'anarchie prenait le dessus et détruisait tout?...

— Alors?...

— Puisque la société est ainsi, mal faite, et ne peut pas se refaire, alors c'est être dupe que de trimer comme des nègres sous le fouet du planteur, pour passer sa vie à se serrer le ventre. Les richards sont les malins de ce monde. Il faut être plus malin qu'eux et les voler adroitement chaque fois que l'occasion s'en présente. De cette façon, on venge les dupes, all-right !

— De telle sorte que, si demain l'occasion se présentait à vous, maître John, de me subtiliser mon portefeuille, l'ayant entr'aperçu bien garni ?...

— Goddam ! j'en profiterais, mon cher monsieur, vous pouvez le croire !... Cependant, étant donné que vous avez été charmant avec nous, je m'arrangerais pour savoir votre domicile, et, par la poste, je vous renverrais quelque chose, de quoi ne pas vous laisser complètement dans l'embarras.

— Au moins, vous êtes franc; on a plaisir à causer avec vous.

Nous étions arrivés à l'entrée d'une allée conduisant à une vaste cour, entre l'église Saint-Jude et Osborn-street. Au fond, se trouve une sorte de café chantant et dansant, où grouille une tourbe de malandrins de la pire espèce; la clientèle de l'endroit ne se compose pas de pickpockets, mais de vulgaires chenapans qui, n'ayant pas l'adresse de ceux-ci, volent brutalement, en jouant du couteau, la nuit, le passant plus ou moins cossu, rentrant chez lui à l'heure où les rues sont désertes, ou qui encore vont, pendant le jour, dévaliser les appartements où ils s'introduisent par effraction en l'absence du locataire, prêts d'ailleurs à tuer quiconque viendrait déranger leur pillage.

Les femelles de ces assassins appartiennent à la plus basse classe de la prostitution; elles sont, en général, jeunes, quoique déjà flétries; leurs dix-huit ans en marquent trente, au minimum. Il y a aussi quelques fillettes, primeurs du vice; pourtant, je n'en remarque pas qui puissent avoir moins de douze ans, et ces jeunes prostituées sont, presque toutes, attablées avec des individus de dix-neuf à vingt-trois ou vingt-quatre ans, les Benjamins du crime.

Tout ce monde boit, fume et bavarde, ne perdant guère de vue la scène, où des bateleurs montrent des singes savants, exécutent des tours de force sur la corde tendue, puis cèdent la place à un escamoteur, prodigieusement applaudi ; ces brutes admirent le savoir-faire de l'artiste en trucs de passe-passe. J'ai deviné ce sentiment dès que nous nous sommes assis en compagnie de John Oxtail ; il est connu et, en quelque sorte, vénéré ; on lui adresse des sourires respectueux, auxquels il répond par de petits saluts protecteurs.

Comme notre présence détonne fort dans ce milieu, elle intrigue ; néanmoins, personne ne nous fait grise mine. Au contraire, on nous regarde avec intérêt, et, durant quelques minutes, nous portons préjudice au succès d'un avaleur d'étoupes enflammées.

— On vous prend, nous dit maître John, pour deux chefs mystérieux de quelque bande select.

Nous ne sommes aucunement flattés du quiproquo, et, d'autre part, en ce qui me concerne, je n'en suis pas marri, puisqu'il sert à merveille mon plan d'études sur le vif.

Mais voici que le prestidigitateur a terminé ses tours ; la salle croule sous les bravos. La scène demeure vide ; puis, une clameur générale retentit :

— Ralph !... Ralph !... Ralph !...

Quel est donc cet artiste que le public réclame ?

Ce n'est ni un acteur, ni un ténor, ni un virtuose gagé par le directeur de l'établissement. Un homme se détache d'un groupe de spectateurs ; c'est le Ralph demandé. On lui fait une longue ovation.

Ralph est un thug-murderer ; à Paris, on dirait un serreur-de-vis. Il a une spécialité d'assassin, et il y excelle, m'explique maître John : il n'est pas chevalier du poignard, mais du foulard ; il surprend son homme et l'étrangle avec une dextérité remarquable. La chance veut que jusqu'à présent il n'ait jamais été sérieusement compromis, ayant l'habitude d'opérer pour son compte exclusif, « la seule bonne méthode », ajoute Oxtail.

Ralph est vaguement soupçonné par la police d'être l'auteur d'un certain nombre de méfaits ; mais, d'abord, on n'a pu le prendre sur le fait, et ensuite il a la malice de choisir ses victimes de telle manière que la famille dont il a supprimé un des membres préfère le silence et supplie les magistrats de ne pas se livrer à des recherches. Ralph *étrangle*, et la famille de l'étranglé *étouffe* l'affaire.

Voici le système de Ralph :

Par son observation patiente et ses habiles filatures, il déniche le richissime pédéraste et son nid particulier ; si l'antiphysique qu'il a découvert se commet avec des jésus de la plèbe, il le néglige, au lieu de se servir de ceux-ci comme amorce ; sa règle invariable est de n'avoir pas de complices. Mais, si au contraire le germiny londonien borne ses amours aux jeunes gentilshommes de sa caste, Ralph prend ses mesures pour troubler un beau soir leur athénien tête-à-tête. Les nids de cette nature étant toujours discrets et enveloppés de mystère, le thug-murderer manœuvre avec toutes chances pour lui. En sa qualité d'ancien serrurier, il s'introduit tout doucement au cœur de la place, quelque temps avant le rendez-vous ; il se cache dans le meilleur coin d'où il pourra fondre à l'improviste sur l'ignoble couple. Au bon moment, il surgit, prompt comme l'éclair : un coup de poing étourdit l'aristocratique jésus ; un tour de foulard envoie dans l'autre monde, sans un cri, le millionnaire de Sodome. Quand l'accident est constaté, Ralph est loin, et deux familles ont intérêt à laisser le mort sans vengeance et les banknotes volées aux mains du voleur; car un richard passionné à la grecque a toujours sur lui de quoi se montrer royalement généreux, et l'éphèbe, n'ayant guère eu le temps de se reconnaître, vu la circonstance, est d'ordinaire bien embarrassé pour fournir l'exact signalement de l'intrus qui, en guise de cadeau, lui a donné un maître coup de poing. Ralph pourrait fort bien avoir un second foulard pour empêcher l'éphèbe de revenir de son étourdissement; mais il aime mieux lui faire grâce de la vie : cela amène, dès le début, des inévitables complications, l'innocent jésus étant en premier lieu coffré et accusé; d'où résulte l'intervention de la famille du tourtereau, venant mêler ses larmes et ses supplications à celles de la famille du gros pigeon-ramier à qui le foulard de Ralph fut fatal.

D'autre part, Ralph ne multiplie pas outre mesure ses exploits. C'est un garçon qui, relativement, n'est pas gaspilleur : procédant avec méthode pour préparer et accomplir chacun de ses crimes, il déploie également toutes les ressources de son esprit circonspect, quand il s'agit de dissimuler la forte somme dont il s'est emparé en échange de son foulard; car il abandonne toujours sur le cadavre le collier de soie dont il l'a cravaté, un superbe et solide foulard bleu. Il ne dépense l'argent qu'au fur et à mesure de ses besoins, qui ne sont pas princiers, et nul ne connaît ses cachettes. Il observe donc et étudie à loisir son prochain sujet, pendant que s'écoule et s'épuise lentement le petit Pactole de sa dernière affaire.

Dans la basse pègre comme dans la police, on est unanimement d'accord pour attribuer à Ralph ces assassinats, exécutés coup sur coup dans des conditions identiques, la nouvelle de quelques uns d'entre eux ayant transpiré; chez les escarpes, on est même convaincu que c'est à lui qu'en revient la gloire. Toutefois, le héros étant très réservé sur ce chapitre et se montrant fort étonné quand on lui en parle, le soupçon policier et la conviction pégriote reposent surtout sur un cavalier seul que Ralph exécute avec une maëstria d'auteur-acteur dans les tavernes à concert comme celle où nous nous trouvons. C'est une danse accompagnée d'une mimique expressive, et que les chourineurs et cambrioleurs de Londres appellent : *la Gigue de l'Étranglé*. Encore le malicieux Ralph a-t-il soin de ne pas se servir ici d'un foulard dénonciateur ; l'éternelle cravate de soie que l'on trouve toujours au cou des victimes est *bleue*, et, dans la gigue de sa composition, il parade avec un foulard *rouge*.

Or, quand l'assemblée où je me trouve réclame Ralph, ce n'est pas uniquement pour contempler ses traits; l'appeler, c'est lui demander sa gigue. De droit, elle prend place au programme, et le thug-murderer ne se fait pas prier.

Il traverse la salle, salué sur son passage par les hourrahs des hommes; les femmes lui envoient des baisers. Bientôt, il est sur la scène. L'orchestre joue, ou plutôt éclate en notes criardes, et Ralph se trémousse.

Mais son trémoussement représente toutes les phases d'un assassinat au foulard; en cela réside la cause du succès colossal de cette gigue, qui se danse exclusivement devant un public de voleurs, en quelques tavernes donnant concert et bal. Tandis qu'il exécute les mouvements rhythmiques des jambes, Ralph mime, et nous montre ainsi d'abord l'arrivée du richard sodomite, tendant le cou, l'œil inquiet, regardant à droite et à gauche pour s'assurer que personne ne le voit se diriger vers son rendez-vous; puis, c'est l'arrivée à la garçonnière mystérieuse, les poses fades et mièvres prises devant la glace en attendant le jésus, les airs langoureux d'un grotesque achevé, les enfantillages de la toilette féminine du vieux dépravé se tamponnant les joues avec de la poudre de riz, se faisant les sourcils, se mettant du rouge aux lèvres, la joie sautillante avec laquelle il accueille son complice en débauche honteuse, sa pâmoison mimée en caricature anglaise à la mode des clowns; et, tout à coup, le terrible foulard qui s'abat sur lui en collier mortel et fait passer brusquement sa physionomie à une grimace d'épouvante. Et Ralph, qui a retroussé derrière son dos ses bras, tel qu'un saltimbanque désarticulé, serre le foulard sur lui-même; la langue sort énorme de la bouche, les yeux sont hagards; il chancelle en arrière, et toujours les jambes dansent, mais avec des mouvements plus précipités, plus saccadés. Finalement, il tombe à la renverse, il s'étend sur le plancher de la scène, il se débat dans les spasmes de l'agonie; et les jambes gigotent toujours, jusqu'à un formidable coup de cymbale de l'orchestre, que la salle tout entière salue d'un seul cri :

— Couic!

Alors, Ralph se relève, et, comme un artiste heureux de son triomphe, s'incline en souriant vers l'assistance qui trépigne, qui applaudit des mains et aussi des pieds, en frappant le sol et les tables, en hurlant des cris de mort, en faisant un vacarme infernal.

Il est impossible de rêver quelque chose de plus audacieux que la moquerie cynique de ce Ralph, dont les meurtres ont tant troublé la douce quiétude de la police, — il y avait alors cinq ans que se répétaient périodiquement et identiquement ces forfaits d'un genre spécial, — et qui s'offre le plaisir de mettre son crime en gigue, de le mimer en gambadant, deux ou trois fois par semaine, dans un lieu ouvert au public.

On dira ce qu'on voudra : on ne peut voir cela qu'à Londres; dans tout autre pays, Ralph aurait été arrêté le soir même de sa première représentation, à l'effet d'avoir à expliquer l'énigme de son beau talent imitatif, et les magistrats, sans s'arrêter à la différence de couleur du foulard, n'auraient pas hésité à confronter le danseur avec les compagnons des neuf à dix victimes que l'on comptait déjà, quand j'ai vu cette gigue extravagante et macabre. Ailleurs qu'à Londres, l'autorité ne se serait pas bornée à constater les crimes; elle n'aurait pas enregistré la mort des étranglés sous la rubrique de « décès par cause inconnue »; elle aurait passé outre au refus des familles, s'opposant à un procès scandaleux pour leur nom; en un mot, justice aurait été faite, si peu intéressantes que fussent les victimes. — Car une nécessité est au-dessus de toute considération : réduire à l'impuissance les criminels, lesquels sont incontestablement dangereux.

En Angleterre, un crime, quel qu'il soit, a toujours de nombreuses chances d'impunité, attendu que la loi elle-même fournit à la magistrature une multitude de cuvettes de Ponce-Pilate. On n'a pas oublié cette autre série d'assassinats londoniens, qui ont longtemps défrayé la chronique de la presse d'Europe : l'assassin éventrait des femmes sur tous les points de la capitale britannique, à peu près périodiquement, et en annonçant par lettre son forfait à la police quelques jours d'avance; à part le nom de la victime projetée et l'endroit choisi pour le massacre, le scélérat indiquait tout. Jack l'Éventreur et Ralph l'Étrangleur se feront dignement pendant, dans l'histoire de Londres à la fin du XIXe siècle.

Ralph savoure donc son triomphe, en descendant de

la scène; mais il le savoure modestement, se dérobant aux étreintes, et il regagne sa place, auprès de trois amis. Je lis dans ses yeux la profonde allégresse, tandis qu'à la question d'une spectatrice enthousiaste il répond, avec un pli ironique à la commissure des lèvres :

— Non, vraiment! Je ne vois pas pourquoi on s'obstine à me féliciter pour autre chose que ma gigue... Si elle est réussie, tant mieux, ma toute belle!... Mais je vous assure que c'est seulement affaire d'inspiration.

Et il échappe à la catau, qui voulait l'embrasser quand même.

Ce Ralph est un homme de taille moyenne, qui paraît avoir dans les environs de trente-cinq à trente-six ans; il est maigre, sec, tout en nerfs, et d'une extrême vivacité d'allure; son visage est complètement rasé; ses cheveux, noirs, épais, sont quelque peu crépus; sa physionomie lui donnerait assez bien l'air d'un cabotin, mais sa tournure générale est plutôt celle d'un ouvrier qui, ayant un bon salaire et de l'ordre, vit à son aise et s'habille convenablement. Ce qui me frappe en le voyant, c'est le regard : œil mobile, faux et cruel.

Après cet intermède, qui a été le clou de la soirée, l'attention revient vers nous, du moins celle des spectateurs et spectatrices qui sont le plus près de notre trio. Avec la hardiesse qui caractérise les femmes de cette catégorie, plusieurs n'hésitent pas à se rapprocher, à venir à notre table, sous prétexte de donner le bonjour à maître Oxtail; en réalité, c'est Geo et moi qu'elles visent, et bientôt nous sommes l'objet d'un siège en règle; persistant à nous croire membres de la haute pègre, elles déploient leurs grâces plus ou moins frelatées, et chacune sollicite comme un honneur le plaisir de finir la nuit avec l'un ou l'autre de nous.

Pour mon compte, je me vois dans l'obligation de refuser cette faveur, successivement, à cinq drôlesses. J'invoque, sans entrer en explication, la nécessité où je suis de ne pas consacrer ma nuit à l'amour.

Alors, chacune de me dire, à tour de rôle :

— Eh bien, veux-tu que je t'attende demain ?... Je vois bien que tu es un secret-chief of the most expert class (chef secret des plus habiles bandes), et je ne te demanderai pas qui tu es ; mais tu ne regretteras pas de me connaître.

Pour me débarrasser de ces importunes, j'accepte ainsi cinq rendez-vous, répartis parmi les jours suivants, mais avec l'intention de les oublier, bien entendu. Cela fait, nous abandonnons la place, laissant nos conquêtes, nullement jalouses entre elles à notre sujet, et fort heureuses de vider ensemble les flacons que nous leur avons fait servir.

Dans les quartiers où nous avons évolué cette nuit-là, les logements de la classe ouvrière la plus misérable ne se confondent pas avec les garnis qui abritent la basse débauche et les vagabonds et voleurs ; mais c'est l'aspect intérieur qui seul les distingue. Un examen superficiel engendrerait des erreurs; car partout c'est le même délabrement, la même négligence, chez les uns forcée, chez les autres insouciante, et les habitants, honnêtes ou criminels, sont partout dans le même débraillé.

Il fallait l'expérience de notre guide pour qu'une telle excursion pût s'effectuer utilement. D'abord, adversaire du temps perdu, il nous conduisit chez les pauvres gens; car pourquoi les troubler à des heures indues?... Au contraire, c'est après minuit que commencent les plus ignobles saturnales des prostituées et des gredins.

J'ai vu de près la misère anglaise cette nuit-là à

White-Chapel, et les jours suivants dans d'autres quartiers. Un des premiers résultats de cette infortune inimaginable est d'amener une intimité dans le malheur, souvent très dangereuse au point de vue de la moralité; vu le manque de ressources, l'extrême dénuement, il s'agit de se loger au plus bas prix possible ; c'est ainsi qu'une seule pièce a plusieurs locataires. Une cave même sert de chambre à coucher, et le cas est des plus fréquents : j'ai vu une veuve de quarante ans habiter là, avec ses deux filles, de seize et dix-neuf ans; toutes les trois couchaient ensemble sur le même grabat; à l'autre bout de la cave, autre grabat, occupé par un matelot et deux ouvriers travaillant dans la journée au déchargement des navires. Il est évident que de telles intimités nocturnes ont de grandes chances de finir mal assez souvent.

Très fréquemment, la promiscuité est encore plus complète, toujours pour cause d'indigence. Une femme misérable, locataire d'un tiers ou d'un quart de chambre, sous-loue la moitié de son lit; au début, elle ne sous-loue qu'à une personne de son sexe; mais le mois où une co-locataire malheureuse lui fait défaut, elle ne peut plus faire face à ses frais de logement, et la nécessité impitoyable l'oblige alors à accepter à son côté un homme, son frère de misère.

Un rapport officiel, cité par le docteur Richelot, raconte le fait suivant : un homme veuf couchait dans la même chambre que son fils et sa fille adultes; cette dernière avait un enfant qu'elle attribuait à son père, celui-ci à son fils, les voisins à tous deux. Pas de commentaires, n'est-ce pas? l'exemple est assez caractéristique.

Dans les garnis où les malheureux sont reçus, non plus comme locataires au mois, mais logeant à la nuit, la promiscuité est pire encore. J'ai vu ces établissements; j'y suis entré, sous la conduite de maître John, au milieu de la nuit. Le spectacle qu'offrent ces grands dortoirs est indescriptible. Chaque salle est divisée en longues rangées de compartiments semblables à des stalles d'écurie en ce qui concerne la hauteur de la cloison; chaque compartiment, chaque box, contient deux banquettes et une table au milieu; banquettes et tables jouent l'office de lit, et, en outre, on couche aussi sur le plancher; soit six à sept coucheurs ou coucheuses par box. C'est un pêle-mêle inouï d'hommes, de femmes, de jeunes filles, de jeunes garçons, d'enfants. Tout ce monde grouille, dort à moitié, croupit dans la vomissure des ivrognes.

Aucune surveillance n'est exercée; elle serait, d'ailleurs, inefficace. Les femmes et filles encore honnêtes, égarées dans ces refuges de vagabonds, ont à se défendre, nombre de fois en la même nuit, contre les entreprises de leurs compagnons de box. Les vicieux se cherchent, à la faveur de l'obscurité; des petits voyous et des gamines rampent dans les allées du vaste dortoir, vont d'un compartiment à l'autre, se livrant à toutes les turpitudes.

Après cela, il semble qu'on ne puisse voir un plus honteux tableau. Eh bien, non; cela est dépassé par l'orgie crapuleuse de la rue, à White-Chapel, après minuit, quand les miséreux honnêtes dorment entassés dans leurs chambres sans air, ou trop aérées, s'ils couchent au grenier dont les toits laissent passer la pluie et les quatre vents du ciel.

Sur le sol boueux, les filles dansent, pieds nus, jambes nues, la chevelure en désordre, la poitrine à peine couverte; elles s'enlacent, chantent, assiègent les vauriens, les gueux ignobles qui vont et viennent d'un gin-palace à l'autre. Il y a des cabarets archi-pleins, où l'on fait queue à la porte; belle occasion pour s'exciter au vice, par surcroît!

C'est le raccrochage bestial, corollaire obligé d'une débauche débordante et tombée au dernier degré, tombée à l'ordure. Non, on ne voit rien de pareil à Paris. Cela laisse bien loin toutes les descriptions de la Cour des Miracles, émanant des chroniqueurs du moyen-âge, et reprises et amplifiées par les romanciers. Encore, par l'emplacement de la Cour des Miracles, aujourd'hui dépourvue de ses truands, on constate que cette antique agglomération vicieuse était fort restreinte. A Londres, en plein siècle de progrès et de lumière, cette portion de la capitale anglaise où la crapule emplit les rues la nuit équivaut à une grande ville telle que Marseille ou Naples; et c'est précisément l'énormité gigantesque de cette cohue de viles prostituées et de bas coquins, qui lui donne le caractère d'un phénomène colossal, prodigieux, absolument fantastique.

Si la canaille féminine de White-Chapel était transportée à Rome, elle ne tiendrait pas dans Saint-Pierre et le Colisée réunis.

Quant aux lupanars dont la clientèle se compose de voleurs, on comprend que toutes les horreurs, toutes les infamies s'y commettent, sans aucune contrainte. Ces maisons sont innombrables; le même tenancier en exploite plusieurs à la fois dans un périmètre peu étendu, six, huit, neuf, dix lupanars. Chacune de ces maisons compte un personnel stable de vingt-cinq à quarante filles. En outre, toutes les tavernes, tous les bars sont organisés pour la débauche secrète. Et, comme si cela ne suffisait pas, le vice se vautre dans les allées, dans les cours, ouvertes à tout venant.

Et, au point de vue de l'hygiène, que dire de cette

formidable sentine dont la superficie est plus grande que le territoire de la ville de Lyon?

Pour ne pas être taxé d'exagération, il est utile que j'ajoute à mes notes personnelles ce que l'économiste Léon Faucher a écrit à ce propos :

« Le six pour cent des maisons de ce district sont dans un état de délabrement dont rien ne saurait donner une idée. On les construit souvent en planches mal jointes; ce qui leur donne bientôt l'aspect des plus dégoûtantes étables. Lorsque ces masures ont été condamnées, à cause du danger qu'il y aurait à les habiter, et que les locataires les ont désertées, il se trouve toujours, avant qu'on les abatte, quelque famille irlandaise, qui, ne pouvant payer le prix d'un loyer, vient, comme autant d'animaux immondes, y chercher un abri. Dans un quartier où les rues en temps de pluie forment un marais, la fièvre ne tarde pas à s'exhaler de ces ruines empestées.

« Transportez dans ce district une colonie de Hollandais lavant et nettoyant du matin au soir, aussi amoureux de l'ordre et de la propreté que ces étranges habitants le sont du désordre ignoble qui semble être leur élément, et vous n'aurez encore rien fait!... On dirait une de ces villes du moyen-âge que les magistrats entouraient de murailles pour les protéger contre l'ennemi extérieur, mais qu'ils livraient, faute d'entretien, dans leur naïve ignorance, à l'action meurtrière des épidémies. Les dernières maisons de la Cité dérobent, en manière de remparts, les rues de White-Chapel; on n'y pénètre qu'à travers des passages tortueux pratiqués sous des voûtes ou entre les murs humides des cours; c'est une ville entière exclusivement réservée aux piétons. On s'est décidé, il est vrai, à construire des égouts dans les rues principales, et quelles rues! mais l'enlèvement des immondices ne s'opère qu'une fois par semaine; on les entasse pendant sept jours sur la voie publique, qui se couvre ainsi d'un lit permanent de fumier. »

Eh bien! il est nécessaire de le dire, cette saleté est voulue. Au capitalisme anglais il faut du bétail humain, afin que la main-d'œuvre soit au plus bas prix possible; mais il ne suffit pas de laisser végéter ces malheureux dans la fange et de les abrutir avec l'alcool et les sales bières inférieures qui donnent l'ivresse lourde. Tout en les maintenant dans l'impuissance de la révolte, il importe d'enrayer par les fièvres mortelles leur trop nombreuse multiplication, qui pourrait devenir dangereuse à un moment donné; il est nécessaire que ce bétail grouillant et exploité ne vive pas trop longtemps. De là, ces quartiers empuantis, systématiquement laissés dans la pourriture, au mépris des intérêts de la salubrité et de l'hygiène. Le but de l'égoïsme exploitateur est atteint : les misérables meurent comme des mouches, tout en continuant à se reproduire dans les proportions nécessaires à l'exploitation.

Il était curieux d'entendre maître Oxtail philosopher sur ce chapitre, faisant ressortir l'excessif contraste, unique au monde, de la plus haute opulence et de la plus basse misère.

— Est-ce qu'il devrait y avoir des ventres creux à Londres? disait-il. Consultez les statistiques officielles, monsieur, et vous resterez stupéfait des chiffres énormes de l'approvisionnement de notre capitale... Il s'y consomme chaque année environ 2 millions de muids de froment, 400,000 bœufs, 1,500,000 moutons, 130,000 veaux, 250,000 porcs, 8 millions de pièces de volaille et de gibier, 400 millions de livres de poisson, 500 millions d'huîtres, 1,200,000 homards, 3 millions de saumons, et pour 50 millions de livres de viande de boucherie; on y boit 180 millions de litres de porter et d'ale, 8 millions de litres de liqueurs spiritueuses diverses, et 31 millions de litres de vin; environ 1,000 bateaux houillers y apportent 4 millions de tonnes de houilles par an, auxquels il faut en ajouter encore autant arrivant par les chemins de fer... Pour servir l'aristocratie et la bourgeoisie, Londres compte 300,000 domestiques; c'est le nombre résultant du dernier recensement : il permet de juger, au moins approximativement, quelle faible quantité relative de familles fortunées et de personnes jouissant d'une assez large aisance!... Songez qu'avec les faubourgs la population dépasse cinq millions d'habitants!... Parmi les rares états où l'ouvrier gagne à peu près convenablement sa vie, nous avons 2,800 boulangers, 2,400 bouchers, 4,000 maîtres cordonniers. Ceux des habitants qui mangent tous les jours à leur faim n'atteignent pas le chiffre d'un million sans doute, et sur les quatre millions d'individus en surplus, la moitié se privent fort souvent du nécessaire, tandis que l'autre moitié, soit deux millions de créatures, endurent la misère d'un bout de l'année à l'autre.

En effet, dans les quartiers populaires, — et je les ai à peu près tous visités, — à chaque pas, l'on rencontre des malheureux absolument déguenillés, ayant les vêtements de dessus, robe ou habit, portés les trois quarts du temps sans chemise et boutonnés sur la peau qui apparaît à travers les déchirures. Combien vous regardent d'un œil hagard et farouche! Quelle souffrance, quelle famine se lit sur ces figures maigres, hâves, terreuses! Il y a là, par centaines de mille, des pauvres diables qui ont toujours eu faim à partir du jour où ils ont été sevrés. A force de privations, le sang de ces victimes sociales s'appauvrit, et de rouge devient jaune, ainsi que l'ont constaté les rapports des médecins.

Étonnez-vous, après cela, de cette armée formidable de prostituées, de ce contingent inouï, absolument incalculable, de femmes qui s'offrent à l'homme pour un morceau de pain!... Les économistes reculent devant l'évaluation.

Dès les approches de la nuit, les rues sont littéralement envahies. Il n'est pas de jardin public, de square, où le passant ne soit obligé de se débattre contre les filles, les unes audacieuses, cyniques, les autres suppliantes. Ce qui prouve qu'à Londres c'est surtout la misère qui, numériquement parlant, engendre la prostitution, c'est que les souteneurs y sont en quantité restreinte, toute proportion gardée. Par souteneur, j'entends ici cet être dégradé qui s'attache comme une sangsue à une prostituée, la domine, la maltraite, et vit de sa honte. Parent-Duchâtelet a très exactement montré que ces malheureuses aiment, jusqu'à mourir sous les coups, ces amants infâmes qui sont la lie de la populace parisienne. A Londres, le souteneur de cette espèce-là est très rare, par rapport aux autres individus dont les profits sont tirés de la débauche des filles galantes.

La différence est considérable entre les mœurs de la prostitution dans les deux capitales. Au lieu de l'*alphonse* qui vit à Paris aux crochets de la catin de toute classe, inférieure ou supérieure, les prostituées londoniennes sont, en général, sous la surveillance immédiate de « gardes du corps » qui ne sont leurs amants à aucun titre, et qui, huit fois sur dix, appartiennent à leur sexe. En d'autres termes, sitôt qu'une prostituée est en baisse comme rapport personnel, elle devient la gardienne d'une fille plus jeune, et elle cesse d'exercer le métier : cela ne veut pas dire qu'elle exploite l'autre à son profit; non, elles sont exploitées toutes deux, mais la première surveillant la seconde pour qu'elle n'échappe pas à leur commun tyran. Tel est un des plus clairs résultats de la liberté de la prostitution.

Dans la classe la plus vile, celle des filles qui fréquentent les cambrioleurs, on trouve des amants de prostituées qui se rapprochent assez des marlous parisiens ; mais à ce bas degré, quand un couple s'unit, c'est surtout une association qui se forme sur un pied d'égalité; la femme ne se prostitue pas pour que son homme vive à ne rien faire dans les bars et les gin-palaces, mais pour attirer le passant qui se laisse tenter dans un guet-apens où il a mille chances d'être égorgé ; c'est le coup exécuté à deux. Il se pratique plus communément encore à quatre, deux prostituées s'associant à deux escarpes.

Dans la Cité même, entre Fetter-lane et Old-Bailey, il existe des maisons de rendez-vous qui sont de véritables coupe-gorge. C'est là que le Fleet, ruisseau de la vallée de Holborn, a été transformé en égout, sous les rues de Farringdon et de New-Bridge; cet énorme aqueduc communique avec la Tamise, où il débouche près du pont de Blackfriars. « Les associés des filles publiques, dit le docteur Ryan, jettent dans cet aqueduc les cadavres de leurs victimes, qui sont entraînés à une grande distance dans le fleuve, de manière qu'il est impossible de remonter à la source du crime, en admettant que le cadavre, que le courant entraîne vers la mer, attire l'attention des agents de police. »

Ces bandits partagent fraternellement entre eux le produit de leurs crimes, accomplis en commun; et lorsque ce sont les hommes seuls qui ont assassiné ou simplement volé, ils viennent dépenser avec leurs immondes femelles l'argent du vol.

La nuit de notre première excursion, quand nous nous séparâmes de John Oxtail, il nous remercia beaucoup des quatre livres sterlings que le sort lui avait attribuées.

— Maintenant, messieurs, nous dit-il, je vous offre à mon tour, c'est-à-dire sans aucune rémunération, de vous conduire, quand vous voudrez, dans des maisons d'un genre diamétralement opposé à celles que vous venez de visiter. Je ferai peau neuve, et vous aurez un pur fashionable pour vous accompagner.

Nous prîmes, pour le lendemain dans l'après-midi, rendez-vous au Simpson's Cigar-Divan, l'élégant café du Strand que fréquentent de préférence les joueurs d'échecs. A l'heure dite, nous y trouvâmes, lisant ses journaux favoris, maître Oxtail dans un costume de gentleman à la dernière mode. Ce jour-là, il se montra encore un guide expérimenté, et, grâce à lui, nous parcourûmes, sans perdre de temps, les principaux lupanars aristocratiques.

Sous le rapport de la prostitution à l'usage des riches, Paris encore ne saurait être comparé à Londres. Tel lupanar grand-chic, dans le West-End, possède un personnel de filles et fillettes tenu constamment au chiffre de 120 à 150 sujets; c'est une suite interminable de salons somptueux, où le client circule pour faire son choix; il y a là des femmes pour tous les goûts, pour toutes les manies; en un mot, un harem essentiellement cosmopolite, où ne manquent ni la chair noire ni la chair jaune.

L'élément le plus nombreux et le plus jeune est fourni par le pays, cela va sans dire; au-dessus de dix-huit ans, ces filles sont exclusivement des étrangères. D'ailleurs, il en est ainsi presque partout, sauf dans les long-rooms, salons d'un autre ordre qui pullulent le long des bords de la Tamise et qui sont fréquentés principalement par les gens de mer. Là, les prostituées sont, en immense majorité, anglaises, écossaises et irlandaises; un certain nombre de ces lupanars ne le cèdent pas en grandeur aux plus vastes hôtels des grandes villes; il en est qui sont disposés pour recevoir *jusqu'à cinq cents clients*, dans tout autant de chambres et de cabinets. Les long-rooms ont un personnel stable d'environ 200 filles, auxquelles viennent s'ajouter chaque soir, affluant de tous les points de Londres, des centaines de raccrocheuses qui renoncent par intervalle aux hasards de la rue et passent alors une partie de la nuit tantôt dans un établissement, tantôt dans un autre. La pièce principale de chaque long-room est une immense galerie, où toute cette viande de volupté s'étale, rangée sur deux longues files.

Dans tout lupanar select, on vous prévient, dès votre entrée, que l'on peut vous procurer une vierge, si vous y tenez, et que l'on a en outre des boys (petits garçons) à votre disposition.

Ainsi que je l'ai dit plus haut, les toutes jeunes filles abondent; les proxénètes s'en emparent par n'importe quel moyen, avec une audace qui n'a d'égale que l'impunité dont elle jouit. Des centaines de pourvoyeurs et pourvoyeuses des lieux de débauche rôdent sans cesse dans la ville, guettant les fillettes et les petits garçons qui ne sont pas accompagnés, les circonviennent et les entraînent, soit par une habile tromperie, soit par la violence, dans les innombrables lupanars où on les livre, de gré ou de force, au libertinage. Les rapports officiels des sociétés contre la prostitution des mineures énumèrent douloureusement, comme un martyrologe prodigieux, les cas, d'une fréquence inouïe, de jeunes enfants des deux sexes enlevés à la sortie même des écoles publiques, où leurs parents les envoyaient seuls, et jetés en pâture aux sales plaisirs des débauchés vieillis ou usés par les excès, qui en donnent des prix fabuleux.

Selon qu'une fillette est plus ou moins jolie, plus ou moins jeune, sa virginité se paie de cinq cents à quatre mille francs. Pour s'assurer une enfant de huit ans, de sept ans, un banquier ou un lord millionnaire offre jusqu'à deux cent cinquante livres (six mille deux cent cinquante francs) à ses fournisseurs attitrés.

Il n'y a qu'un article de débauche qui est couramment coté plus haut que la jeune fille vierge, prise avant sa puberté; et ceci concourt encore à démontrer la profonde perversion de l'Anglais. Si, dans un lupanar, la matrone, après l'avoir informé qu'elle a mis la main sur une fillette non déflorée, ajoute qu'elle possède aussi, mais pourtant sans pouvoir en offrir la primeur, deux jeunes sœurs, le riche client n'hésite pas; son vice est aussitôt surexcité à la seule pensée de s'allonger sur un lit avec deux filles de même sang, d'une étroite parenté.

Un lupanar à la mode, situé dans une des rues proches de Drury-lane, est en faveur auprès des vicieux cousus d'or, uniquement à cause de cette spécialité. La règle de la maison est d'y coucher avec deux femmes, proches parentes : au plus bas prix sont les cousines germaines; on y trouve aussi un assortiment de couples composés de la mère et la fille; comme marchandise supérieure, ce lupanar tient un lot de sœurs jumelles, deux petites irlandaises qui se ressemblent à s'y méprendre.

Ajoutons qu'un très grand nombre de femmes mariées

viennent au lupanar comme clientes. Quelques-unes s'y rendent pour satisfaire des goûts anormaux; mais celles-ci sont en minorité relativement infime. La plupart sont des grandes dames qui aiment les jeunes garçons, et qui cependant ne veulent pas se compromettre en se donnant à leurs grooms; elles arrivent donc en cachette dans les maisons bien fournies d'adolescents corrompus et prennent leurs ébats avec ces êtres dégradés qui servent à deux fins. Parfois, le hasard s'en mêlant, il arrive qu'une noble lady a pour amant de lupanar le jésus du lord son mari.

Il est incontestable que la pruderie anglaise n'est qu'un manteau hypocrite, cachant les vices les plus honteux. Ce n'est pas la dépravation qui est exceptionnelle à Londres; c'est la vertu, dans les hautes classes. En France, les dames blasonnées et bien dotées qui ont des tendances à la luxure, se bornent à des intrigues de salon, et c'est un chassé-croisé d'adultères entre gens du monde comme-il-faut. Dans la capitale britannique, les ladyships affectent en société et chez elles la plus rigide austérité de mœurs, mais fréquentent secrètement les maisons de la prostitution dorée.

La preuve de cet immense dévergondage qui sévit à l'état latent dans le monde de la noblesse et de la finance, la preuve de cette débauche phénoménale, commune aux deux sexes, se trouve dans le nombre formidable des entremetteurs; on les compte par légions à Londres. Au surplus, il n'y a pas lieu de s'en étonner, quand on connaît le caractère anglais. « L'Anglais, écrit le docteur Richelot, a le cœur, comme l'esprit, positif; c'est, du reste, à cette disposition naturelle que cette nation a dû ses étonnants succès dans le monde entier. Cette particularité du caractère anglais se retrouve jusque dans les désordres privés, jusque dans les plaisirs illicites. L'Anglais n'a ni le temps, ni la patience de préparer lui-même ses plaisirs; il faut qu'on les lui prépare; il a de l'or pour payer la peine qu'on a prise pour lui. Les affaires de sentiment sont relativement rares de l'autre côté du détroit. »

Aussi, pourvoyeurs et pourvoyeuses, proxénètes de tout genre, gardiennes et surveillants des filles exploitées, commis-voyageurs en prostitution, constituent-ils une véritable armée, toujours sur pied. Dans un pays comme l'Angleterre, aucune spéculation, quelle qu'elle soit, n'est négligée. Comment ce peuple aurait-il manqué de spéculer sur l'immoralité hypocrite, mais effrénée, des riches, des deux sexes, égoïstes et jouisseurs, et sur la jeunesse et la beauté sans pain et sans protection sociale? De là est né, à Londres, ce trafic infâme de la marchandise vivante, avec ses cours variés comme les actions négociées à la Bourse, trafic qui s'exerce sur la plus vaste échelle, et pour lequel Londres et sa banlieue, le Royaume-Uni et ses colonies, ainsi que tous les pays du globe, sont mis à contribution. A peine fut-elle créée, cette spéculation glissa rapidement sur une pente naturelle, sur laquelle la poussent, avec une allure vertigineuse, trois forces progressives : la cupidité des uns, le vice des autres, l'impunité de tous.

Les docteurs Richelot et Ryan, le judicieux économiste Léon Faucher ont tracé du recrutement des filles publiques à Londres un tableau saisissant, dont j'ai pu apprécier la parfaite exactitude.

Dans notre civilisation moderne, si imparfaite encore au point de vue moral qu'on peut dire qu'elle n'est qu'une ébauche de civilisation, il y a des conditions d'existence qui semblent avoir pour éléments naturels et nécessaires tout ce qui porte au crime : c'est comme un reste de l'état sauvage que la société s'efforce de faire disparaître ; c'est souvent aussi un produit des déviations d'une civilisation qui cherche encore ses voies. Une foule de prostituées, à Londres comme partout, mais beaucoup plus à Londres qu'à Paris, naissent prostituées ; ce sont toutes celles dont les parents sont des voleurs et des filles publiques, et qui, ayant toujours vécu dans une atmosphère impure, n'ont aucune notion d'une vie différente. On ne peut pas dire de ces malheureuses qu'elles sont tombées ; car l'échelon qui leur a servi de berceau est placé au-dessous de tous les autres. Les foyers d'infamie qui les produisent sont nombreux à Londres ; j'en ai suffisamment montré quelques uns pour n'avoir plus à y revenir. Des orgies sans nom pendant tout le temps qui n'est pas consacré au vol, voilà leur existence. Là, la prostitution se recrute elle-même ; elle coule de source.

En dehors même de ces foyers, le recrutement de la prostitution se fait encore, dans une proportion considérable, par l'influence maternelle : des parents exposent leurs enfants à la corruption pour en tirer profit, d'autres les corrompent eux-mêmes ; il y en a qui les donnent à location, il y en a aussi qui carrément les vendent.

Rien n'est plus propre à faire apprécier l'influence délétère de l'abjection des parents, que le procès d'une certaine femme Leah Dawis, dénoncée par les soins d'une association contre la prostitution des mineures, et poursuivie pour avoir attiré de toutes jeunes enfants dans son lupanar. Cette femme était mère de treize filles ; ces treize filles étaient toutes prostituées ou tenaient des maisons de prostitution dans divers quartiers de Londres. Et qu'on ne croie pas que des faits de ce genre soient rares. « Dans un de nos hôpitaux de Londres, dit le docteur W. Logan, j'ai rencontré le même jour cinq jeunes filles qui souffraient d'un mal honteux, à l'âge, l'une de treize ans, l'autre de douze, la troisième de onze, la quatrième de neuf, et la cinquième de huit. La mère de celle-ci était dans l'hospice, attaquée de la même maladie. Trois de ces fillettes avaient été déflorées dans la maison de leur mère, et ce n'était pas par des adolescents. » Quant aux enfants qui sont vendues par une marâtre ou par une concubine de veuf, on renonce à les compter.

Il est encore d'autres malheureuses qui ne donnent pas beaucoup de peine aux pourvoyeurs habituels de la prostitution. Telles sont les ouvrières qui suppléent par cette ressource déshonorante à l'insuffisance de leurs salaires; telles sont les femmes mariées, les veuves, et même les jeunes filles, qui soutiennent leur famille avec le produit de leurs charmes. Les véritables agents de recrutement sont ici la faim, le découragement. Ce que j'ai déjà dit de la misère des classes laborieuses me dispense d'insister.

Mais ces trois groupes de filles publiques, quoique formant une partie considérable de l'effectif des prostituées à Londres, sont loin toutefois d'en représenter l'ensemble. Pour satisfaire aux demandes intarissables du libertinage, il s'est organisé à Londres un vaste système d'intrigues, de ruses et de pièges de toutes sortes, un commerce considérable d'importation indigène et d'importation étrangère, en un mot, une immense industrie, qui s'est établie et développée, et qui s'exerce, sans entraves, avec une activité et une impudence telles qu'on peut dire qu'il n'existe rien de semblable chez aucune autre nation européenne.

Le recrutement des filles publiques pour les lupanars de l'ordre le plus élevé, dont un assez grand nombre sont tenus par des étrangers, est confié à des agents nombreux, largement rétribués; et beaucoup de ces agents, il faut bien le dire, sont parfaitement accueillis dans les classes dites respectables de la société. Ce fait, avancé par le docteur français Richelot, est reconnu par le docteur anglais Ryan.

Les fonctions de ces agents sont diverses.

Il en est dont la mission est de voyager sur le continent : par l'appât d'un salaire élevé, ils engagent comme brodeuses, comme modistes, comme couturières, des jeunes filles qu'ils enlèvent froidement à leurs parents; pour tromper plus sûrement ces derniers et prévenir tout soupçon, ils versent d'avance entre leurs mains les gages du premier trimestre. Les prémisses de ces jeunes filles se vendent cher à Londres, et les voyages se succèdent.

D'autres agents, qui sont plus particulièrement des femmes, établissent leur quartier général dans le voisinage des gares et jusque dans les bureaux des voitures publiques, soit à Londres, soit dans d'autres localités. Là, elles guettent les jeunes filles et les jeunes femmes qui viennent dans la capitale pour se placer comme domestiques, comme ouvrières, comme institutrices. Sous prétexte de les guider dans l'immense métropole (la ville, avec ses 530,000 immeubles, couvre une superficie de 122 milles carrés, soit 316 kilomètres carrés, sur laquelle se croisent 7,800 rues, formant une longueur totale de 3,000 milles), sous prétexte de leur faire connaître des logements convenables, elles les entourent de leurs prévenances perfides, gagnent leur confiance et les entraînent dans les maisons de prostitution.

« Un grand nombre de jeunes filles qui viennent principalement des districts manufacturiers, écrivait

M. Twaine, administrateur des secours dans la Cité, quittent leurs familles par goût pour le changement, parce qu'elles manquent de travail, qu'elles sont maltraitées, ou qu'elles ont été attirées par les pourvoyeurs de la prostitution. L'avenir de ces malheureuses est à jamais ruiné, quand elles n'ont pas le bonheur d'être réclamées et renvoyées à leurs parents. »

Une fois dans le repaire, ces femmes y restent prisonnières, jusqu'à ce qu'elles aient succombé de gré ou de force. Si les caresses, les cajoleries, les moyens de persuasion échouent, si la violence et la terreur sont insuffisantes, les drogues narcotiques paralysent toute résistance, et dès lors ces infortunées appartiennent aux maisons de débauche. Ainsi, à Londres, — c'est un fait acquis, — le crime s'allie à la fraude dans le recrutement de la prostitution.

Ces procédés, pour lesquels aucune dépense n'est épargnée, démontrent clairement l'existence d'énormes capitaux, mis en œuvre pour cette exploitation exécrable. Il en est de moins coûteux, dont le docteur Richelot a fait une énumération rapide et qui caractérisent bien la prostitution anglaise.

Il rappelle avec quelle audace et quelle impunité les pourvoyeurs des lupanars font main basse sur les enfants qu'ils rencontrent seuls sans surveillance dans les rues de Londres. Lorsqu'une jeune et belle enfant, dit-il, est prise, entraînée d'abord dans un riche lupanar, elle y est *violée* pour une somme élevée; puis, ses bourreaux la livrent aux propriétaires d'un établissement d'un rang inférieur. A mesure que sa beauté se flétrit et que sa santé s'altère, elle descend ainsi de degrés en degrés; et souvent, au bout de quelques semaines et même de quelques jours, elle se trouve rejetée dans un des repaires les plus ignobles.

Pour se procurer l'approvisionnement qui leur est nécessaire, il n'est point d'artifice auquel les tenanciers de la prostitution libre n'aient recours. Souvent leurs agents sont des jeunes filles de dix-sept à dix-huit ans, qui se promènent par la ville, se lient avec de plus jeunes qu'elles au hasard de la rencontre, les engagent à une promenade agréable, les invitent à les accompagner à un théâtre à bon marché, ou leur offrent de leur procurer, soit une place, soit du travail. Ces manœuvres se renouvellent incessamment pendant le jour et pendant la nuit dans Londres. Le dimanche surtout est témoin de ces actes iniques, à cause du grand nombre d'enfants qui vont, ce jour-là, aux écoles publiques. Aussitôt qu'une jeune fille s'est laissé attirer dans une maison de prostitution, elle y est retenue et si étroitement surveillée, qu'il lui est impossible de s'échapper. Par contre, on a vu de ces tenanciers ne pas craindre de laisser retourner chez ses parents une enfant des plus jeunes, après l'avoir vendue; mais ceci n'arrive, d'ordinaire, que si la fillette, soit bêtise, soit précocité vicieuse, s'est montrée d'assez bonne composition. Le docteur Ryan cite plusieurs exemples, notamment celui d'une petite fille de dix ans, qui se rendait seule chaque semaine à l'école du dimanche, et qui fut ainsi attirée et livrée au libertinage : à l'heure où finissait habituellement la classe, on la renvoya chez elle; quelques bonbons et quelques autres objets de peu de valeur dont on lui fit cadeau, l'engagèrent à retourner dans la même maison; et elle devint ainsi une source de gain pour les gens qui avaient sacrifié son innocence.

M. Talbot, secrétaire d'une des associations de sauvetage qui s'efforcent de lutter contre le proxénétisme, cite à son tour un genre de piège qui offre un caractère d'infamie tout particulier : des commerçantes établies, des maîtresses d'atelier, sachant que la virginité fait prime dans les lupanars, n'ont aucune hésitation, quand une de leurs ouvrières, jolie et innocente, vient à être sans appui, pour la vendre à un tenancier et la lui livrer ; croyant aller faire une commission de sa patronne à un client ordinaire, la malheureuse est retenue prisonnière et bientôt violée. Ainsi, à Londres, même chez des personnes dont le commerce n'a par lui-même rien de déshonnête, une jeune fille n'est jamais sûre d'être garantie contre un tel malheur. Des maîtresses de lupanar ont, dans un quartier, leur maison de prostitution, et, dans un autre quartier, un atelier qu'elles font gérer et qui est la toile d'araignée où viennent se prendre les jeunes ouvrières sans défiance.

Parmi les femmes qui servent d'agents à la prostitution, il en est qui se répandent dans les campagnes et s'établissent, pour un temps plus ou moins long, tantôt dans une localité, tantôt dans une autre; pendant la durée de leur séjour, elles prennent connaissance des jeunes filles du pays, choisissent celles qui peuvent servir à leurs projets sinistres, les engagent comme servantes et les amènent à Londres.

Mais aucun genre d'audace ne manque à cette odieuse traite des blanches. Comme s'il s'agissait d'une de ces transactions licites, qui peuvent se faire en plein jour, des maîtres de lupanar traitent avec des voituriers de la campagne, qui, sous des prétextes trompeurs, leur amènent des jeunes filles à raison de tant par tête. Dans la ville même, les pourvoyeurs arrivent à s'entendre avec un certain nombre de cochers de flys, généralement très rusés et peu scrupuleux; les flys sont ces voitures de louage, assez élégantes, qui sont seules admises, comme véhicules publics, à circuler dans les parcs. Un cocher de fly, qui a fini de promener son client, et qui regagne la remise du loueur, ne se hâte pas, s'il tient à gagner une prime de lupanar ; il a vite reconnu, parmi les passantes en quête d'un cab (fiacre), celles qui se trouvent dépaysées; il a bien soin de ne pas s'adresser aux voyageuses, absolument étrangères, par crainte des consulats; mais il fait ses offres de service à toute jeune et jolie compatriote, pour peu qu'elle lui paraisse timide ou niaise ; il fait valoir qu'ayant largement gagné sa journée, il acceptera ce qu'on lui donnera, serait-ce la moitié d'une course en cab. Une fois la naïve jeune fille montée dans le fly, le misérable la mène tout droit au lupanar select le plus proche, et l'enlèvement s'accomplit avec une dextérité étonnante.

Cependant, nous dit le docteur Richelot, parmi tant de jeunes femmes qui cèdent à la séduction, ou qui succombent, soit par surprise, soit par violence, dans les maisons de prostitution, dans les fêtes publiques de la métropole et de ses faubourgs, dans les long-rooms, dans certaines pâtisseries-confiseries à cabinets particuliers, et même dans les grands cafés à salons réservés pour dames, aussi bien qu'au fond des gin-palaces, parmi ces innombrables victimes du vice anglais, il en est qui, de sang-froid et livrées à elles-mêmes, ne peuvent supporter le poids de leurs remords et la pensée de leur flétrissure, et qui mettent fin à leurs jours peu d'heures après l'orgie où elles se sont perdues. D'après le docteur Ryan, c'est un fait bien connu, que les enquêtes du coroner sont motivées fréquemment par de pareils suicides.

Il convient d'ajouter à la liste des auxiliaires de la prostitution deux catégories d'individus que l'on trouve à Paris et dans toutes les grandes villes d'Europe, mais qui, ailleurs qu'à Londres, ne sont rien autre que ce qu'ils paraissent : les colporteurs de livres et images obscènes, et les diseuses de bonne aventure.

A Paris, le camelot qui s'est fait la spécialité de vendre sous le manteau des cartes transparentes ou des brochures immorales, imprimées en secret, s'occupe uniquement de placer sa malpropre marchandise ; à Londres, il n'en est pas de même, et ce colportage n'est qu'un prétexte, une entrée en matière. Le colporteur d'obscénités est un courtier de prostitution : il ne s'adresse pas aux hommes, aux vieux paillards, mais aux jeunes filles, aux enfants ; il tâte le terrain avec des gravures légèrement indécentes, avec de petits livres plus ou moins grivois, ne le compromettant pas outre-mesure ; si sa manœuvre réussit, s'il voit quelque mauvais désir s'éveiller, il indique une adresse où, à la condition de venir discrètement, on trouvera des images tout-à-fait amusantes, assure-t-il, et de la littérature plus épicée. Qui vient à cette adresse tombe dans un traquenard ; le tour est joué.

Ce colportage est effectué aussi bien par des femmes que par des hommes, selon le sexe des jeunes imprudents qu'il s'agit de livrer aux maisons de débauche. Les racoleurs guettent, notamment, les collégiens qui viennent vendre et acheter des livres chez les bouquinistes, les jeunes employés d'administration, les apprentis de commerce, les grooms. Les colporteuses sont plus hardies ; elles viennent faire leurs offres, en se donnant un air misérable, dans les restaurants dont la clientèle est exclusivement féminine ; elle s'introduisent jusque dans les pensionnats de jeunes filles, sous le prétexte d'acheter les vieux vêtements ; les servantes sont les intermédiaires. De tout cela, le gouvernement ne prend guère souci.

Même différence entre Paris et Londres, en ce qui

concerne les somnambules, tireuses de cartes, devineresses de lignes de la main, voyantes en marc de café, docteurs et doctoresses en horoscopes, et autres artistes de la bonne aventure. En France et partout ailleurs qu'en Angleterre, ces fumistes se font des rentes en débitant gravement des sornettes aux imbéciles qui les consultent; l'oncle d'Amérique dont on doit hériter, le beau brun ou le joli blond qui se dessèche d'amour en secret pour la cliente crédule, sont des inconnus demeurant toujours dans les nuages. A Londres, tout ce monde de prétendus sorciers et sorcières fonctionne surtout pour le recrutement de la prostitution. Les amoureux blonds et bruns adroitement prédits pour échauffer les folles têtes de jeunes filles, ne restent pas dans la coulisse, et d'abord voyants et voyantes ne font pas des descriptions vagues; très précise, au contraire, est la peinture de l'aimable garçon dont on fera la rencontre fortuite, qui tombera immédiatement épris, et qui sera la source d'une grande fortune. Au cours de la consultation, la jeune curieuse d'avenir s'est laissé tirer les vers du nez; on sait dès lors le lieu et les circonstances les plus favorables pour la rencontrer. Le gentleman prophétisé paraît au bon moment; grâce à la prédiction, l'impression qu'il produit est merveilleuse; il feint l'amour, la belle est subjuguée; un beau soir, elle consent à venir avec lui, dans une voiture mystérieuse, au petit paradis également mystérieux qu'il lui donnera, richement meublé, si elle daigne consentir à couronner sa flamme. Emballée pour le lupanar, la pauvrette! Le gentleman de ses rêves dorés était un pourvoyeur ordinaire de la prostitution londonienne, associé de la somnambule ou du bon vieillard tireur d'horoscope.

Maintenant, il est utile de rappeler qu'à côté des

lupanars fermés, — véritables prisons, quoique les prostituées soient censément indépendantes en vertu de la liberté légale, — il existe à profusion, sur tous les points de Londres, des proxénètes d'ordre inférieur, gérantes d'entreprises de raccrochage sur la voie publique.

Et voilà, en effet, ce qui est bien dans le caractère anglais, ce qui devait fatalement naître de ce tempérament spéculateur à outrance : la débauche du trottoir exploitée par des sociétés de stock-holders (actionnaires), ayant non des actions susceptibles d'être revendues, mais des parts strictement nominatives.

Le lupanar fermé appartient d'ordinaire au tenancier mâle ou femelle qui l'exploite : si le couple n'est pas propriétaire de l'immeuble, du moins il en est locataire, et c'est à son profit personnel qu'il réalise des gains sur la prostitution de ses jeunes prisonniers des deux sexes; aucun autre n'entre en participation dans ces honteux bénéfices. Telle est la règle générale. Quelquefois, un tenancier exploite plusieurs lupanars. Par exception, et uniquement parmi les établissements de tout-à-fait premier ordre, un marchand de meubles, un importateur de vins de champagne, un négociant en spiritueux et un costumier spécialiste s'associent pour monter une maison de débauche, qu'ils font tenir par une femme experte, rusée et cupide, à qui ils abandonnent, pour sa gérance, une importante part des bénéfices.

D'autre part, il est des logeurs et des logeuses, qui prennent des pensionnaires faisant le trottoir : un certain nombre de chambres de la maison meublée sont attribuées aux prostituées qui vont raccrocher sur la voie publique et ramènent le client de passage; d'autres sont réservées aux petits-jésus, qui ne sortent pas; enfin, dans les chambres de l'étage supérieur, couchent les gardiennes des boys et les surveillantes des raccrocheuses. Quoique allant au dehors, celles-ci sont aussi esclaves que les prostituées des lupanars fermés; chacune a derrière elle, à quelque distance, une de ces jeunes filles un peu plus âgées qui ne sont déjà plus bonnes à exciter le désir des libertins. Ou bien, quand le raccrochage s'opère en groupe par des fillettes, des gamines d'une extrême jeunesse, une doyenne (de quatorze ou quinze ans!) est chef du groupe, commande aux petites, dirige les manœuvres d'enveloppement du passant convoité, et est responsable de son escorte enfantine; pour ce rôle, on le comprend sans peine, c'est une jeune vicieuse, la plus fûtée, qui est choisie, et d'ailleurs les pauvrettes ne songent pas à s'échapper!

Ces teneurs de maisons meublées, affectées à la prostitution par racolage, exploitent en très grand nombre cet immonde commerce pour leur propre compte; mais un plus grand nombre encore ne sont que des gérants. Et c'est ici que commence la spéculation extérieure.

Au début, ce furent des propriétaires fonciers qui imaginèrent de tirer le meilleur parti possible d'immeubles de ce genre. Le docteur Ryan, sans nommer personne, a fort bien expliqué le cas. « Des propriétaires, écrit-il, parmi lesquels je pourrais citer des personnages influents, et dont les propriétés ne valent pas plus de sept à huit cents francs de location annuelle, louent leurs maisons jusqu'à cinquante francs par semaine à des teneurs de garnis qui en font des foyers de prostitution. Les maisons affectées aux raccrocheuses de basse catégorie peuvent produire au minimum un revenu de deux mille cinq cents francs; au fur et à mesure que s'élève le genre de ces filles de trottoir, le revenu monte et arrive facilement à dépasser douze mille francs. Pour un lupanar fermé, il en est de même, et, quand l'immeuble est occupé par un établissement de premier ordre, le propriétaire, en sus du loyer, prélève, à titre de pot-de-vin, une somme qui varie, selon le nombre de salons et de chambres, de deux mille cinq cents à sept mille cinq cents francs. »

Peu à peu, des propriétaires d'immeubles occupés par des hôtels meublés arrivèrent à opérer moins indirectement; ils instituèrent un gérant ou une gérante. Ensuite, quelques spéculateurs se réunirent à trois ou quatre et achetèrent un petit lot de ces maisons de débauche. Enfin, on s'enhardit, et de véritables associations de capitalistes s'établirent, créant ainsi et exploitant des entreprises de raccrochage.

A cet égard encore, il n'y a qu'à Londres qu'on voit pareille chose. « Les affaires sont les affaires », disent les Anglais.

Ce manque absolu de scrupules explique les ignominieux dessous du fameux système de la prostitution libre, régime anglais par excellence, que des philanthropes à courte vue et quelques généreuses femmes, aveugles par excès de sentiment, opposent au système de la prostitution règlementée, établi en France et dans le plus grand nombre de nations civilisées. Les déclamations des moralistes d'Albion sont donc aussi hypocrites que toute la pruderie nationale. Quand les possédants sont ainsi aguerris en matière de scrupule, quand on prise l'argent au-dessus de tout, on est naturellement peu porté à faire des efforts en faveur de la moralité publique.

Aujourd'hui, les sociétés financières pour le développement du raccrochage fonctionnent à Londres, multiples et prospères, avec toute la régularité administrative qui distingue la nation britannique, et cela à la barbe de l'autorité, qui ferme bénévolement les yeux. On n'émet pas des actions ; ce serait par trop cynique et, du reste, en contradiction avec l'hypocrisie anglaise ; mais les actes constitutifs de ces associations, à parts nominales, se passent par-devant notaire.

La mieux assise et la plus forte de ces sociétés, celle qu'on peut citer comme type, est le *Syndicat du bon rapport des Immeubles de minime valeur*, constitué en 1885 entre une centaine de notables commerçants et industriels de Londres. C'est dans un des grands clubs du West-End qu'elle a pris naissance, après boire, éclose du cerveau d'un fabricant de conserves alimentaires et immédiatement adoptée par les plus graves membres de ce cercle de richards à qui l'initiateur communiqua son idée.

Les parts de sociétaire sont de vingt livres sterlings (cinq cents francs), latitude ayant été offerte à chaque adhérent de souscrire plusieurs parts, mais sans pouvoir ensuite les rétrocéder. Le capital du syndicat comporte en tout cinq mille parts, réunissant ensemble cent mille livres sterlings ; en d'autres termes, la société a été constituée au capital de deux millions cinq cent mille francs, versés en même temps que les parts étaient souscrites.

L'existence de ce syndicat monstrueux n'est pas un mystère pour le gouvernement. Au surplus, les syndicataires sont connus du Tout-Londres capitaliste et spéculateur ; presque tous occupent un des plus hauts rangs dans l'industrie et le commerce de la métropole.

Voici la liste exacte des professions représentées par les syndicataires, selon l'ordre chronologique des souscriptions :

un fabricant de conserves alimentaires ;
un armateur ;

un entrepositaire de houblons;
un confiseur en gros;
deux ship-chandlers (fournisseurs de navires);
un boyaudier;
un fabricant de boutons;
le directeur-propriétaire d'un grand magasin de waterproofs;
un fabricant de billards;
un importateur de tabacs;
trois chemisiers;
un marchand de thés et cafés;
un photographe;
un fabricant de lits en fer et en cuivre;
un fourreur en gros;
un imprimeur sur étoffes d'ameublements;
deux courtiers en houblon;
un courtier en grains et farines;
trois fabricants de jouets;
le directeur-propriétaire d'une manufacture de dog-biscuits (biscuits à viande pour les chiens);
quatre propriétaires de bazars;
un fabricant d'amidon;
un constructeur de chaudière à vapeur;
un dentiste;
un papetier en gros;
un courtier en fruits et légumes;
un tanneur;
un wax-chandler (fabricant de cire);
un commissionnaire-exportateur de houilles;
cinq distillateurs;
un fabricant d'épingles;
deux chocolatiers;
un grand négociant en beurre, œufs et fromages;
un facteur d'orgues et harmoniums;
un verrier;
un fabricant de chapeaux et casques de soleil;
trois parfumeurs savonniers;
un importateur d'eaux minérales;
un raffineur d'antimoine;
un carrossier;
deux joailliers-orfèvres;

un commissionnaire en volailles;
un filateur de laines;
un courtier en bois de teinture;
quatre brasseurs;
un fondeur en bronze;
un tailleur pour dames;
un fabricant de glucose;
un importateur de fancy-goods (articles de fantaisie);
un négociant en coraux;
un minotier;
un agent en dentelles;
un fabricant de moutarde;
trois négociants en vins et spiritueux;
un plumassier;
un fabricant d'ombrelles;
le directeur-propriétaire d'une fabrique de velours;
un fabricant de vernis;
un importateur de produits coloniaux;
deux fabricants de châles;
cinq marchands de nouveautés et lingerie;
le directeur-propriétaire d'un grand magasin de tissus orientaux;
un fabricant de maroquinerie et nécessaires;
un grand marchand de gants;
un imprimeur-lithographe;
un gérant de dépôt des principales fabriques de coutellerie;
deux fabricants de pickles;
le propriétaire d'un des premiers magasins de comestibles de la Cité;
un marchand de faïences et porcelaines;
un fabricant de couleurs fines;
un droguiste en gros;
un marchand de diamants;
un négociant en étain;
un marchand d'éponges;
un distillateur d'huile de naphte;
un fabricant de peignes;
deux teinturiers;
le directeur d'une compagnie manufacturière de rubans;
un fabricant d'appareils hygiéniques.

Au total, cent huit syndicataires, qui, grâce à cette combinaison et par la puissance de deux millions et demi recueillis entre eux, sont devenus propriétaires en commun d'une multitude de maisons borgnes, éparpillées dans tous les quartiers de Londres et principalementsur les points les plus favorables aux évolutions des raccrocheuses de la basse catégorie.

Pour ses débuts, le syndicat acheta cent-vingt-huit taudis, valant en moyenne huit cents livres sterlings tout au plus, mobilier compris, et pouvant donner au maximum un revenu annuel de mille francs, en location ordinaire. Une agence interlope procura les gérantes indispensables à l'exploitation.

Sauf la viande et le pain, tout est fourni aux gérantes par l'administration du syndicat; chacune a un compte ouvert pour ces fournitures, dont elle n'a aucune avance à faire en argent. Elle est responsable de la garde-robe, c'est-à-dire du linge, robes et nippes quelconques, servant à habiller les raccrocheuses qu'elle loge et nourrit : selon la coutume de la prostitution londonienne, les effets de corps ne sont pas la propriété de la prostituée, ce qui contribue fortement à l'empêcher de s'échapper; car la police, au nom du dogme légal de la sacro-sainte propriété, arrêterait la fuyarde comme voleuse, prise en flagrant délit.

Chaque gérante est intéressée pour un quart dans les bénéfices de son garni. Elle tient, sur un registre, l'état quotidien des recettes réalisées par ses pensionnaires, et celles-ci sont dans l'impossibilité de tricher, grâce aux surveillantes qui les suivent et les empêchent de conduire dans une autre maison le libertin raccroché. Le client paie en entrant, entre les mains de la gérante du garni; si sa générosité lui fait offrir un supplément à la fille, ce cadeau est confisqué impitoyablement après son départ. Ces malheureuses seraient battues comme plâtre, si elles s'avisaient de cacher ces gains supplémentaires; les corrections cruelles qu'elles ont reçues dès leurs premières tentatives leur servent de leçon, et c'est pourquoi elles ne gardent rien, absolument rien. Ce que la fille de trottoir, à Paris, donne par fol amour à son souteneur, la raccrocheuse de Londres le remet fidèlement par terreur à sa logeuse; mais, afin qu'elle ne néglige pas de soutirer au client ce petit cadeau, une minime portion en est concédée à la prostituée sous forme de crédit, à boire en gin, en porter, en brandy.

Le personnel des raccrocheuses du syndicat varie suivant l'importance des garnis; on l'évalue à une moyenne de dix filles par maison. Chaque fille, tous frais payés, y compris ceux des gardiennes de boys et des surveillantes extérieures, rapporte au bas mot cinq shillings de bénéfice net par jour; ce qui est une approximation plutôt au-dessous de la réalité, si l'on considère que la majorité de ces filles font de huit à douze passes dans leur temps quotidien consacré au raccrochage. Mais, si l'on prend pour base du calcul ce chiffre si minime de cinq shillings (6 fr. 25), c'est parce que la gérante, en sus de la nourriture de son personnel, a des frais particuliers qui figurent à part; ainsi, si elle n'a pas de loyer à payer, elle rembourse, par contre, de la main à la main, tous les frais d'impositions et de contributions quelconques s'appliquant à la maison.

Le syndicat a pour principe d'éviter tout ce qui complique un compte; aussi la situation est-elle toujours des plus nettes entre lui et ses gérantes.

Il les tient par l'intérêt, que ces femmes apprécient fort. Elles sont dans la main de l'association, attendu qu'elles ne sont pas locataires des immeubles, et rien même dans le mobilier ne leur appartient : à la moindre tromperie de leur part, il n'y aurait aucune formalité à remplir pour les expulser; elles seraient remplacées purement et simplement.

D'autre part, les avantages qu'on leur fait sont grands. Le syndicat leur laisse intégralement le produit des boys, dont il est censé ignorer la présence; il est vrai que dans ces garnis la clientèle ne recherche guère une si abominable dépravation; néanmoins, comme chacun sait que presque la moitié des maisons de débauche à Londres ont des petits-jésus, il se trouve des pédérastes des quartiers riches qui vont les rechercher jusque dans ces taudis; de ce côté-là, une gérante du syndicat se fait bien un boni annuel de cent livres (2.500 francs) au minimun, et ceci est entièrement pour elle.

D'après les chiffres de prévision, calculés pour la première année, lorsque l'association se forma, — chiffres qui furent dépassés, — le quart des bénéfices ordinaires, laissé aux gérantes, produisit en moyenne à chacune d'elles deux cent vingt-cinq livres sterlings (5.625 francs). Si l'on tient compte de ce que ces femmes n'ont pas de loyer à payer, elles ne gardent comme frais personnels que ceux de vêtement, puisque leur nourriture, leur blanchissage, leur gin ou autres boissons, passent dans l'ordinaire payé par la recette générale des prostituées attachées à la maison. Si la gérante ne gaspille pas sa part en folies, elle s'amasse un assez gros pécule.

Mais, en outre, le syndicat l'encourage, en lui promettant un capital de retraite qu'elle a droit de toucher au bout de dix ans, et dont elle n'aurait pas un denier, si elle se mettait dans le cas d'être remplacée. Ce capital est constitué, pour chaque gérante, au moyen d'un prélèvement de 8 pour 100 sur le bénéfice brut que sa maison rapporte au syndicat. D'où il résulte qu'en prenant les intérêts de l'association la gérante a pour elle, en fin de compte, le tiers des bénéfices provenant des raccrocheuses, avec le produit des boys en sus. En moyenne, le capital de retraite pour chaque gérante sera donc de sept cent cinquante livres sterlings, soit 18,750 francs que le syndicat lui remettra à titre de gratification au bout de dix ans de service. Ces bons négociants et industriels n'en font pas autant pour leurs commis et leurs ouvriers!

Rien n'est plus curieux que le bilan des chiffres de prévision, qui fut dressé par le fabricant de conserves alimentaires quand il conçut ce projet génial. Il aboutit à cette conclusion : « Le capital qu'il s'agit de réunir, cent mille livres sterlings (2,500,000 francs), rapportera au syndicat, dès la première année, un revenu de quarante-deux mille livres », soit plus d'un million de francs.

La réalité dépassa ces prévisions.

Pour la première année, le rapport des raccrocheuses des cent vingt-huit garnis du syndicat atteignit la somme de *cent seize mille cent soixante-onze livres sterlings* (2,904,275 francs), somme énorme, qui donnait lieu encore à de plus belles espérances pour l'avenir. C'est, en effet, cette somme qui permet d'évaluer à *cinq shillings* le bénéfice quotidien produit en moyenne par chaque prostituée à la gérante de son garni. Ainsi, chaque maison rapporta, avec une moyenne de dix filles, et continue à rapporter annuellement un minimum de *neuf cents livres* (22,500 francs).

Avec l'abandon du quart des bénéfices à la gérante et le placement du 8 pour 100 destiné à son capital de retraite, il resta au syndicat, comme bénéfice brut de cette première année d'exploitation, la somme de *soixante-dix-sept mille quatre cent quarante-sept livres sterlings* (1,936,175 francs).

D'autre part, les dépenses, qui restèrent à peu près les mêmes par la suite, s'élevèrent à seize mille six cent soixante livres pour le contrôle, deux mille huit cent soixante livres pour la comptabilité syndicale, et quinze cent trente-huit livres pour frais divers imprévus.

— Qu'est-ce que le contrôle? demandera-t-on; et qu'est-ce que la comptabilité syndicale?

Il s'agit, en premier lieu, de constater si les gérantes sont dignes des avantages que le syndicat leur accorde. Pour cela, comme les associés sont tous des fabricants et commerçants à qui les employés ne manquent pas, comme dans leur industrie ou leur négoce l'expérience leur a montré à chacun le commis sur qui l'on peut compter, les cent huit syndicataires ont choisi, triés sur le volet, cent vingt-huit individus qui s'estiment fort heureux d'être désignés pour un emploi de confiance. Cette faible surcharge de travail leur vaut un supplément d'appointements, dix livres sterlings (250 francs) par mois, ce qui n'est pas à dédaigner. Pour gagner ces honoraires, le commis de la fabrique ou du magasin se transforme en inspecteur du syndicat, trois fois par semaine; chacun d'eux est préposé au contrôle des registres du garni qu'il visite; il relève les recettes et dépenses quotidiennes et rapporte à l'administration centrale ces relevés, qui permettent de voir si les gérantes ne négligent pas trop l'intérêt général pour leur intérêt particulier. En somme, cette première inspection, périodique, est d'une simplicité rudimentaire et préserve des fraudes le syndicat. Les gérantes, étant soumises à ce contrôle permanent, n'ont aucune velléité de s'adjuger des bénéfices au-delà de ce qui est convenu.

En outre, ces inspecteurs sont contrôlés à leur tour par cinq vérificateurs, à deux cents livres sterlings par an (5,000 francs). Et, au-dessus de tous, fonctionne un chef général du contrôle, à trois cents livres (7,500 fr.).

C'est ainsi que la dépense annuelle du contrôle s'élève à 416,500 francs.

Tous les relevés des inspecteurs viennent se concentrer à la comptabilité syndicale, qui a ses bureaux particuliers chez le fabricant de conserves alimentaires, aux frais des associés et sous l'œil vigilant de leur conseil administratif.

La comptabilité syndicale comprend : un chef général, appointé annuellement à quatre cents livres sterlings (10,000 francs) ; quatre comptables ordinaires à deux cent quarante livres (6,000 francs) ; et dix comptables-adjoints à cent cinquante livres. Ce qui fait en tout deux mille huit cent soixante livres sterlings, ou 71,500 francs.

Ce personnel de comptables ignore ou feint d'ignorer quelle est la nature de l'exploitation opérée par le syndicat. Les livres de l'association portent uniquement les adresses des immeubles, les noms des gérantes, et les recettes brutes accusées quotidiennement (sous le contrôle des inspecteurs) sans désignation spéciale. Des chiffres, rien de plus que des chiffres. Les syndicataires savent de quoi il s'agit ; il est inutile de le spécifier dans la tenue des livres.

Ainsi, une année d'exploitation d'un groupe de cent vingt-huit garnis consacrés à la basse prostitution rapporte à une centaine de commerçants et industriels notables, bien réputés, jouissant d'une haute considération à cause de leur fortune :

Soixante dix-sept mille quatre cent quarante-sept livres sterlings (1,936,175 francs) ;

Dont il faut déduire : vingt-un mille cinquante-huit livres (526,450 francs) de contrôle permanent, de comptabilité syndicale et de frais divers ;

Bénéfice net, en résumé, ou dividende annuel à se partager entre une centaine de syndicataires, c'est-à-dire minimum du produit de l'exploitation indirecte de *douze cent quatre-vingts raccrocheuses :* cinquante-six mille trois cent quatre-vingt-neuf livres sterlings, ou un million quatre cent neuf mille sept cent vingt-cinq francs.

Tel fut le résultat de la première année, dont les bénéfices ont été dépassés par les suivantes et ne peuvent que croître.

L'association de ces honorables richards, que le Tout-Londres salue, est bien nommée *Syndicat du bon rapport des Immeubles de minime valeur*. Les cent vingt-huit maisons dépréciées, misérables, sans valeur, qu'elle a acquises et meublées, auraient rapporté tout au plus, en location ordinaire, de cent vingt-cinq à cent trente-deux mille francs, en moyenne mille francs par immeuble ; et pour obtenir ce revenu, il aurait fallu une peine inouïe, aucune garantie sérieuse ne pouvant être exigée des locataires. Au contraire, sans gros souci, de la façon la plus commode et la moins compliquée, on obtient, de ces mêmes taudis, plus d'un million quatre cent mille francs de revenu, *le cinquante-six pour cent par an*. La combinaison peut être immorale, mais elle est intelligente ; les affaires sont les affaires, all-right !

Après ces détails nécessaires, on reconnaîtra qu'il n'y a rien à attendre, pour le relèvement des mœurs, d'une nation où de telles sociétés financières peuvent s'organiser et fonctionner. Or, il faut noter encore que les associés, lorsqu'on leur parle de leur syndicat, ne manquent pas de se dire irréprochables. Dans leurs immeubles, disent-ils, il ne se commet pas de viols. Parbleu ! les clients de leurs raccrocheuses, à deux shillings la passe, ne sont pas des satyres en quête de virginités. Quant aux boys, dont l'infâme prostitution ne pèse pas à leur conscience élastique, ils déclarent carrément que cet accessoire leur est indifférent : ils n'y sont pour rien; si les gérantes en usent pour un supplément de bénéfices, cela ne regarde pas les syndicataires; d'ailleurs, ce ne sont pas des petits garçons volés, il n'y a jamais de réclamations à leur propos, puisqu'on les achète en bonne règle au marché des enfants.

Au demeurant, cet exemple me servira à compléter ma démonstration de la quantité formidable de gens qui réalisent à Londres des bénéfices sur la prostitution. En laissant même de côté les actionnaires du raccrochage, appartenant au commerce et à l'industrie, il reste tous les pourvoyeurs de la débauche, les proxénètes de tout ordre et de tout genre, les courtiers de prostitution, depuis les commis-voyageurs et les voituriers complices, jusqu'aux diseuses de bonne aventure et aux colporteurs d'obscénités imprimées; il faut compter les servantes de lupanars fermés, les gardiennes de boys, les surveillantes de raccrocheuses; les souteneurs à la mode de Paris ne comptent pas pour ainsi dire. L'effectif du proxénétisme londonien dépasse trois cent mille individus des deux sexes ; quant aux prostituées de toute classe, il n'est pas exagéré d'évaluer leur nombre à cinq cent mille.

Voilà ce que la débauche, lorsqu'elle n'a aucun frein, peut déchaîner sur la capitale d'un grand empire. Sur cinq millions d'habitants, huit cent mille personnes vivant de honte et d'infamie!

Un des signes les plus caractéristiques est la décroissance des mariages. Les chiffres sont éloquents. Depuis le commencement du XIXe siècle, au fur et à mesure que la population a augmenté à Londres, les mariages ont diminué. En 1801, la statistique indiquait 1692 mariages par 100,000 femmes vivantes; et dès lors, avec une régularité mathématique, les mariages ont décrû de 100 environ par chaque période de trente années; de 1801 à 1845, ils étaient tombés à 1533 par an, sur cette même quantité proportionnelle de 100,000 femmes, puis à 1429 en 1875, et à 1396 en 1885. *Sur cent mille femmes, il n'y en a pas quatorze cents qui se marient !*

A la vérité, quelques bons esprits s'inquiètent, se lamentent de cette honteuse situation ; des associations se sont fondées, qui voudraient remédier au mal, mais qui sont impuissantes. La dépravation anglaise, avec la violence des torrents, roule et s'étend en masses larges et profondes comme les grands fleuves ; les meilleures volontés ne sauraient l'endiguer ; le courant est irrésistible.

Cette situation tient aux lois et aux mœurs de ce peuple. Le principe fondamental de la législation est la liberté illimitée, qui, si elle ne met aucune entrave aux manifestations du bien, a pour conséquence aussi la licence effrénée de toutes les luxures, le débordement scandaleux du vice.

Les admirateurs de l'Angleterre se plaisent à louer le libéralisme de la constitution de ce royaume, « ces admirables institutions politiques, d'autant plus stables, écrivait Esquiros, qu'elles ne gênent personne, et ces magnifiques libertés, qui couvrent à la fois l'individu, les associations et le pays tout entier. » C'est ne regarder que le beau côté de la médaille.

Il faut voir le revers aussi ; et quel triste revers ! « Les institutions mêmes de la Grande-Bretagne, écrit à son tour le docteur Richelot, doivent être placées en première ligne comme cause de cette prostitution invraisemblablement audacieuse, épouvantable et criminelle. Ces institutions, œuvre d'indépendance et de défiance nationales, ont donné beaucoup à l'initiative privée, très peu à l'action du gouvernement, dans l'administration intérieure du pays. Ne voulant pas permettre que l'œil d'un pouvoir quelconque pénétrât au sein des familles, elles ont érigé en dogme absolu le principe de l'inviolabilité du domicile. Puis, par les vieux usages qu'elles respectent, et surtout par les difficultés ombrageuses dont elles ont hérissé l'application de certaines lois, elles ont fait naître des abus déplorables, difficiles à réformer, parce que la source en est sacrée, et dont les effets désastreux viennent attrister le sujet qui nous occupe.

« Le principe de l'inviolabilité du domicile est éminemment respectable, et ce n'est pas en France, pays de liberté aussi, qu'un pareil principe pourrait être condamné. Mais ont-ils le droit de l'invoquer, ceux qui, se plaçant en dehors des lois morales qui sont la base fondamentale de la société, brisent les liens de la famille, inoculent à ses membres un poison destructeur, et deviennent ainsi, par une exploitation contre-nature, une cause d'abâtardissement pour la race entière?

« Sous l'égide vénérée de ces institutions, le trafic des jeunes vierges, à peine sorties de la première enfance, a pris à Londres une extension formidable. En effet, si la loi déclare punissables la corruption et l'excitation à la débauche, elle les punit faiblement *et ne poursuit pas d'office les coupables*. Le gain est facile, les chances de châtiment sont éloignées; l'avidité du corrupteur n'a pas pour contre-poids les mesures de répression sans cesse suspendues sur sa tête. »

De temps en temps, une des associations contre la prostitution des mineures prend en main la cause d'une intéressante victime, porte plainte, et, à ses propres frais, oblige les magistrats à poursuivre ; mais ce sont là des cas extrêmement rares, à peine un procès de ce genre tous les cinq ou six ans, quand les crimes des proxénètes sont quotidiens. Le docteur Ryan cite une *Société pour la suppression du vice*, qui entreprit simultanément deux procès, pour lesquels sa caisse eut à dépenser 325 livres sterlings (8,125 francs), et ce ne fut qu'au bout de deux années que la Cour se décida à rendre sa sentence !

Les lois contre la corruption de l'enfance, contre le viol, existent : seulement, elles sont d'abord des plus défectueuses, et ensuite il est presque impossible d'en faire usage. Les textes sont là, dit le docteur Richelot, mais c'est une lettre morte entre les mains de la magistrature; pour leur donner la vie, l'initiative privée est nécessaire, indispensable.

Avec toute la gravité anglaise, le législateur décrète : « Les maisons de débauche sont condamnées. » Après quoi, il ajoute, non moins gravement : « Lorsque les magistrats auront connaissance de l'existence d'une de ces maisons, ils n'y pénètreront pas pour faire exécuter la loi ; nous le leur interdisons formellement. Une seule exception leur donnera le droit d'y entrer : ce sera uniquement dans le cas, où, dans une maison de débauche, il se passera des faits de nature à troubler la paix publique. » Un viol ne trouble pas la paix publique ; donc, défense à la police de s'y opposer, défense aux magistrats de le réprimer. Ah ! si un tenancier s'amusait à tirer chez lui des salves d'artillerie entre dix heures du soir et quatre heures du matin, ce serait une autre affaire ! La paix publique serait troublée ; alors, oui, il faudrait sévir.

Lors donc qu'un crime a été commis, sans qu'il y en soit résulté un trouble pour la population, il faut, pour que la justice s'en mêle, qu'une plainte soit portée en toutes règles, signée par *deux dénonciateurs*, lesquels deviennent responsables des suites du procès.

Et vous allez voir comment la mirifique loi anglaise encourage les citoyens que leur indignation porterait à dénoncer un crime, connu d'eux avant les délais de prescription.

En premier lieu, la dénonciation doit être faite simultanément et collectivement par deux habitants payant impôt, et il ne suffit pas qu'ils soient imposés à Londres à raison de leur commerce ou de leur appartement ayant quelque importance; il faut, en outre, que les deux contribuables, dénonciateurs du crime, appartiennent à la paroisse même dans la circonscription de laquelle se trouve la maison de débauche où le viol a été accompli. Ainsi, un ouvrier, dont on a violé la fille, n'a pas le droit de porter plainte (même si le crime a été commis sur le territoire de sa paroisse), dès l'instant que l'insuffisance de son salaire l'empêche d'être dans ses meubles et de figurer sur la liste des contribuables. Et le père, qui, payant l'impôt, se trouve dans le même cas de désolation, ne peut pas se plaindre lui-même, si son domicile est situé sur la rive gauche de la Tamise, et si sa fille a été violée dans un quartier de la rive droite. Et pour qu'on se rende bien compte des entraves apportées par la loi, j'ajoute : le grand quartier de la Cité, qui compte 6,493 immeubles, est divisé en 26 wards (arrondissements), comprenant ensemble 108 paroisses; si vous habitez la rue Queen-Victoria-street, en étant paroissien de Saint-Nicholas, on peut violer votre enfant dans la paroisse de Saint-Mildred, à quelques pas plus loin dans la même rue.

La dénonciation écrite, signée par les deux contribuables ayant le domicile exigé, doit être remise au constable de la paroisse. Cet officier public accompagne alors les deux dénonciateurs devant le juge de paix; là, avant tout, les plaignants ont à verser une première somme de vingt livres sterlings (500 francs), pour garantie des poursuites, et une seconde somme de cinquante livres (1,250 francs), à titre de caution pour la preuve *matérielle* à fournir au moment du procès; car, selon la loi anglaise, tout crime, pour être punissable, doit être prouvé matériellement. Un assassin, qui est trouvé porteur des bijoux de sa victime et qui ne peut établir un alibi au moment du crime, n'a contre lui que des preuves morales, c'est-à-dire insuffisantes, et par conséquent son acquittement est de droit, serait-il notoirement connu pour le dernier des scélérats.

Une fois les soixante-dix livres sterlings versées, le magistrat *peut* lancer un mandat d'arrêt contre l'accusé; la loi le lui permet, mais ne lui en fait pas l'obligation, s'agirait-il d'une fillette violée, égorgée et coupée en morceaux.

Si le mandat d'arrêt est décerné par le magistrat, les plaignants ont à se présenter de nouveau devant la justice, peu après l'arrestation de l'accusé, et cela pour assister à la mise en liberté de celui-ci; car, quelle que soit l'inculpation dans les procès de cette nature, l'accusé qui peut verser la somme représentant sa caution, à lui aussi, redevient libre de plein droit, moyennant cette formalité, et dès lors il lui devient commode de mettre tout en œuvre pour paralyser les efforts de ses deux dénonciateurs. On comprendra aisément que ce n'est pas cette caution qui gêne un tenancier. Il est vrai que le juge exige aussi, en présence des plaignants, que l'accusé s'engage solennellement à comparaître au jour de la session qui sera fixé pour les débats; l'accusé promet d'être exact au rendez-vous. Ah! le bon billet qu'a Lachâtre!...

Dès lors, la lutte commence entre l'accusé et les plaignants, ceux-ci n'étant aucunement soutenus par l'action de l'autorité, laquelle demeure neutre. Ils ont à s'assurer de la preuve matérielle, qu'il leur est de toute nécessité de produire, et, dans l'espèce, cette preuve matérielle n'est pas facile à établir, comme on va voir.

X... est accusé par A... et B... de tenir une maison de débauche, dans laquelle la jeune fille Z... a été entraînée et violée.

A... et B... feront-ils visiter la fillette Z... par un médecin, qui signera sa constatation? Cela ne prouvera rien du tout devant la justice anglaise. X... soutiendra que Z... ment, et il n'a, lui, aucune preuve à fournir pour sa défense; ce sont les plaignants qui ont à prouver ce qu'ils disent. A eux l'obligation de découvrir Y... le pourvoyeur de la maison de X... et les témoins qui attesteront sous serment qu'ils ont vu Y... entraîner la jeune fille; naturellement, de tels témoins sont introuvables. Les déclarations de Z..., que X... affirmera n'avoir pas été déflorée chez lui, seront des paroles sans aucune valeur, tant que A... et B... n'auront pas établi, *de la façon que la loi exige*, que la maison de X... est un lupanar.

Ailleurs qu'à Londres, un juge d'instruction serait désigné par le parquet, et une descente de ce magistrat chez X... éclairerait immédiatement la justice; mais, à Londres, la justice se désintéresse complètement de l'affaire. Le domicile de X... étant réputé aussi sacré que les appartements particuliers de la reine dans son palais, la loi exige, comme seule preuve matérielle établissant que la maison X... est un lupanar, que les plaignants A... et B... découvrent deux personnes, de l'un ou l'autre sexe, qui veuillent faire la déposition suivante devant le tribunal :

— Moi qui suis ici, je jure que je me prostitue ; je jure que ma prostitution s'exerce (ou s'est exercée) chez X..., dont je suis (ou ai été) pensionnaire.

Et ceci encore ne prouvera pas le viol de Z..., attendu que les crimes de cette sorte ont uniquement pour témoins oculaires (*les seuls admis*) les personnes qui en sont complices et qui seraient, par conséquent, punissables en même temps que X.... Toutefois, ces deux témoignages seront reçus au moins comme preuve de la tenue par X... d'une maison de débauche.

Mais, avec ce que nous savons de l'esclavage des prostituées et de l'habitude qu'ont les tenanciers de renouveler constamment leur personnel et de se repasser leurs pensionnaires les uns aux autres, on conçoit qu'il faut à A... et B... un prodigieux concours de circonstances favorables à leur plainte pour leur permettre de découvrir et produire en justice les deux témoins disposés à proclamer leur prostitution. Les filles à qui cet aveu public serait indifférent sont précisément celles qui tiennent le moins à susciter contre elles les vengeances des proxénètes.

Supposons, néanmoins, que A... et B... ont trouvé leurs deux témoins, et que ces deux boys de lupanar ou prostituées ne se laisseront pas influencer par les menaces ou l'argent de X..., qui, ne l'oublions pas, est libre comme l'air en attendant la session.

Quel sera le résultat de tous les efforts de A... et B..., ces plaignants doués d'une héroïque bonne volonté?

Le fait du viol sera déclaré insuffisamment établi, faute de témoins oculaires, et X... sera condamné pour le fait seul d'avoir tenu une maison de débauche, la preuve matérielle de ceci ayant été apportée au tribunal. Sur les 1,750 francs que A... et B... ont été obligés de verser, le juge leur rend à chacun 250 francs (dix livres), et c'est tout.

Par contre, si leurs deux témoins leur font défaut au dernier moment, si les deux merles blancs ne viennent pas à l'audience, — et personne ne peut les contraindre à y comparaître, — X... sera acquitté sur tous les points, et le procès se retournera contre A... et B..., que le tenancier, considéré comme calomnié, pourra faire condamner à de formidables dommages-intérêts.

De tels procès sont donc presque impossibles, puisque les témoins, de qui seuls dépend la condamnation d'un proxénète, sont des êtres avilis, généralement craintifs, sous la dépendance de gredins qui gagnent de l'or et se tiennent tous entre eux par les mêmes infamies, puisqu'il suffira toujours de quelques livres sterlings pour empêcher ces témoins de venir déclarer la vérité.

Pour d'autres causes encore, ces procès ne peuvent aboutir, même si par miracle les preuves exigées arrivent à être réunies par les plaignants pour confondre l'accusé. D'après la loi anglaise, l'individu qui tient une maison de débauche n'est soumis qu'à la juridiction de sa paroisse. Si l'accusé craint, dit le docteur Richelot, de succomber devant les charges qui vont peser sur lui, il abandonnera la maison au sujet de laquelle il est poursuivi, il quittera la paroisse, et toute la procédure, entendez-le bien, aura été faite en pure perte. Un grand nombre de tenanciers et de tenancières exploitent à dessein plusieurs lupanars dans des paroisses différentes : s'ils sont en butte à des poursuites judiciaires dans une paroisse, ils font le sacrifice de l'établissement incriminé, ou, pour mieux dire, ils le vendent à un autre maître de maison ; en même temps, ils se retirent dans une des paroisses où ils possèdent un autre lupanar, et là les mêmes dénonciateurs et les mêmes magistrats ne peuvent plus les atteindre.

En ce qui concerne les viols, une raison majeure empêche les plaintes d'aboutir contre les tenanciers : ceux-ci ont tout organisé, en effet, pour le crime ; mais ce n'est pas le proxénète qui a consommé le viol. Or, ce ne sont pas les gens du peuple qui paient à prix d'or les pièges infâmes dans lesquels les pourvoyeurs et les tenanciers font tomber les jeunes vierges. Il y a donc toujours un coupable, personnage riche ou influent, à qui incombe une grosse part de responsabilité dans le crime au sujet duquel est portée la plainte ; et ce serait mal connaître les maîtres et maîtresses de lupanars que de supposer un instant que leur cupidité leur fait négliger de savoir pour le compte de qui ils opèrent. Une poursuite qui aurait la moindre chance d'amener la condamnation d'un de ces scélérats entraînerait la mise en cause du violateur ; aussi, les tenanciers sont-ils bien tranquilles ; ils n'ont même pas besoin de se mettre en frais pour contrecarrer les plaignants et leurs témoins ; le principal coupable paie et agit en leur lieu et place.

Reste le délit de tenue d'une maison de débauche. On vient de voir que ce délit, si facile à constater partout ailleurs qu'en Angleterre, offre, à Londres surtout, des difficultés insurmontables pour sa répression. Eh bien, veut-on savoir, au surplus, quelle peine est inscrite dans le code britannique comme châtiment de ce délit, au cas où une plainte est couronnée de succès? Dix jours de prison. Par contre, les mêmes juges condamnent à un mois d'emprisonnement une pauvre jeune fille qui, par le fait d'avoir vendu quelques fruits sur la voie publique, se sera rendue coupable de concurrence illicite aux marchands établis et patentés.

On cite, comme condamnation énorme, celle d'un nommé John Jacobs, maître de lupanar, qui, poursuivi à la diligence d'une association fondée pour combattre la prostitution des mineures, put être convaincu d'avoir, pendant de nombreuses années, livré au libertinage quantité de jeunes filles de douze ans et au-dessous; ce John Jacobs obtint, pour châtiment de ses crimes, six mois de prison et 500 francs d'amende. A la même session, on poursuivait, d'autre part, un libraire, accusé d'avoir vendu des livres irréligieux; ce malheureux libraire, nous dit le docteur Ryan, fut condamné à deux ans de prison et 5,000 francs d'amende; en outre, pour garantir qu'il ne commettrait plus ce délit, on le condamna encore à souscrire personnellement une obligation de cinq cents livres sterlings (12,500 francs) et à fournir, parmi ses parents ou amis, deux cautions chacune de deux cent cinquante livres (6,250 francs), en dépôt au greffe de justice pendant cinq ans.

La multiplicité incroyable des viols d'enfants ayant ému les rares défenseurs de la morale en Angleterre, le Parlement a fini par se décider à élever à deux ans de prison la peine portée contre les tenanciers et autres agents de corruption, lorsqu'ils peuvent être convaincus d'avoir livré à des débauchés violateurs, d'une façon habituelle, des enfants de l'âge le plus tendre. Mais cette concession aux gens vertueux est une mauvaise plaisanterie; car, si l'écrivain athée et son éditeur ne peuvent publier des attaques formelles à la Bible sans être certains d'une condamnation comme celle mentionnée ci-dessus, d'autre part, les fournisseurs de fillettes et même de bébés des deux sexes aux vieux dépravés et aux érotomanes continuent à exercer leur criminelle industrie, en toute quiétude, les magistrats n'intervenant jamais d'office pour réprimer ces horreurs.

Parlant de l'aggravation de peine (deux ans de prison au maximum) votée par le Parlement contre les proxénètes à clientèle de violateurs, le docteur Richelot dit très justement que cet acte législatif suffirait à coup sûr pour enlever à la prostitution de Londres une partie de ce qu'elle a de plus repoussant, et pour rendre moins fréquents le rapt et le viol des jeunes filles au-dessous de quinze ans; mais, à l'exemple des lois précédentes, celle-ci demeure sans effet. Depuis sa promulgation, rien n'a été changé dans la marche habituelle de la prostitution anglaise. L'âge des prostituées est resté le même. Les maîtres de lupanar ont conservé toute leur audace : ceux qui exploitent les plus élégantes maisons de débauche, dans le West-End, ne craignent même pas de faire connaître leur adresse au public par des circulaires qui se distribuent partout, en plein jour, comme celles des industries les plus honnêtes, et d'annoncer, soit par cette voie, soit par la poste, à leurs habitués ou aux libertins qu'ils veulent attirer dans leurs repaires de luxure, l'arrivée récente des jeunes filles qui leur sont amenées des différentes parties du royaume ou du continent, pour renouveler leur personnel « stale », c'est-à-dire *usé*.

C'est qu'en effet cet acte législatif n'aplanit aucune des difficultés dont on a lu plus haut un exposé, encore fort incomplet. La nouvelle loi a édicté une peine plus forte; mais elle ne modifie en rien les préjugés déplorables qui égarent l'opinion publique. Elle ne donne aucune impulsion quelconque à l'action de la police et de la magistrature; ni à l'une ni à l'autre elle n'accorde l'initiative qui leur manque; elle n'autorise ni les agents de la police ni les magistrats à pénétrer dans les maisons de débauche pour s'assurer si la loi n'y est point violée, et si des jeunes filles, attirées dans ces maisons par la fraude, n'y sont pas retenues par la violence; elle laisse debout tous les obstacles qui s'opposent au dépôt d'une plainte, et elle ne donne même pas au juge, devant qui peut s'exercer une poursuite, le droit de procéder à la constatation domiciliaire ou autre des crimes et délits dénoncés; enfin, elle maintient contre les plaignants tous leurs risques et périls. C'est donc toujours la même impunité.

L'un des résultats les plus navrants de cette situation a été signalé par le docteur Lagneau fils, qui a dressé d'édifiants tableaux statistiques, d'après les chiffres des hôpitaux et du *Registrar general reports* : sur 1,000 individus que fauche la syphilis, on compte à Londres plus de 500 morts de tout jeunes enfants, petits garçons aussi bien que fillettes.

Toutes ces notes recueillies par M. Victor Guilbert de Préval sur la prostitution à Londres ont une grande importance, on le reconnaîtra, surtout étant appuyées des observations fournies par des économistes, tels que Léon Faucher, et par des médecins d'une haute renommée de science et de vertu, comme les docteurs Ryan et Richelot. J'ai cru, en glanant dans le manuscrit de notre voyageur, devoir consacrer le plus grand nombre de pages à la capitale britannique, parce que c'est là que s'étale le plus effrontément le système de la prostitution libre, et parce qu'il m'a paru nécessaire de l'opposer à celui de la prostitution réglementée, très heureusement maintenu en vigueur en France, malgré certaines absurdes campagnes de presse.

Nous concluons en nous associant aux vérités si bien exposées par le docteur Richelot[1] dans le parallèle que voici :

« De même que l'on connaîtrait mieux l'histoire naturelle des maladies, si l'on pouvait, observateur impassible, en suivre, sans la troubler, l'évolution complète, dans toutes les conditions d'âge, de sexe, de climat, etc., et que cette étude permettrait de mieux apprécier ensuite l'influence réelle des agents thérapeutiques; de même, c'est dans le foyer où une liberté presque absolue écarte les entraves qui pourraient gêner le développement naturel de la prostitution contemporaine, qu'il faut aller observer cette dernière, pour en avoir une notion vraie, et pour juger sainement les salutaires effets des mesures auxquelles elle a été soumise dans plusieurs pays et notamment en France.

« Ai-je besoin de le dire? La comparaison est terrible pour l'Angleterre. Des écrivains anglais le disent avec une grande sincérité, tous les voyageurs qui ont scruté Londres le confirment : la prostitution, dans cette capitale, est effroyable.

« Dans aucune capitale du continent », écrivent les rédacteurs d'un journal anglais qui jouit d'une estime méritée (*the Lancet*, revue médicale), « nous n'avons vu « le vice et le libertinage s'imposer à la société d'une « manière aussi repoussante que dans notre propre « métropole, où, dans ces derniers temps, Waterloo- « road, le Quadrant, Hay-Market, Waterloo-Place et

1. *La Prostitution en Angleterre*, par le docteur Gustave Richelot, directeur de l'*Union médicale ;* Paris, librairie Germer-Baillière

« Pall-Mall, pour ne rien dire des foyers des théâtres, « offraient des scènes comme nous n'en avons jamais « vu dans les villes étrangères les plus dissolues. »

« Quiconque a visité les villes du continent », dit le respectable auteur du *Great Sin* (le grand Péché), « a « dû être frappé du contraste marqué que présente « l'attitude des filles publiques dans les rues de l'An- « gleterre et dans celles de la France et de l'Allema- « gne ; là on n'observe jamais les sollicitations auda- « cieuses si habituelles chez nous et qui vont jusqu'à « de véritables assauts donnés au passant dans nos « parcs, nos grandes places et nos plus belles rues. »

Léon Faucher a caractérisé en peu de mots la prostitution telle qu'on l'observe dans la Grande-Bretagne :

« La prostitution anglaise présente généralement « le caractère le plus cynique que l'on ait été à même « de constater dans le monde entier ; elle commence à « Londres dès l'âge le plus tendre, et le plus souvent, « elle y est greffée sur le crime. »

Le parallèle de la prostitution libre de Londres avec la prostitution inscrite et surveillée du continent se trouve renfermé tout entier dans ces courtes citations.

« En résumé, dans la prostitution inscrite, le nombre des filles publiques est nécessairement restreint, au lieu de se développer sans cesse hors de toute proportion ; la faiblesse de l'âge est sauvegardée ; les affections vénériennes, serrées de plus près, sont en diminution partout où la surveillance s'exerce ; les crimes et délits, forcés d'avoir leur existence à part, perdent leur ressort le plus puissant et leur élément le plus fécond ; la prostituée, moins dégradée, moins détachée de la société, conserve son cœur ouvert à ses semblables, et ne cesse d'avoir devant les yeux la possibilité de sa réhabilitation. Le mal est nécessaire, dit-on ;

mais le palliatif, sinon le remède, est à côté ; la plaie est presque voilée.

« Dans la prostitution libre de Londres, l'aspect est tout autre. C'est une tache hideuse, blessante pour les yeux, qui s'étend de plus en plus sur la société, augmente avec la population, s'accroît avec la richesse publique, et dépasse toute limite. L'enfance est sa proie la plus certaine. Le poison qu'elle verse dans les sources de la vie, s'infiltre dans tous les rangs et abâtardit les races. Cause active de démoralisation, elle puise dans la démoralisation qu'elle engendre, des aliments qui doublent son énergie malfaisante. Tous les mauvais instincts de la nature humaine se réfugient dans son sein, où ils trouvent encore, de nos jours, leur droit d'asile. Et la fille publique, objet d'horreur pour une civilisation, qui, après l'avoir livrée sans défense, la met hors la loi et l'abandonne sans protection et sans merci, séparée du monde autant par le crime que par la honte, sans retour possible, poursuit sa rapide et dévorante carrière dans la haine, dans le désespoir, ou dans la glaciale impassibilité de l'abrutissement. L'ulcère est là qui ronge ; mais aucun baume n'y est appliqué pour en tempérer les ravages, aucun voile ne le dérobe à la pudeur publique. »

Au surplus, le lecteur pourra voir utilement ce que nous avons écrit dans *Vénus devant Esculape;* notamment, ce qui a trait au développement extraordinaire des maladies vénériennes en Angleterre : moyenne ANNUELLE de plus de 200,000 syphilitiques, à Londres seulement. Voir les pages 19 à 29 de notre préface à *La Syphilis chez les Prostituées de Paris*, par le docteur Parent-Duchâtelet, édition de 1900.

II

Liverpool et Manchester.

Avant de me rendre à Edimbourg où je devais raccompagner Geo, j'ai tenu à visiter Liverpool et Manchester, les deux grandes villes anglaises qui, bien qu'éloignées de 54 kilomètres l'une de l'autre, n'en sont pas moins étroitement unies et rapprochées par la communauté des intérêts et des usages. Manchester est la reine manufacturière du comté de Lancastre, avec 510,000 habitants, y compris Salford, et elle a pour embarcadère de ses produits industriels Liverpool, l'immense ville maritime, le premier port de la Grande-Bretagne, et, après Londres, le plus grand centre commercial du monde, quoique n'ayant que 600,000 habitants, avec sa banlieue.

On sait que le rayon commercial de Liverpool ne s'étend pas seulement à l'intérieur sur le riche et industrieux comté de Lancastre, mais bien au-delà, jusqu'à Birmingham, sur un pays peuplé de plus de cinq millions d'âmes, sillonné de canaux et de chemins de fer, et comprenant Leeds, Sheffield, Bradford, Preston, Bolton et Nottingham. La majeure partie des produits des usines de toutes ces villes s'exporte par la voie de Liverpool, qui, de son côté, se charge de leur approvisionnement et envoie notamment à Manchester tous les ans, plus de 200 millions de kilogs de coton brut, pour ne citer que cet article d'importation. Ainsi, Liverpool vit surtout de transit et de commission ; le chiffre annuel des opérations commerciales de ce port de mer dépasse 100 millions de livres sterlings, soit plus de deux milliards et demi de francs, chaque année. La valeur seule des produits du territoire et de l'industrie britannique exportés par Liverpool, représente près de la moitié de toute l'exportation du Royaume-Uni. Au temps où le commerce du « bois d'ébène » s'exerçait avec un révoltant cynisme, au lieu de se cacher sous le manteau de l'hypocrisie de notre époque, l'un des docks de cette ville maritime était spécialement affecté aux navires des armateurs négriers ; ces vaisseaux portaient sur les côtes de l'Afrique les marchandises du Yorkshire et de Manchester; ils y recevaient des esclaves noirs, qu'ils transportaient dans les plantations du nouveau monde, puis revenaient en Angleterre chargés de rhum et de sucre ; alors, c'étaient les marchands de Liverpool qui faisaient plus de la moitié de la traite des nègres sur toute la surface du globe. Aujourd'hui, c'est cette ville qui est le grand rendez-vous des émigrants; c'est là que, par milliers, les Irlandais principalement viennent attendre les départs des paquebots qui les dispersent en Amérique et en Océanie.

Quant à Manchester, métropole de l'industrie cotonnière, c'est là que se fait la distribution de la matière première qui alimente la fabrication des localités voisines. La ville compte plus de 250 filatures, vastes établissements fonctionnant à la vapeur ou puisant leur force motrice dans le gaz et l'électricité; un grand nombre de ces fabriques ont un personnel de 1,500 ouvriers et davantage.

Et si l'on comprend la région avoisinante, autour de Manchester sont groupées plus de 1,000 manufactures de coton, employant d'ordinaire 300,000 ouvriers au minimum, hommes, femmes, enfants, et représentant une force de 90,000 chevaux. Cette force fait mouvoir un million de métiers et vingt millions de fuseaux ou bobines. Le produit total équivaut à 6,034,250 francs par jour. Tel est, grâce aux machines et à l'exploitation des ouvriers, le bon marché de la production, que le coton peut venir brut de l'Inde, être fabriqué à Manchester ou aux alentours, repasser les mers et, transformé en étoffes, être vendu sur le marché de l'Inde à plus bas prix que les cotonnades indigènes. Ainsi, une pièce de cotonnade longue de 28 mètres peut être imprimée à Manchester, de quatre à six couleurs, en moins d'une minute ; les procédés sont si rapides et les ouvriers si terriblement transformés en esclaves des machines, que les étoffes sorties de la fabrique dans l'après-midi sont souvent blanchies, apprêtées, empesées et livrées le lendemain au commerce. La quantité des produits, tels que les calicots, les mousselines, les indiennes, etc., augmente constamment depuis un demi-siècle, tandis que la moyenne des prix va toujours en diminuant.

Ces aperçus étaient nécessaires pour jeter un premier jour sur la question qui nous occupe, pour expliquer la principale cause de la prostitution, essentiellement esclave et misérable, dans ces deux grandes villes. Nous retrouvons à Manchester la débauche grouillante et affamée de White-Chapel, et à Liverpool le libertinage turbulent des long-rooms des bords de la Tamise.

Voilà l'impression qu'éprouve, en effet, le voyageur arrivant de Londres. Mais je dois dire, en passant, que nous ne nous rendîmes pas directement à Liverpool par la voie ferrée. Geo m'avait vanté l'agrément d'une excursion à l'île d'Anglesey, l'antique Mona, où nous arrivâmes par le fameux pont tubulaire jeté sur le détroit de Menai, après avoir traversé la principauté de Galles sans aucun arrêt. Notre séjour dans l'île si célèbre jadis par son école de druides, nous reposa des fatigues de la capitale; je pus oublier momentanément ma mission, visiter les magnifiques carrières de marbres verts, parcourir ce beau pays où l'on est charmé de toutes façons, tantôt par l'agréable coup d'œil de l'intelligente culture d'un sol merveilleusement fertile, tantôt par le pittoresque des anciens lieux sacrés où les prêtres de Tarann, de Belen et de Teutatès abritèrent leurs derniers autels; car Anglesey est une terre celtique par excellence. Le druidisme y a prospéré jusqu'au VIIIe siècle, malgré le christianisme envahissant, et l'on y rencontre encore de nombreux vestiges du vieux culte gallo-breton.

Justement, une ligne de paquebots fait le service entre Beaumaris, la petite capitale de l'île, et Liverpool.

Il était deux heures de l'après-midi, lorsque notre bateau passa au large du phare Rock, à l'embouchure de la Mersey. Devant la ville, le fleuve n'a pas moins d'un kilomètre de largeur; le port, cette magnifique création artificielle, se montrait à nos yeux, étonnés de la masse extraordinaire des docks, au nombre de vingt-et-un, dont les quais qui les bordent s'étendent sur une longueur de 15 milles et sont quotidiennement encombrées de quinze cents navires en travail de déchargement. Plus loin, nous apercevons le superbe élargissement de la Mersey, qui au-delà de la ville se creuse encore en forme d'immense bassin, présentant comme une rade intérieure. Toutes les passes, à l'entrée du port, sont marquées par des bouées numérotées, qui indiquent aux bateaux les directions qu'ils doivent suivre pour remonter le fleuve.

Mais nous n'avions pas atteint le quai devant lequel nous devions jeter l'ancre, notre paquebot était encore en pleines manœuvres dans le port, que déjà nous étions entourés d'une multitude de barques, chargées de femmes remplissant l'air de leurs chants et de leurs cris. Ces embarcations bizarres, portant le personnel des lupanars qui n'ont pas la patience d'attendre le débarquement, vont et viennent en toute liberté, circulent sur les eaux, en croisant les chaloupes des autorités maritimes, avec qui les filles échangent des saluts familiers ou des plaisanteries obscènes.

Dans chaque barque, dont la proue porte un petit drapeau national orné de longs rubans multicolores qui flottent, se tient, debout au milieu des catins, un agent principal de la maison de débauche, escorté de deux ou trois robustes gaillards, gardiens des filles. Le charivari des chansons féminines, des interpellations criardes, domine le bruit des rameurs, et, sur le navire, nos matelots, tout en obéissant au commandement de leurs officiers, se sentent déjà en fête ; c'est un méli-mélo d'ordres de bâbord à tribord, beuglés à tue-tête, et d'appels lubriques, non moins bruyants.

Heureux le tenancier dont la barque accoste, bonne première, le paquebot ! Bien vite, le proxénète a saisi l'échelle de fer, que du bord on s'est empressé d'abaisser ; leste comme un singe, il saute sur le pont et va droit au second, pendant que le capitaine, à son poste, dirige toujours les manœuvres, impassible au milieu de ce déchaînement d'appétits charnels. Et ceux des marins qui n'ont rien autre à faire élèvent la voix au nom de tout l'équipage, les servants ne se préoccupent pas plus des passagers que s'ils n'existaient pas à cette heure, tout ce monde crie aux officiers :

— Leave ! leave ! leave ! (permission !)

Autorisation de faire monter à bord les femmes, ni plus ni moins ; et cela, sans le moindre respect des familles qui n'ont pas encore quitté le paquebot. Et le second, flegmatique, accorde l'autorisation demandée, tandis que le proxénète lui dit gravement, sans prendre la peine de baisser la voix :

— Et pour vous, mon officier, vous en faut-il une?

— Yès, répond l'autre ; the handsomest girl, or else the ablest. (Oui, la plus jolie fille, ou autrement la plus expérimentée.)

Le maquereau premier arrivant, qui a la chance de tomber sur un officier paillard (et le cas n'est pas rare) et qui est en mesure de lui offrir immédiatement une femme au gré de ses désirs, obtient à raison de cela un avantage auquel ces gens-là attachent beaucoup de prix : c'est celui de faire monter son personnel à bord tout de suite, tandis que ceux des autres barques attendent. La fille agréée par l'officier est conduite à sa cabine ; alors, le proxénète, ayant évincé ainsi toute concurrence, du moins pour un temps suffisant à sa cupidité, négocie le taux de sa marchandise vivante avec les mieux argentés et les plus pressés de l'équipage ; en d'autres termes, ses prostituées font prime.

Aussitôt commencent les scènes de débauche, avant même la descente des passagers.

Puis, tandis que le débarquement s'opère, le navire voit son pont se couvrir d'autres filles publiques qui arrivent, arrivent, sous la conduite des agents de leur lupanar respectif. C'est une cohue, une avalanche. Les mères de famille ordonnent à leurs jeunes miss de baisser les yeux ; bon nombre de papas et de maris lancent à la dérobée un regard chargé de mille regrets de ne pouvoir se mettre de la partie ; les clergymen, qui ont fait le voyage et qui souvent ne sont pas les moins hypocrites, lèvent au ciel un œil mélancolique, hésitent, font quatre pas en avant et six en arrière, trouvent un prétexte pour retourner à l'entre-pont, imaginent l'oubli de quelque objet, et finalement redescendent à l'intérieur du navire, après un signe d'intelligence à l'un des servants, qui en courant va prévenir un maquereau.

Mon cousin et moi, nous ne voulûmes pas nous priver de la fin du spectacle, et nous imitâmes un vénérable pasteur, qui, au cours de la traversée, s'était distingué par son recueillement et ses muettes prières. Tartufe est de toutes les religions.

Maintenant, tous les passagers célibataires ou s'improvisant tels, qui avaient tenu à rester, n'étaient plus gênés par leurs compagnons honnêtes, définitivement débarqués ; les salons des première et seconde classes étaient envahis par les filles de choix, que les agents de débauche, d'accord avec la domesticité du bord, nous envoyaient. Ici, le champagne coulait à flots ; là-bas, dans les soutes, c'était l'eau-de-vie.

L'orgie régnait partout, en tous les coins et recoins du paquebot, transformé pour quelques heures en arche de débauche. Les quartiers-maîtres, les gabiers et les timoniers, les mécaniciens, les charpentiers et les forgerons, les voiliers, les calfats, les chauffeurs, les mousses, chacun avait sa belle ou sa laide, sa blonde ou sa brune, dans une promiscuité générale, ignoble.

Un négociant des premières, au devant de qui sa femme et ses enfants étaient venus, saluant de loin le navire, agitant leurs mouchoirs à l'entrée du port lorsqu'ils avaient reconnu l'époux, le père, s'était laissé entraîner dans le tourbillon, avait cédé à ses bas instincts de brute ; et, tout en caressant une drôlesse qui, assise sur ses genoux, lui tirait les moustaches, il méditait sans doute quel mensonge il dirait aux siens, comment il affirmerait être descendu et n'avoir pu retrouver son monde sur le quai dans la foule, ou peut-être même quelle querelle il chercherait à sa femme pour s'éviter trop de détails d'explication.

Ailleurs, au contraire, c'est un collégien, venu avec ses parents sur le navire, et qui, gamin effronté, a trouvé le moyen d'échapper à leur surveillance pendant le débarquement; il est resté, lui, pour godailler, et en ce moment sa famille, qui croit seulement l'avoir perdu de vue, doit l'appeler, selon toute probabilité, le rechercher le long des docks, à travers les innombrables salles de la douane. A terre, on se désole sur lui, et le polisson, ici, vide son petit porte-monnaie entre les mains d'une prostituée avachie et dégoûtante qui l'a accaparé.

Quant au révérend, sa dignité ne lui permet pas de se mêler aux passagers retardataires, qui ne valent guère mieux que lui, et il ne daigne pas non plus se commettre avec l'équipage. Il s'est éclipsé discrètement. Où donc est-il passé?... Geo veut en avoir le cœur net; un pourboire, glissé avec adresse, délie la langue d'un de nos garçons de service. Je fausse un instant compagnie à mon cousin; je promets à ma phryné de revenir bientôt, et je descends à pas de loup, à l'étage inférieur, m'en rapportant à la confidence du servant. C'est au quartier des cuisiniers que s'est réfugié le pasteur, après avoir fortement graissé la patte au maître-coq. Je surviens au bon moment, et je pince le saint homme avec deux fillettes pour lui tout seul, à coup sûr les plus jeunes de nos embarquées. Aôh! shocking!

Je me retire, en m'excusant d'avoir dérangé le

ministre de Dieu, et je mets à profit ma flânerie inoccupée, pour parcourir le navire et me rendre compte de l'état général de l'équipage.

Tout à l'heure, en mer, dès que le port fut en vue, on avait commencé à procéder à la toilette du paquebot; un lavage sommaire, qui se termine après le départ des passagers. A présent, personne ne songe à cette besogne; on aura bien le temps de s'y remettre, et d'ailleurs, dans la circonstance, les usages font loi. Aucun capitaine anglais, jetant l'ancre dans un des grands ports du royaume, surtout à Liverpool, ne prendrait sur lui d'interdire cet entr'acte de débauche. Les vaisseaux de l'État eux-mêmes ne sont pas exempts de cette coutume licencieuse, attendu que nul réglement ne s'y oppose, si préjudiciable qu'elle soit au service, au bon ordre, et à la santé des matelots.

Indépendamment de ce que j'ai vu moi-même, on peut citer le témoignage des lieutenants Rivers et Montmorency, de l'hôpital royal de Greenwich, qui attestent la réalité de ces mœurs honteuses dans toute la flotte de guerre, sans compter la marine marchande. Non seulement on voit souvent plus de filles publiques que d'hommes sur un navire anglais, soit qu'il arrive dans le port, soit qu'il y stationne; mais encore il en est ainsi après son départ, quand il prend le large; c'est bien longtemps après la passe franchie, que les prostituées et leurs gardiens sont descendus dans les embarcations qui les attendent en mer pour les ramener à la ville. Les pensionnaires des lupanars jouissent, de la sorte, d'un privilège qui n'est pas accordé aux parents des marins, ni à ceux des passagers; les familles n'ont pas le droit d'accompagner au départ; quiconque est à bord, sans devoir faire le voyage, a l'obligation de descendre au signal donné pour lever l'ancre, exceptés seuls les proxénètes et les prostituées.

En flânant, donc, je parcourus le paquebot, à l'heure de l'orgie. A part quelques officiers qui s'étaient retirés sur la dunette, où ils causaient entre eux et prenaient le thé sans compagnie féminine, tout le navire, du pont supérieur à la cale, de l'étrave à la poupe, était livré à une fantastique priapée, mêlée presque partout d'ivrognerie.

Le gaillard d'avant était encombré de couples, jusque sur la poulaine; des écoutilles montait un bourdonnement tumultueux, indiquant le débordement des saturnales immondes au-dessous même du premier pont. Le magasin, l'archipompe, la fosse aux câbles, la soute aux voiles, rien n'avait échappé à la prise de possession des bas-fonds du bateau par les filles de joie. On se roulait sur la plate-forme de la cale à eau; on se bousculait à travers les barils de biscuit, et le porter, ruisselant des bouteilles cassées dans une querelle entre deux matelots qui se disputaient une gueuse, inondait des restes de salaisons. A la cambuse, c'était un vacarme infernal : les hommes préposés à la garde des vivres et des boissons de l'équipage voulaient leur part de baisers, et, en attendant, commençaient à refuser les flacons de brandy à leurs camarades; de là, des protestations, des poussées violentes, un envahissement. Là-haut, les plus paisibles se vautraient avec leurs gadoues, au pied des mâts, sur les paquets de cordages.

Parmi les groupes, les proxénètes circulaient, moissonnant ici des florins, là des couronnes, emplissant leurs poches, fraternisant avec le maître de timonerie, le pilote, les quartiers-maîtres et les seconds-maîtres gabiers.

Et cette débauche crapuleuse dura jusqu'à une heure avancée de la nuit. Alors, les agents des tenanciers sifflèrent la retraite du troupeau de filles, et celles-ci, abandonnant enfin leurs galants, saoûls de bière et d'eau-de-vie, et titubant elles-mêmes pour la plupart, furent tant bien que mal descendues par les proxénètes dans leurs embarcations respectives. Le silence se fit peu à peu dans le navire; les passagers libertins s'en allèrent l'un après l'autre; l'équipage, harassé, s'endormit, cuvant sa lourde ivresse. Ah! quel nettoyage à faire le lendemain matin, avant de débarquer!...

En ville, à Liverpool, la prostitution garde ce caractère tout particulier d'effronterie sauvage et de turbulence; sous ce rapport, elle surenchérit sur la prostitution de Londres : il semble, à de certains moments, principalement le samedi soir, que le pavé appartient aux marchandes d'amour.

A côté des ouvriers malheureux, ayant grand peine à vivre, tels que ceux des raffineries de sucre et de sel, des amidonneries, des savonneries, des fabriques de poterie, de vitriol, des grandes verreries, des filatures de coton, des corderies, il en est d'autres qui sont, au contraire, bien payés : ce sont les ouvriers des docks, ceux des manufactures d'horlogerie, des brasseries, et surtout ceux qui travaillent à la construction des navires, la branche la plus vaste de l'industrie propre à Liverpool. Outre les chantiers, cette industrie comprend les ateliers pour la construction des machines à vapeur et autres, les fonderies de fer et de cuivre, les forges pour chaînes et ancres; tous ces ouvriers-là, joints aux travailleurs du port, forment la grande majorité de la population laborieuse.

Or, en Angleterre comme aux États-Unis, il est généralement admis, par les patrons constructeurs, d'accord avec les armateurs, qu'en rémunérant largement ces travaux qui exigent de l'intelligence, de l'habileté et des aptitudes spéciales, ils ont des ouvriers se nourrissant convenablement et travaillant mieux et plus vite. Aussi, dans ces pays, la main-d'œuvre pour la construction des navires est deux fois plus chère qu'en France, où les ouvriers de cette catégorie sont d'une infériorité très marquée.

Pour citer un exemple, les monteurs anglais produisent un travail d'une perfection absolue : en Angleterre, en effet, un ouvrier monteur se forme en passant par tous les degrés du travail ; il est d'abord modeleur, puis forgeron, puis chaudronnier, puis ajusteur ; il n'arrive au montage qu'après un long apprentissage ; d'où il résulte que les constructeurs de Liverpool, les plus renommés, ont des ouvriers monteurs qui ont la connaissance pratique des opérations du montage et une très grande expérience de toutes les autres parties du travail ; ces ouvriers emploient environ deux mois à faire ce que les ouvriers français font en cinq ou six mois.

Les constructeurs de coques sont aussi plus expérimentés que les constructeurs français, et il en est de même dans toute la construction navale.

Cette notable élévation des salaires fait donc affluer l'argent dans la grande majorité de la population ouvrière de Liverpool. D'autre part, le contact des innombrables matelots venus là de tous les points du globe a habitué ces heureux des classes populaires à ripailler avec les filles publiques.

Dès la sortie des forges, chantiers et usines de bonne paie, le samedi soir, toute la ville présente un aspect extraordinaire. Les lupanars ont déversé leur personnel à pleines rues ; les trottoirs, la chaussée, les tavernes, sont pour les prostituées comme un terrain conquis. Avec l'impétuosité de véritables trombes, elles pénètrent par essaims dans les bars, dans les brasseries, dans les cafés. La police s'arrête au seuil du domicile; mais, pour elles, il n'est aucunement inviolable, allons donc!... Dans la rue, elles arrêtent les passants presque de vive force; on dirait qu'elles exercent un droit, et qu'elles prélèvent un impôt qu'on ne peut leur refuser que par déni de justice. Il leur faut des hommes à tout prix, ne serait-ce que pour les voler; car elles ont plusieurs cordes à leur arc, et la prostitution n'est souvent pour elles que secondaire. A Liverpool, d'après les statistiques officielles, les femmes figurent annuellement pour plus du tiers dans le nombre des délits graves.

Ce banditisme des filles publiques, cette prostitution aux allures de brigandage, a si bien le dessus et se moque de l'autorité à un tel point, que la ville proprement dite est désertée par les familles riches; elles ont toutes, les unes après les autres, établi leur habitation à la campagne. Il ne reste à demeure à Liverpool que le peuple et les boutiquiers.

Le peuple se divise en deux fractions nettement tranchées : les ouvriers bien payés, dont il vient d'être question, et à l'autre extrémité du salariat, les malheureux, affreusement pauvres; il n'y a pas de milieu, ou, s'il en existe, c'est en quantité minime. Le même contraste se remarque dans la population inférieure flottante : d'un côté, les matelots, qui, du moins dans les premiers jours de leur arrivée, font bombance, gaspillent follement leur solde et produisent en général l'effet d'une classe populaire ne manquant de rien; d'un autre côté, les émigrants, atrocement misérables.

Liverpool offre un incroyable tableau de travail actif et de débauche à outrance. Les ouvriers bien payés s'y marient en nombre infiniment restreint; c'est ainsi que les soirs de paie la hardiesse de cette prostitution extravagante amène des scandales inouïs; dans telles maisons où demeurent des familles pauvres et honnêtes, mais où les meilleurs logements sont occupés par des ouvriers célibataires et aisés, les filles du trottoir font invasion tout à coup en bandes, pour y relancer ceux-ci, si elles les ont manqués à la sortie de l'usine, ou si elles ne les ont pas trouvés à la taverne habituellement fréquentée par eux. Les moralistes anglais sont obligés de le reconnaître : rien au monde n'égale l'audace des prostituées de cette ville et le cynisme avec lequel elles s'affichent.

Cette tourbe insolente et obscène exerce aussi son action néfaste sur les malheureux, indirectement, il est vrai, et voici comment :

Il est impossible de se faire une idée du dénûment des classes pauvres à Liverpool et de l'incurie administrative à ce sujet. Dans les hôtels garnis, qu'encombre la population flottante, chaque chambre ne renferme pas moins de cinq ou six lits; et dans ces cinq ou six lits, dix-huit ou vingt personnes passent la nuit; un rideau sépare les hommes des femmes. Nombre de ces hôtels garnis ne sont autre chose qu'une cave, où les hôtes couchent pêle-mêle sur des tas de paille. Les œuvres de bienfaisance ne sont pas mieux précautionnées : dans les asiles de nuit, destinés aux miséreux de passage et privés de toutes ressources, hommes, femmes, enfants, sont reçus et se casent à leur guise, et dans les dortoirs les lits forment trois rangs surperposés.

Quant aux habitants nécessiteux, qui peuvent néanmoins vivre en famille et à domicile fixe, ils sont entassés dans des caves ou dans des maisons aux chambres étroites, bâties sur des cours où le soleil ne pénètre jamais. L'un des résultats de ce mode d'habitation est que les enfants de ces infortunés ouvriers passent dans les rues leur journée et une grande partie des nuits, en attendant leurs parents : ceux-ci le leur ordonnent ; car, sans cela, ces pauvres petits êtres périraient d'étiolement ou d'asphyxie. Mais la corruption les guette et s'en empare de bonne heure. Ces enfants se lient bien vite avec la progéniture des prostituées, qui vagabonde aussi sur la voie publique ; ils ne tardent pas à devenir voleurs, à l'exemple de leurs jeunes camarades. Liverpool compte ainsi de vraies bandes de gamins voleurs ; c'est par centaines que ces enfants se groupent, pour s'introduire comme des rats dans les docks, dont ils se partagent le pillage.

Pour en revenir aux prostituées, celles qui ne sont pas sous la dépendance des tenanciers, et qui se livrent à leur profit personnel aux passants, appartiennent en assez grand nombre à une variété d'ouvrières, dont le dévergondage a été signalé dans tous les pays du continent, sauf en Suisse. Les manufactures de tabacs de Liverpool, à cet égard, sont aussi renommées que celles d'Espagne et d'ailleurs pour l'immoralité de la majeure partie de leurs ouvrières : les cigarières anglaises, et celles-ci au premier rang, sont des gourgandines de la pire espèce ; ici, elles négligent les matelots, pour s'attaquer de préférence aux employés de commerce.

Une dernière particularité de la prostitution de Liverpool mérite d'être notée : ses rapports incessants avec la prostitution de Londres. Les tenanciers et tenancières des deux villes sont *en compte courant*, pour se prêter mutuellement les filles de lupanars selects. Les demandes de Liverpool ont lieu, principalement, quand les beaux navires de la marine militaire sont attendus, ou à l'occasion de fêtes importantes, susceptibles d'attirer de riches étrangers. Les filles, jugées dignes de satisfaire les goûts des officiers de la flotte et des commerçants millionnaires, sont alors expédiées de Londres par chemins de fer; les proxénètes de la grande cité maritime, réputés pour leur clientèle haut placée, prennent en location ces prostituées de choix, pour un temps déterminé et pour un prix plus ou moins élevé suivant le nombre de jours durant lequel ils en ont besoin.

Passons à la seconde des deux villes-sœurs.

Manchester, avec ses palais de marchandises, ses gigantesques fabriques dont les métiers ne se reposent ni le jour ni la nuit, donne une haute idée des progrès industriels modernes; mais, si des produits on descend à ceux qui les fabriquent, une impression de tristesse remplace vite l'admiration dont on était d'abord saisi.

Dans cette ville, que l'on a surnommée à bon droit « la métropole du coton », les fabricants n'ont pas de plus grand souci que celui de faire valoir leur marchandise : partout, les magasins sont d'une somptuosité éclatante; la Bourse, admirable palais à la façade circulaire d'ordre dorique, est le plus grand des édifices de ce genre qu'il y ait en Europe, Par contre, les laborieux producteurs sont complètement sacrifiés par l'égoïsme capitaliste; la population ouvrière vit dans des ateliers enterrés sous les deux rives de l'Irwel, dans des espèces de caves s'élevant à peine au-dessus du niveau de l'eau, en des rues tortueuses et obscures, et les quartiers qu'elle habite sont encombrés de misères matérielles et morales.

Cette opposition frappante entre la fortune des patrons et le bien-être des commis de magasin, d'une part, et la condition malheureuse des tisseurs, d'autre part, se retrouve également dans la prostitution, qui présente à Manchester deux aspects très distincts.

En premier lieu, il importe de faire abstraction de la raccrocheuse ordinaire des grandes villes, qui ici est une exception : à peine rencontre-t-on, à l'entrée de la nuit, un millier de ces filles rôdant dans les rues voisines de la Bourse, aux environs du nouveau marché, dans les jardins botaniques, à Victoria-park et quelques autres promenades ; ces prostituées-là sont perdues dans le nombre et ne peuvent compter.

Il n'en est pas de même des femmes des disorderly-houses (maisons de débauche), qui forment une classe à part. Ces établissements sont des lupanars montés exactement comme les maisons de tolérance de Paris, avec cette différence que la police anglaise feint de les ignorer, n'y exerce aucune surveillance, ne soumet le personnel à aucune visite sanitaire, et laisse, en un mot, les tenanciers et tenancières absolument libres d'agir en tout à leur entière fantaisie. Conséquence : au nom de la liberté de la prostitution, esclavage complet des prostituées des disorderly-houses, maisons fermées.

En dehors de la clientèle des voyageurs, ces lupanars ont celle des patrons, des courtiers et des commis, c'est-à-dire de trois catégories de personnes qui ensemble représentent à peu près le sixième de la population masculine, soit moins d'une cinquantaine de mille parmi les habitants.

Là, les prostituées esclaves ne chôment pas. Dès le soir, les visiteurs se succèdent sans interruption ; chaque fille est obligée de se livrer quotidiennement à huit clients en moyenne, et, comme ce sont des gens ponctuels en toute chose, aussi réguliers dans leurs affaires que dans leurs plaisirs, chaque client vient au lupanar en moyenne cinq fois par mois ; il n'en est guère qui viennent moins d'une fois par quinzaine, beaucoup sont visiteurs hebdomadaires, et d'autres sont encore plus assidus.

Ces chiffres que j'ai relevés très exactement en interrogeant diverses filles, un peu partout, nous permettront de connaître, d'une façon sûre, le niveau de moralité des classes supérieures de l'industrie et du commerce à Manchester. En effet, les disorderly-houses de cette ville sont au nombre de 400 environ, avec 12 prostituées en moyenne par lupanar ; donc, 4,800 prostituées de maisons fermées. Par conséquent, 50,000 gentlemen, patrons, courtiers et commis donnent lieu à plus de 38,000 passes de débauche, bien certaines, par jour.

Il y a même des jours où le personnel est insuffisant. Cette complication amène un jeu fort curieux, auquel il m'a été donné d'assister, du moins en spectateur des préliminaires.

Nous avions lié connaissance, Geo et moi, avec un agent-commissionnaire en futaines, dont le compagnon de plaisir était un jeune fabricant de coutil, qui venait de succéder récemment à son père. Nous allâmes tous quatre ensemble au disorderly-house qui avait la préférence de ces messieurs.

Quand nous arrivâmes, toutes ces dames étaient occupées. Or, notre fabricant de coutil était pressé, et il n'aimait pas attendre. La maîtresse de l'établissement, le voyant s'impatienter, nous dit alors :

— Je puis vous faire venir des substitutes.

Ce terme signifie des remplaçantes, des suppléantes ; en France, on dirait une extra, des extras.

Elle ajouta :

— Mais je dois vous dire qu'elles ne sont pas aussi capables que mes filles.

— Cela m'est égal, répondit notre jeune fabricant ; nous ferons une partie de masking-love.

— Va pour le masking-love! s'écria le commissionnaire en futaines; cela nous amusera, d'ailleurs.

Geo me glissa à l'oreille :

— Tu vas rire.

— Qu'est-ce donc? demandai-je.

— C'est l'amour masqué.

Le compagnon du fabricant m'expliqua mieux la chose.

— Voici, me dit-il. Les substitutes sont des ouvrières de nos manufactures, qui, pour gagner quelque argent en sus de leur salaire, viennent le soir se mettre à la disposition des maîtresses de maisons fermées; on les garde en réserve pour les cas tels que le nôtre. Seulement, un client de la maison pourrait tomber sur une jeune fille qui le connaisse, peut-être une des ouvrières de sa fabrique; d'autre part, la substitute fait ces passes en cachette de ses parents...

— Alors?...

— Vous allez voir.

Une sous-maîtresse nous apporta quatre masques en caoutchouc, ressemblant en quelque sorte à des cagoules qu'on aurait peinturlurées; ou, mieux encore, cela jouait l'office de casque, en tissu au lieu de métal, s'appliquant à merveille sur la peau, emprisonnant la tête sans produire aucune gène, le devant étant percé de quatre trous, pour les yeux, le nez et la bouche. Avec cet appareil, on est absolument méconnaissable.

Le fabricant de coutil s'empara vivement du premier qu'on lui offrit, et le mit aussitôt. Puis, avec la même précipitation, il ôta les bagues qu'il avait aux doigts et se déshabilla, tandis qu'on lui remettait un vaste peignoir à raies blanches et rouges, dont il s'enveloppa. Son masque étant d'un beau vert, il avait l'air d'un énorme lézard, de taille humaine, chaussé de bottines d'homme, qui sortirait d'une cabine de bain de mer pour faire un tour sur la plage.

L'agent-commissionnaire l'imita; nous suivîmes leur exemple, et nous voilà déguisés tous les quatre, nous drapant dans nos peignoirs identiques, mais ayant chacun une tête de différente couleur.

Pendant ce temps, les substitutes en réserve s'étaient préparées. Elles ont chacune un cabinet séparé pour se déshabiller, à moins qu'il ne leur soit indifférent de se connaître entre elles; en tout cas, on ne les réunit pour la présentation aux clients, qu'une fois qu'elles se sont casquées du masque en caoutchouc peint. Elles aussi sont méconnaissables; mais, pour elles, le peignoir étant de trop, elles n'ont en fait de vêtement que des pantoufles. De part et d'autre, pour les clients comme pour les substitutes, les costumes de villes sont cachés, sous la garde des sous-maîtresses de l'établissement.

A vrai dire, il faut être fils d'Albion pur-sang pour éprouver des velléités amoureuses, à la vue de ces créatures ridicules, dont la chevelure, entassée sous le caoutchouc colorié, contribue à donner à leur tête de carnaval une forme aussi monstrueuse que grotesque; auraient-elles le corps d'une beauté académique, l'affreuse difformité qui se trouve plantée sur leurs épaules et leur sert de visage enlève tout charme à ces filles supplémentaires.

Ce soir-là, la maison n'avait que trois substitutes à offrir à notre petit groupe. A tout seigneur, tout honneur; ce fut le fabricant de coutil qui fit le premier son choix, silencieux et grave, ne desserrant pas les dents; car, en partie de masking-love, il est de règle obligatoire de ne point parler, attendu qu'on pourrait être reconnu au son de la voix; ce qui n'empêche pas, d'ailleurs, les froids libertins de Manchester de trouver cette comédie excessivement gaie. S'il était possible de faire l'amour avec une momie d'Egypte, un bon anglais n'y manquerait pas, et ce serait, à sa manière, quelque chose de tout-à-fait folâtre.

Notre fabricant passa, repassa devant et derrière les trois donzelles, alignées, immobiles, et, son inspection finie, revint se placer en face, à quelques pas de distance, pour désigner du doigt, d'un geste automatique, celle qui fixait son désir; c'était une tête à fond violet d'évêque, zébré de jaune-orange.

Restaient une tête gris-bleu uni et une tête vermillon semé de grosses taches noires.

Le commissionnaire en futaines nous pria, par geste, mon cousin et moi, de choisir à notre tour. Geo, qui n'avait aucun motif de rester muet, dit aimablement qu'il n'était venu qu'afin d'accompagner ses amis; et moi, je parlai aussi, pour répéter la même antienne. Notre compagnon nous serra les mains, avec effusion, pour nous remercier de notre politesse, et s'élança hors du salon, entraînant avec lui la fille à la tête gris-bleu.

Notre contravention à la loi du mutisme avait trahi notre qualité de gentlemen étrangers à la ville; ce qui décida la substitute dédaignée par les deux habitants à nous adresser la parole, après quelques secondes d'hésitation toutefois. Le fait de demeurer sans emploi navrait cette fille, surtout se trouvant en présence de deux hommes... Nous étions donc de glace alors?... Et elle nous priait, passant de l'un à l'autre.

Elle était déjà venue trois soirs de suite au disorderly-house inutilement; ni avant-hier, ni hier, il n'y avait eu occasion de la faire descendre aux salons.

— Cela te dit-il? me demanda Geo.

— Le masking-love?... Pas du tout... Je trouve ça stupide.

— Tel est aussi mon avis.

Nous offrîmes du gin à la fille.

— Non, répondit-elle.

— Du champagne?

— Non plus.

C'était son supplément de salaire qu'elle voulait gagner.

Je pris mon courage à deux mains, et je montai avec la tête vermillon tacheté de noir.

Après tout, pensai-je, nul besoin de suivre jusqu'au bout l'exemple des deux clients de Manchester. Une fois dans la chambre, je ferai mon cadeau à cette fille pour une causerie pure et simple; elle y trouvera aussi bien son compte, et peut-être apprendrai-je par elle quelque nouvelle particularité intéressante.

Je n'avais pas trop mal calculé. La substitute fut sensible à ce don, qui lui parut un noble désintéressement de ma part. Je lui prouvai que j'étais étranger non seulement à la ville, mais même à la pudibonde Angleterre, et nous ôtâmes nos casques de caoutchouc.

Certaine de ma discrétion, et alléchée par la promesse d'une livre sterling pour le lendemain, sans que j'exigeasse l'holocauste de ses maigres charmes, — la malheureuse avait les os qui lui perçaient la peau, — elle s'engagea à me montrer les curiosités de la basse classe des prostituées de Manchester.

En ce qui concerne la première classe, je finirai par une simple comparaison basée sur la statistique.

Les disorderly-houses sont exactement, ai-je dit, comme les maisons de tolérance de Paris, mais avec toute liberté laissée aux tenanciers et tenancières, et aussi avec l'extra des substitutes, en plus. Manchester compte un peu plus de 500,000 habitants et possède environ 400 disorderly-houses; Paris, dont la population atteint près de 2,500,000 âmes, a en tout une soixantaine de maisons de tolérance actuellement. Pour l'une des deux villes comme pour l'autre, nous ne parlons ici que des lupanars fermés. Manchester a donc 6 fois (et 2/3) plus de maisons à prostituées séquestrée, que la capitale de la France, et, comme sa population est le cinquième de celle de Paris, Manchester possède, proportionnellement, *trente-trois fois* (et 1/3) *plus que Paris* de ces lupanars d'esclaves blanches; attendu que 400 : 60 = 6,66, et 6,66 × 5 = 33,30. Ou encore, il faudrait à Paris *dix-neuf cent quatre-vingt-dix-huit maisons de tolérance* (au lieu de soixante) pour descendre au niveau d'immoralité de Manchester.

Et ce sont les Anglais, qui, dans leur pruderie, n'osent pas prononcer le mot « pantalon », et qui nomment « inexpressible » cette partie du vêtement!... Inexpressible, c'est-à-dire un objet tellement honteux qu'une bouche honnête ne saurait l'exprimer. Ah! l'on a bien raison de dire que les gens prudes sont les pires hypocrites!

La classe inférieure des prostituées de Manchester méritait d'être vue de près, et je m'applaudis d'avoir utilisé le bon vouloir de ma substitute.

Ce n'était pas la nécessité pressante, la rigoureuse pauvreté, qui la poussait presque chaque soir au disorderly-house. Cette maigriote personne est une ouvrière qui se fait d'assez bonnes journées; elle travaille dans une fabrique de manteaux, où les salaires, sans être élevés, sont relativement suffisants pour une femme ayant peu de besoins. Elle prend ses repas et loge chez une vieille parente, qui est elle-même dentellière à la mécanique, convenablement payée par son patron, manufacturier en imitation de valenciennes. Manchester, en effet, ne se contente pas de fabriquer des produits anglais ; on y excelle aussi dans l'art de la contrefaçon, guingamps, serges du Berry, tapis de Smyrne, etc.

Ma substitute se tirerait donc très bien d'affaire, si elle ne nourrissait pas un projet ambitieux, qu'elle ne peut évidemment réaliser au moyen d'uniques économies sur son salaire : elle rêve de créer ou d'acquérir, dans son quartier, un petit commerce de comestibles. Il convient d'ajouter que ce même quartier professe à son égard l'estime dont elle jouit à sa fabrique de manteaux, et partout il n'y a qu'une voix pour proclamer sa vertu.

Sa maigreur de squelette ambulant est naturelle ; mais chacun s'imagine qu'elle vit dans les privations les plus dures, en vue d'amasser le capital nécessaire à son plan.

En se mariant avec quelque bon et habile ouvrier, dira-t-on, elle pourrait hâter la réalisation de son rêve, sans se prostituer en secret. Peut-être; mais la mâtine a horreur du mariage, dans l'incertitude de mettre la main sur un époux qui lui laisserait porter la culotte. En outre, elle ne croit pas son cœur capable d'aimer jamais quelqu'un, et, quant à ce qui est de l'agrément charnel, elle le dédaigne et méprise absolument pour son compte; ah! non, ce n'est pas pour son plaisir qu'elle va faire les extras dans les maisons fermées! Elle se promet bien, une fois arrivée à son but, d'être réellement digne de sa réputation de très respectable demoiselle. J'ajoute (et ceci, elle ne l'a pas dit) qu'alors elle rougira certainement, d'une pudeur effarouchée d'archange, rien qu'en entendant prononcer le nom impur de Paris, la moderne Babylone, selon l'expression favorite des mistress et des miss, toutes si chastes, comme on sait !

En attendant, elle pratique activement le masking-love, autant que faire se peut. La vieille parente est-elle dans le secret? ou bien ma substitute lui conte-t-elle qu'elle va confectionner des manteaux supplémentaires jusqu'à minuit passé? Je n'ai reçu aucune confidence sur ce point.

Toujours est-il qu'elle s'arrangea pour avoir congé dès quatre heures du soir à sa fabrique, le jour où nous nous promenâmes ensemble à travers Manchester, et qu'elle trouva aussi un prétexte plausible pour ne pas dîner avec sa duègne.

Geo m'accompagnait à notre rendez-vous, prêt à se retirer, si elle l'exigeait.

— Mais non, dit-elle; pour le cas où, par impossible, quelque personne à mauvaise langue me rencontrerait, il est plus convenable que je sois avec deux gentlemen.

Néanmoins, il fut entendu que nous n'irions pas dans son quartier.

A la voir, dans sa toilette sévère, on l'aurait prise pour la plus virginale et la plus naïve jeune fille du Royaume-Uni; et, en réfléchissant à certaines paroles qui lui échappèrent, je jurerais bien qu'elle fait partie de quelque pieuse confrérie, dans le genre de l'Armée du Salut.

J'admirerai toujours, en mon souvenir, la dextérité avec laquelle ce Janus féminin nous introduisit dans des milieux que j'étais loin de soupçonner. La substitute s'était transformée. Avec elle, nous arrivions à l'improviste en pleine ordure morale; on la saluait avec respect; c'était à qui s'excuserait; on baisait ses mains, en lui demandant pardon..

Elle souriait, avec une douceur ineffable, disant :

— Il est bon, Jésus! il a expié vos péchés sur la sainte croix; il sait quelle ignominie et quelle misère pèsent sur vous; mes douces sœurs, mes bons frères, vous serez à la droite de notre père céleste, si vous vous repentez demain de vos péchés d'aujourd'hui; croyez-moi, Jésus est bon !

Puis, se tournant vers Geo et moi, elle ajoutait :

— Amis de mon âme, je vous en prie, donnez-moi quelques shillings seulement, afin que je prouve à ces déshérités que Jésus leur vient en aide.

Nous lui remettions les shillings, et Jésus répétait souvent, par la bouche de la rouée coquine, son appel à nos porte-monnaie, heureusement bien garnis ; mais nous remarquions aussi, riant entre nous, qu'en prenant deux ou trois pièces blanches, elle n'en remettait qu'une aux secourus.

A la fin, je ne pus m'empêcher de dire à Geo, à voix basse :

— Si elle a beaucoup de clients comme nous, cette séraphique putain aura certainement son magasin de comestibles.

A quoi il me répondit :

— J'aime mieux notre miss pickpocket de Londres ; elle était franchement voleuse et ne nous a pas volés.

En résumé, on croyait à une tournée de bienfaisance, et l'on nous prenait pour des trésoriers d'une œuvre charitable; faisant escorte à une diaconesse.

Notre dépense, y compris les larcins de la révérendissime substitute, ne fut pas, pourtant, à regretter.

Les 5,800 à 6,000 prostituées des disorderly-houses ne sont qu'un petit noyau à Manchester auprès de la masse colossale des filles qui se prostituent aux ouvriers ; je ne crois pas qu'il y ait beaucoup de villes où la démoralisation soit aussi profonde en bas comme en haut de l'échelle sociale. La vertu y est rare parmi le prolétariat, dans les mêmes proportions que chez les patrons et les employés de commerce; c'est dire à quel point la pourriture morale a envahi cette cité manufacturière, si productive.

Un des signes les plus caractéristiques et les plus lamentables de cette débauche presque générale, c'est que non seulement les hommes et encore les femmes, mais même les enfants, sont adonnés à l'ivrognerie. Exploiteurs et exploités, chacun selon ses ressources, tout ce peuple se complaît dans les turpitudes vénériennes et les boissons alcooliques.

Nulle part, on ne voit dans la classe ouvrière pareil débordement de prostitution.

Mais ici les prostituées de condition inférieure sont libres, ne dépendent pas de tenanciers, sont affranchies de la domination des proxénètes, et n'entretiennent pas des marlous. Elles opèrent isolément ou se réunissent d'elles-mêmes par petits groupes. Les seuls individus qui bénéficient de leur honteux métier sont ceux chez qui elles vont loger et manger; mais ce gain est indirect, en ce sens que gargotiers et logeuses profitent seulement de leurs bonnes aubaines pour leur soutirer quelques deniers, soit en leur faisant payer leur nourriture un peu plus cher qu'à l'ordinaire, soit en leur vendant des objets de toilette. Du reste, elles sont d'un esprit indépendant, poussé à l'extrême, et changent, par pur caprice, d'hôtel garni et de restaurant.

Ce sont des ouvrières qui ont déserté la manufacture, la fabrique, qui préfèrent ne pas travailler plutôt que de gagner à grand'peine un salaire insuffisant. Par milliers, elles s'abandonnent au hasard, nullement mal vues de leurs camarades d'atelier qui n'ont pas suivi leur exemple, mais à l'exception pourtant des femmes mariées, dont elles troublent trop souvent le ménage.

D'après les évaluations des diverses personnes qui ont étudié la question sur place, les ouvrières prostituées de Manchester l'emportent en proportion sur Londres, où, nous l'avons vu par l'appréciation compétente du docteur Ryan, sur trois jeunes filles des rangs inférieurs de la société, il y en a une qui devient prostituée avant l'âge de vingt ans. Ici, ces filles du peuple, qui ne quittent pas leur ville natale et qui se prostituent au peuple, représentent un peu plus du cinquième de la population féminine et pas tout-à-fait le quart; leur nombre, qui subit quelques variations suivant les époques de l'année où le travail diminue un peu, flotte d'une façon régulière entre 55 et 60,000. On ne fait pas de difficulté pour reprendre dans les usines celles qui ont quitté et se sont débauchées complètement, même pendant plusieurs mois; mais très peu y retournent.

En d'autres termes, quoique cinq fois moins populeux que Paris, Manchester contient dans ses murs, comme contingent de prostituées d'ordre inférieur, une véritable population, qui équivaut *à la totalité des habitants* de Tours ou de Grenoble, en France; de Metz, en Alsace-Lorraine; de Wurtzbourg, en Allemagne; de Berne et Fribourg réunis, en Suisse; de Xérès, en Espagne; de Vérone, en Italie; de Groningue, en Hollande; de Courtrai et Namur réunis, en Belgique; de Galatz, en Roumanie; de Debreczin, en Autriche; de Bielostok, en Russie; de Mossoul, en Turquie; de Méched, en Perse; de Mattra, aux Indes; de Port-au-Prince, en Haïti; de Québec, au Canada; de Troy ou bien de Dayton, aux Etats-Unis; de Belem, au Brésil; de Cordobà dans la République Argentine; de Niou-Tchouang, en Chine, et de Nagasaki, au Japon.

Le roi de Grèce, en temps de guerre, réunissant son armée permanente avec la réserve, ne mettrait sur pied guère plus d'hommes que Manchester ne contient un effectif de ces prostituées libres dont nous parlons.

On se rend compte, par nos comparaisons, de ce que doivent être les quartiers populaires de cette ville : une ruche d'immoralité.

Cependant, pour être juste, il convient d'ajouter que ces filles, loin d'avoir la turbulence des catins de Liverpool, se tiennent, au contraire, fort tranquilles en général, du moins dans la rue. La tristesse, qui pèse sur les faubourgs comme un manteau de plomb, semble les accabler, elles aussi. C'est une prostitution morne, à demi abrutie, presque lasse de l'existence, n'ayant ni la cupidité des autres femmes vénales, ni leur manie du gaspillage.

Cela vit n'importe comment, dans une contradiction stupéfiante : si elles ne travaillent plus, disent-elles, c'est parce qu'un métier honnête rapporte trop peu ; or, en somme, elles ne sont guère plus heureuses à ne rien faire. Elles ne cherchent même pas à s'attacher un amant ; elles vont avec quiconque, indistinctement, sans pour cela être des créatures passives, comme on pourrait le croire ; leur besoin d'indépendance, qui est leur seul ressort, prouve le contraire. Mais cette liberté polyandre et cette oisiveté terre-à-terre sont dans leurs goûts ; peu leur importe que la plupart de leurs galants ne répondent à leurs provocations amoureuses que pour ne pas les laisser crever de faim et ne les paient ou les invitent à partager leur repas que par une sorte de pitié.

Cette basse prostitution, qui ne se cantonne pas à part, mais qui se tient constamment mêlée au peuple, est, on le comprend, un levain de démoralisation, un levain qui toujours fermente. Au lieu d'être, comme partout ailleurs, à l'écart des autres classes sociales, elle a pris place à Manchester parmi le prolétariat, elle y coudoie les ouvrières honnêtes : aucune rupture ne se produit entre la jeune fille qui se prostitue et ses sœurs mariées ou non qui se conduisent bien ; si dévergondée que puisse être une femme, aucun parent ni aucune parente ne cessent de la fréquenter, et, quand il lui sied de venir chez les uns et les autres membres de sa famille, on la reçoit, on lui fait bon accueil ; personne ne lui tient rigueur de sa débauche, dans n'importe quel ménage, à la seule condition qu'elle se présente en simple visiteuse, et non pour tâcher d'entraîner chez elle un époux. Dans ce dernier cas, la querelle éclate, violente, entre la prostituée et sa parente, celle-ci défendant son bien ; mais, si la fille de joie ne s'attaque qu'à un parent veuf ou célibataire, nul dans la famille ne s'en scandalise, on en rit à l'unisson ; et chacun trouve que tout est ainsi pour le mieux.

De telles mœurs occasionnent des scènes d'impudicité partout. Le vice de ces femmes n'a pas le verbe haut, il ne tient pas le haut du pavé comme à Liverpool, il n'a pas des allures de domination ; mais il se glisse avec une hardiesse placide, il s'insinue avec une cauteleuse indolence. Il ne fait pas plus de bruit à la taverne qu'au temple, à la chapelle ; car cette classe inférieure de prostituées fréquente aussi les églises, y raccroche pendant les prêches, non pas seulement du regard, mais par attouchements infâmes, sans nulle vergogne.

Nous en avons fini avec l'Angleterre proprement dite, avec laquelle l'Écosse ne saurait être confondue, quoique les deux royaumes n'en forment qu'un, et bien qu'il y ait une étroite communauté de vues politiques et d'intérêts généraux entre Anglais et Écossais ; au contraire, l'Irlande est nettement séparatiste.

Il nous a suffi de montrer trois villes d'Angleterre : leurs prostitutions ne varient que par des nuances ; et ce triple tableau peut servir à synthétiser l'immoralité des autres grandes villes anglaises.

En Ecosse, particulièrement à Edimbourg, nous allons voir la débauche offrir un aspect tout-à-fait différent et singulièrement nouveau. Et j'ajoute que, par sa manière d'être, le vice écossais est absolument unique au monde; car je n'ai plus rencontré nulle part ce genre extraordinaire de prostitution.

IV

Edimbourg

Dans la capitale de l'Ecosse, mon cousin Geo Mac-Laren me laissa mes coudées franches et s'effaça complètement, cela va sans dire; mais il eut soin, sitôt arrivé, de me mettre en relations avec cinq honorables habitants, qui, parmi ses compatriotes, gémissent des maux incalculables causés par la liberté si grande octroyée au vice. Trois d'entre eux sont à la tête de ces belles œuvres de sauvetage moral, qui s'efforcent d'arracher à la prostitution ses victimes, chaque fois que le moindre espoir de salut se présente; les deux autres sont un magistrat d'une grande expérience et un vieux médecin de la ville. Par modestie, ils m'ont prié de ne pas les nommer.

Les renseignements qu'ils me fournirent étaient assez précis et complets pour que je pusse me dispenser d'une enquête personnelle; mais, sans mettre en doute leurs informations, j'ai tenu à voir moi-même, puisque tel est le but de mes voyages.

Edimbourg ne ressemble en rien aux trois villes que j'avais d'abord visitées, et la prostitution y est aussi très différente. Elle n'a aucun rapport avec celle de la métropole du Royaume-Uni, ni avec celles des grands ports de mer et des cités manufacturieres. C'est une prostitution aux allures réservées, on pourrait dire décente, ne s'affichant pas, telle qu'elle convient aux puritains : en général, une prostitution collet-monté.

Mais ceci ne signifie pas qu'elle vaut mieux que les autres.

L'Athènes du Nord, tel est le nom que l'on s'accorde à donner à Edimbourg, nom parfaitement mérité. Je suis ici dans la cité intellectuelle au premier titre.

Au point de vue de la situation et de l'aspect général, quelle merveille d'étrangeté!

Deux villes, bien distinctes, mais réunies, ville vieille et ville neuve, forment Edimbourg, qui occupe trois collines reliées par des chaussées et des ponts gigantesques. Les maisons de la vieille ville, qui sont presque toutes d'une extraordinaire hauteur, couvrent le plateau de la colline centrale et s'étagent sur ses deux versants. Au sud, le pont George (George-bridge) et le pont du Sud (South-bridge), celui-ci composé de vingt-deux arches, établissent la communication directe, à travers l'espace, avec la colline du sud, tandis que la chaussée de terre (Earthen-mound), le pont de Waverley et le pont du Nord, ce dernier mesurant 340 mètres de longueur, relient l'antique cité à la ville neuve, qui s'étend et s'embellit en toute liberté sur les versants de la colline du nord.

Au nord, en effet, le terrain s'abaisse insensiblement vers le golfe du Forth jusqu'à Leith, qui est le port d'Edimbourg et peut être considéré comme son faubourg maritime; car les trois kilomètres qui séparent Leith de la cité forment une suite ininterrompue de villas. Au contraire, à l'est et au-dessus des dernières habitations urbaines, se dressent la colline de Calton, avec sa belle promenade, d'où l'on découvre un panorama superbe, et les rochers de Salisbury, si pittoresques, et le trône d'Arthur, autre merveille de la nature. Au sud, la vue est bornée par diverses collines encore, se découpant agréablement sur l'horizon.

Ici, un rocher escarpé, dont le sommet offre une superficie d'environ trois hectares, porte sur ce plateau l'antique Château royal, à une hauteur de 116 mètres.

Et dans toutes les directions s'étendent, aboutissant à Edimbourg, de belles et larges avenues, bordées de chaque côté de jolies maisons; car, tandis que dans les autres grandes villes d'Europe la population ouvrière est toujours écartée du centre, dispersée dans des faubourgs plus ou moins vastes, mal bâtis et malpropres, ici les prolétaires, les travailleurs, les indigents habitent, au cœur même de la cité, ces antiques et féodales maisons de dix à douze étages qui donnent un caractère si original à la vieille ville.

D'où vient cette bizarre anomalie? De ce que jadis les propriétaires du sol passaient des baux d'un nombre inouï d'années, de cinquante, quatre-vingts, cent ans et plus, baux que les locataires se transmettaient de génération en génération, et qui leur permettaient de bâtir, d'entasser constamment étages sur étages. Puis, lorsqu'en 1767 les magistrats municipaux obtinrent du Parlement la permission de construire une ville neuve en dehors des limites fixées par les antiques lois, les familles nobles et riches s'empressèrent d'émigrer au fur et à mesure que s'élevaient leurs nouveaux palais de la colline septentrionale et d'une partie de la plaine étalée à sa base, et abandonnèrent leurs anciens hôtels aux ouvriers et aux pauvres gens de toute catégorie. Un chaudronnier occupa l'hôtel du lord président

Dundas; celui du duc d'Errol fut transformé en un cabaret; celui du duc de Douglas reçut un atelier de charron. En moins de vingt années, Edimbourg s'était métamorphosée complètement.

De quelque côté que l'on y arrive, donc, à quelque point de vue que l'on se place pour la contempler, la légendaire capitale de l'Ecosse est sans contredit l'une des villes les plus curieuses, les plus pittoresques et les plus belles du monde entier. L'ensemble est saisissant, grandiose, étrange, admirable. Si Venise, Constantinople et Naples peuvent être préférées à Edimbourg, on ne saurait, du moins, les lui comparer. Elle a le mérite d'être belle et de ne ressembler en rien à ses rivales. Pour la connaître, il faut absolument l'avoir vue.

Sans doute, bien qu'Edimbourg ne soit pas dans un sens spécial une ville d'industrie et de commerce comme celles que j'ai déjà décrites, elle possède néanmoins de nombreux établissements industriels de différents genres. Ses papeteries et ses verreries sont renommées; on y fabrique aussi des châles et des tapis excellents, des bougies, du savon, de l'amidon, du cuir, des étoffes de lin, de coton, de laine et de soie; la construction des locomotives y est très développée; on y trouve encore des raffineries de sucre et d'importantes brasseries d'ale. Aux environs se voient des distilleries de whisky, des forges et des fonderies magnifiques où l'on trouve tous les produits qu'il est possible de tirer de la fonte et du fer. En outre, les armements pour la pêche du hareng ont une grande activité dans le port-annexe d'Edimbourg, et l'on y arme également pour la pêche de la baleine sur les côtes du Groënland et dans le détroit de Davis.

S'il est vrai que l'Ecosse fait un commerce assez important avec le reste du Royaume-Uni et avec la

Russie, l'Amérique, les Indes et la Chine, toutefois Edimbourg n'est directement intéressée dans ce commerce que comme place de consommation, renfermant un grand nombre d'habitants riches. Les gros commerçants ont généralement leurs magasins au faubourg maritime de Leith, lequel ne compte pas moins de 68,000 habitants. La population totale de la ville est de 332,000 âmes.

Mais c'est surtout la supériorité intellectuelle d'Edimbourg qui fait tout à la fois sa richesse et sa gloire. Et cette supériorité, elle la doit à ses collèges et à ses écoles de tout ordre, de tout genre, qui attirent un nombre considérable de familles étrangères; elle la doit aussi à ses tribunaux; des emplois honorables et lucratifs sont ainsi dévolus à un tiers au moins de ceux de ses habitants qui appartiennent à la classe supérieure et à la classe moyenne.

Son université comporte quatre facultés : théologie, droit, médecine et beaux-arts; elle confère les mêmes grades que les universités d'Oxford, de Cambridge et de Londres. Les bibliothèques y sont nombreuses et riches de volumes, comme les musées de toutes sortes, qui possèdent de vrais trésors de collections : musée d'histoire naturelle, musée anatomique, musée des arts industriels, musée agricole. A titre d'exemple bien caractéristique, je citerai le musée rural, propriété de la Société d'Agriculture, lequel renferme les modèles de tous les instruments aratoires usités en Europe, des échantillons de toutes les graines cultivées sur le globe, des représentations réduites des principaux animaux primés; j'ajoute que cette société, qui compte plus de 3,000 membres, distribue chaque année une foule de prix en plusieurs classes.

L'Ecole nationale de peinture et de sculpture, avec

son musée aussi, dans un palais digne de Florence, est affectée aux expositions annuelles. Et le musée des antiquités celtiques, romaines et écossaises; et le musée du Collège royal des Chirurgiens; et la bibliothèque du Sceau; et la bibliothèque des Avocats avec plus de 200,000 volumes et près de 1,800 manuscrits précieux; et le musée des armes anciennes, à l'arsenal du Château; et le musée d'astronomie, à l'Observatoire; et le musée numismatique, à la Monnaie; et les musée et bibliothèque de l'Académie navale et militaire écossaise, où se forment les jeunes gens qui se destinent à la marine ou à l'armée de terre; et l'immense Register-House, avec ses cent salles où sont conservées les archives de l'Ecosse; et les jardins zoologiques, avec leur ménagerie considérable; et les jardins d'essai d'horticulture, de quatre hectares de superficie; et les jardins botaniques, non seulement pour l'agrément, mais pour l'étude, avec leur riche collection de plantes exotiques; on n'en finirait pas, s'il fallait tout énumérer.

Un trait fera apprécier à quel point Edimbourg est une ville de culture intellectuelle : dans les hôpitaux mêmes, les loisirs des malades, lorsque le traitement ne s'y oppose pas, sont utilisés en partie en vue de leur instruction. Les hospices pour enfants, tous fondés par la munificence de généreux donateurs, tels que les trois grands hospices d'Hériot, de George Watson, de James Donalson, et l'École Déguenillée, sont des foyers d'éducation pour les pauvres : on les reçoit depuis l'âge de sept ans, pour les garder jusqu'à leur quatorzième année; là, dans ces hospices, on enseigne (le croirait-on?) l'anglais, le latin, le grec, l'arithmétique, le dessin, la musique, etc. Ceux des enfants assistés qui manifestent des dispositions pour les professions libérales sont, à leur sortie de l'hospice, placés dans une université.

Oui, Edimbourg est bien l'Athènes moderne. Elle a même pour elle un privilège de localité fondé sur des ressemblances topographiques très sensibles. Ainsi, elle est séparée de la mer par une voie droite, de la même figure et de la même longueur que celle qui conduit d'Athènes au Pirée, et elle embrasse dans son enceinte un roc immense et fort élevé, surmonté d'une citadelle antique (le Château royal), qui représente l'Acropole.

Ce n'est pas tout; la capitale de l'ancien royaume d'Ecosse a tenu à justifier le plus possible son surnom, et c'est pourquoi l'étude de la langue de Périclès et de Démosthène est en honneur dans ses écoles. L'art des architectes s'en est mêlé aussi; le style grec domine dans les édifices construits en ces deux derniers siècles.

Voici le County-Hall, bâti d'après le plan du temple d'Erecthée à Athènes; l'entrée principale est une imitation du monument de Thrasylle. Voici la British Linen Company's Bank, bel édifice orné de colonnes corinthiennes, supportant une architrave richement sculptée à la grecque. Voici l'Observatoire, qui reproduit le temple grec des Vents. Voici l'École Supérieure, dont le corps de bâtiment central, temple grec de l'ordre dorique, est orné d'un portique hexastyle, et ses colonnes, reposant sur une base élevée, d'un style gréco-égyptien, sont de mêmes dimensions que celles du temple de Thésée à Athènes; deux portiques de six colonnes doriques le réunissent aux deux ailes, de forme carrée et décorées de pilastres soutenant un entablement. Voici le monument de Burns, qui est un temple circulaire, formé d'un péristyle de colonnes corinthiennes, supportant un entablement et une corniche, et terminé en coupole. Voici le Collège royal des Chirurgiens, encore un bel édifice de style grec, et le monument d'architecture dorique du professeur

Playfair, et celui du professeur Dugald-Stewart, reproduction exacte du monument de Lysicrate. Il n'est pas jusqu'au monument national qui ne rappelle la capitale de la Grèce antique, même n'ayant pu être achevé; dans l'état d'abandon où il se trouve, on croirait voir les ruines majestueuses du Parthénon.

Mais si Edimbourg accepte et même revendique le surnom d'Athènes du Nord, ce n'est pas seulement à cause de sa situation et d'un grand nombre de ses édifices; c'est qu'elle est fière de ses philosophes, de ses professeurs, de ses orateurs, de ses critiques, de ses historiens, de ses poètes, de ses sociétés savantes, de ses journaux et de ses revues.

Elle a vu naître David Hume, Robertson, Allan Ramsay, Hugh Blair, Brougham, Macaulay, Hugh Miller, Walter Scott, pour ne citer que les plus célèbres. Dans ses murs hospitaliers, sont venus mourir, comblés d'honneurs, le chimiste Black, le poète latiniste George Buchanan, le grand économiste Adam Smith. Son université, qui date de 1582, a toujours brillé du plus vif éclat.

Bien qu'étant seulement la huitième ville du Royaume-Uni sous le rapport de la population, Edimbourg compte 75 imprimeries et plus de cent librairies éditrices; elle publie un grand nombre de journaux, et la principale de ses revues, celle qui porte son nom, s'est élevée au premier rang dans le monde, parmi les grands recueils critiques et littéraires du XIXe siècle.

Et l'Athènes du Nord se glorifie de ses enfants illustres; elle leur érige des monuments qui, grandioses ou de proportions minimes, sont partout des chefs-d'œuvre du meilleur goût.

Quel pays a élevé à son poète national, à son romancier le plus populaire, un monument semblable à celui que les compatriotes de Walter Scott lui ont consacré au centre de Prince's-street, la principale et la plus belle rue d'Edimbourg?... Haut de soixante mètres, et dominé par une flèche gothique, il abrite la statue de l'historien, romancier, et poète, taillée dans un bloc de marbre de Carrare, d'une pureté exquise; Scott est là, assis, méditant sur un livre fermé, et ayant à ses pieds Maïda, son chien favori; un escalier de 287 marches conduit à une galerie supérieure, d'où l'œil plonge au loin sur la ville; vous parcourez ce monument incomparable, d'un volume plutôt excessif, et à chaque pas vous rencontrez des statues, encore des statues, qui représentent les principaux héros des œuvres du fécond auteur. Je le répète, est-il une autre nation qui déborde ainsi d'enthousiasme pour honorer ses écrivains?...

C'est qu'Edimbourg a conscience des droits du talent et de l'esprit, c'est qu'elle est la reine intellectuelle parmi les cités de l'Europe moderne, parmi les capitales de tous les peuples du monde.

Dans une telle ville, la prostitution ne peut donc pas être avilie, grossière, indécente, encore moins tumultueuse et perturbatrice de la paix publique. Les filles d'amour n'y sont pas, il est vrai, des Aspasies athéniennes; mais nous sommes au pays des puritains, et la courtisane, qui y vit sous le régime général de la liberté britannique, s'est harmonisée avec les mœurs austères, du moins en apparence, du nord de la grande île.

Je viens de dire que cette austérité n'est qu'apparente; rien n'est malheureusement plus exact. Nos Athéniens du Nord s'inspirent-ils du souvenir lointain de leur gracieuse reine Marie Stuart, qui n'était pas précisément un modèle de vertu? ou bien, comme un des résultats de l'union des deux royaumes, la moralité des

Écossais s'est-elle peu à peu altérée au contact des Anglais si profondément corrompus?... Sans approfondir ici ce problème, je me borne à constater le fait présent : les habitants d'Édimbourg, sans distinction de secte, sauf peut-être celles des quakers et des juifs, sont bel et bien pervertis, et sous ce rapport les deux races de l'île, l'anglaise et l'écossaise, sont à peu de chose près au même niveau. Ainsi, un ancien chirurrurgien résidant du Lock-Hospital nous cite, et nullement à titre de rareté, un fait particulièrement ignoble : un riche citadin ayant passé, comme la chose la plus normale, avec une maîtresse de disorderly-house très connue, un marché par lequel celle-ci s'engageait à lui procurer deux jeunes filles vierges chaque semaine!

Toutefois, il est juste d'ajouter que, relativement à l'âge de ses victimes, la prostitution d'Édimbourg n'a rien qui approche du spectacle hideux que présente celle de Londres.

Les personnes bien renseignées affirment que, parmi les jeunes ouvrières et domestiques de la ville, il y en a un tiers qui se prostituent, soit pour pourvoir à leurs dépenses de vanité, et alors d'une façon habituelle, soit accidentellement, au contraire, en cas de chômage ou de manque de travail par l'effet d'une cause quelconque. Mais les toutes jeunes filles sont en infime minorité et n'appartiennent pas, du moins, à la catégorie clandestine qui se débauche à son profit personnel principalement.

Dans l'ensemble des filles publiques, on compte environ le dixième, composé de veuves ou de femmes qui ont été abandonnées par leurs maris; le plus grand nombre d'entre elles, ou presque toutes, sont des prostituées secrètes, non séquestrées.

Quant aux femmes des lupanars, on peut les évaluer

à 1,800 environ, ces maisons, dont le total approximatif est 300, comptant six pensionnaires en moyenne.

Ces disorderly-houses forment la prostitution dite *ouverte* d'Édimbourg, avec un grand nombre de filles libres, ayant un domicile à elles, et sans autre métier que le commerce de leurs charmes; ces dernières ont beaucoup augmenté depuis trente ans, et dans une proportion dépassant fortement celle de l'accroissement de la population; on les évaluait à trois centaines en tout, lorsque l'Athènes moderne n'avait que 150,000 habitants, et elles atteignent deux milliers aujourd'hui.

Mais, dans quelque catégorie qu'elles se trouvent, les prostituées d'Édimbourg et celles qui y viennent des diverses parties de l'Écosse ne sont pas des ignorantes : toutes savent lire et écrire ; en outre, en nombre relativement grand, plusieurs ont reçu une instruction assez complète, et beaucoup, parmi les libres ayant domicile, font preuve d'une éducation très convenable, quelquefois même des plus distinguées. A part les Highlandaises et les Shetlandaises, toutes celles qui arrivent des campagnes écossaises, aussi bien que celles des grands centres manufacturiers, fournissent une énorme proportion de filles instruites. Et la seule exception qui puisse compter à ce point de vue, dans la prostitution d'Édimbourg, comprend les pauvres Irlandaises, toutes ignorantes et superstitieuses, qui peuplent surtout les lupanars.

D'après les données qui précèdent, on voit que les prostituées sont fort nombreuses dans la cité aux trois collines; néanmoins, leur chiffre total échappe à une évaluation précise, d'abord à cause de l'intermittence du métier de débauche chez beaucoup d'entre elles, et ensuite pour d'autres raisons très particulières à cette ville qui ne ressemble à aucune.

Voici, par exemple, une singularité qui, à coup sûr, je pense, ne doit se rencontrer nulle part : des jeunes filles préférant le travail à la débauche, venant se prostituer à Edimbourg en temps de chômage, exerçant une sorte d'apostolat bienfaisant auprès des compagnes de dégradation avec lesquelles elles se lient dans cette ville, et les gagnant à l'amour du travail, lorsqu'elles retournent elles-mêmes à leurs ateliers.

Ce sont les grandes villes manufacturières, Glasgow, Dundee, Paisley, qui fournissent ces ouvrières à la prostitution d'Edimbourg. Laborieuses elles sont, intelligentes et actives; mais, dès que le travail diminue, elles voient tomber leur courage et sont prêtes aux pires défaillances; si le travail cesse tout-à-fait, elles perdent la tête, leur parti est bientôt pris. Vite, en route pour Edimbourg! Les voici alors qui se livrent au premier venu, mais avec une sorte de désespoir, sans la moindre tendance à prolonger cette vie de désordre et de fainéantise. Sans cesse, elles ont présent à la mémoire le travail aimé qui leur permettait de vivre sans déchoir; elles en parlent à leurs camarades d'infamie temporaire, elles le vantent, elle ont hâte d'apprendre que le chômage est terminé. Sans le savoir, elles exercent une influence autour d'elles; on s'intéresse à ce qu'elles racontent; elles n'ont ni fiel ni haine contre le capitalisme, qui, après les avoir exploitées, ne leur est pas venu en aide pendant cette interruption de commandes; elles font l'éloge de la fabrique, de l'usine, où elles étaient employées. Naturellement, les autres écoutent leurs récits convaincus, et celles qui n'ont pas du sang de prostituées dans les veines les prient de les emmener avec elles, quand l'heure sonne de reprendre le travail.

C'est ainsi que des prostituées d'occasion arrachent à

la débauche, à Edimbourg, des filles qu'on aurait pu croire à jamais perdues. On avouera que ce prosélytisme inconscient n'est pas un fait banal.

D'autre part, dans le haut de l'échelle du libertinage, il se produit aussi divers incidents, fréquents et réguliers, qui amènent des variations importantes dans le nombre des filles publiques. Cette catégorie de marchandes de volupté, dont je veux parler, celle qui a pour clientèle les hommes mûrs et les jeunes gens de l'aristocratie et de la bourgeoisie riche, n'est pas plus stable que la catégorie des ouvrières débauchées.

Nous ne sommes pas ici dans une importante ville maritime, ni dans une capitale de grand empire où se renouvelle incessamment la population flottante des voyageurs tout cousus d'or, allant et venant pour leurs affaires ou leur distraction. Ici, les prostituées de bon ton n'ont pas d'autres clients que les fils de famille, étudiants des innombrables écoles d'enseignement supérieur, et les personnages, mariés ou non, favorisés de la fortune. Si ces galants se déplacent, les ressources de la haute prostitution disparaissent; et c'est pourquoi, en été, après le départ des riches familles, qui passent une partie de l'année à la campagne, le nombre de ces filles s'abaisse à Edimbourg d'une manière notable, et, en automne, pendant les vacances scolaires, il diminue davantage encore.

Où vont-elles?

La plupart se dispersent dans les paroisses rurales, s'installent à demeure en auberge ou louent en commun, à deux, trois, quatre, une petite villa pour la saison; ces installations temporaires sont faites de façon à ne causer aucun scandale parmi les braves gens de la campagne, et à une distance suffisante des châteaux où les habitués de ces filles font leur villégiature. Il arrive même que des tenancières de lupanars de premier ordre organisent, sous la direction d'une sous-maîtresse, une annexe circulante, une sorte de camp-volant de prostituées choisies, qui se transportent, comme des comédiens en tournée artistique, mais discrètement, dans les régions à la mode pendant l'été et l'automne.

Les libertins sont tenus au courant des nouvelles adresses où ils pourront rejoindre, par échappées fréquentes, leurs catins préférées.

A vrai dire, les tenancières qui ne veulent pas se résigner à garder à Edimbourg tout leur personnel, durant les mois où leurs meilleurs clients s'éloignent de la ville, s'exposent à de certains déboires de la part des filles. En effet, il n'est pas rare que quelques-unes mettent à profit la circonstance pour se créer de nouvelles relations ; il en est qui plaisent à des fils de riches fermiers, et c'est tout autant qui, l'hiver venu, ne rentrent pas au lupanar. Car, ceci est un fait à noter, les disorderly-houses d'Edimbourg, quoique maisons fermées, et malgré le désir de domination que tenanciers et tenancières voudraient absolue, sont impuissants à opérer une véritable séquestration : ces filles, nullement abruties comme ailleurs, et dont l'intelligence a été développée par l'instruction, ont conscience de leurs droits; il n'y a pas d'engagement qui tienne, pas de menace qui puisse les dompter; elles savent recouvrer leur liberté, aussitôt qu'elles la veulent.

Quant aux courtisanes qui sont dans leurs meubles, un grand nombre savent se faire, à force d'astuce ou de raffinements voluptueux, des amis à qui elles deviennent indispensables. Et, lorsque vient l'époque qui pour elles est la morte-saison, elles choisissent, parmi les meilleurs payeurs ainsi attachés, celui qui prendra une compagne d'excursion pour ses vacances.

Elles adoptent alors, pour la circonstance, un nom honorable; et, comme elles ont avec leurs bonnes manières, un air sage et réservé, comme elles possèdent au plus haut point l'habileté de ne pas trahir leur état réel, leurs riches clients, se soumettant à leurs exigences, ne reculent pas devant l'indélicatesse qui consiste à les introduire jusque dans les familles les plus respectables.

Mais l'été et les vacances ne sont pas les seules causes qui déterminent des variations très grandes dans l'effectif de la prostitution d'Édimbourg. Certains évènements font, d'une façon subite, beaucoup augmenter ou diminuer le nombre des filles publiques de cette étrange ville.

A l'occasion des courses de Musselburgh, l'Athènes du Nord voit débarquer dans ses murs une multitude fabuleuse de prostituées, arrivant de toutes les grandes villes d'Écosse : mais les courses d'Ayr produisent un phénomène contraire; alors, c'est Édimbourg qui dégorge ses filles de joie sur l'ouest du pays.

En cas de fêtes données à Glasgow ou dans ses environs, pour un tournoi, par exemple, l'attrait de tels plaisirs est irrésistible; les disorderly-houses même se vident comme par enchantement, au grand désespoir des proxénètes, qui font leurs efforts pour retenir leurs pensionnaires et n'y réussissent point. L'envolée des filles est générale. Au diable Édimbourg, et vive Glasgow! Le plus curieux de l'incident, c'est qu'après les fêtes les trois quarts des pensionnaires de maisons fermées ne rentrent plus à leur ville; souvent, la disparition est définitive, soit que les réjouissances publiques de la grande cité manufacturière soient suivies d'un placement plus lucratif pour ces filles et leur fasse préférer s'enrôler dans la prostitution de Glasgow, soit qu'elles y trouvent des galants qui, séduits par leur bon genre d'athéniennes modernes, les accaparent et les prennent pour concubines. Longtemps encore après ces fêtes, les tenancières d'Édimbourg sont obligées de se livrer au racolage des filles, vont aux portes des ateliers, courent les garnis, prodiguent partout les offres les plus engageantes, pour tâcher de combler le vide de leurs établissements.

Glasgow, qui, avec ses 658,000 habitants, est la seconde ville du Royaume-Uni, fournit à Édimbourg très peu de filles publiques, malgré la proximité des deux villes (63 kilomètres de distance); à peine le 15 pour 100 de la prostitution de cette dernière, ce qui est une proportion fort restreinte.

La prostitution d'Édimbourg, en effet, se recrute principalement sur place : c'est-à-dire, en fait de filles de la ville même ou de son faubourg maritime, le 40 pour 100 pour les pensionnaires des disorderly-houses, les femmes libres ayant domicile, et toutes celles qui, avec les précédentes, constituent la prostitution de métier ou d'état habituel, et le 75 pour 100, pour les ouvrières, les domestiques, les veuves, les femmes mariées abandonnées, dont la débauche intermittente constitue la prostitution secrète ou accidentelle. Les divers comtés de l'Écosse et la misérable Irlande fournissent à peu près le reste. Infiniment peu de filles viennent de l'Angleterre et du pays de Galles, attendu que Londres, Liverpool, Manchester, Birmingham, Leeds, Sheffield, Bristol, Bradford, Nottingham, Newcastle, Leicester, Portsmouth, Oldham, Sunderland, Cardiff, Blackburn, Brighton, Bolton, Preston, Norwich et autres grandes villes britanniques gardent pour elles, exténuent et tuent rapidement leurs prostituées locales.

Quant aux filles publiques étrangères au Royaume-Uni, on n'en rencontre pour ainsi dire aucune à Édimbourg; s'il en vient quelquefois, c'est par hasard et d'une façon tout-à-fait exceptionnelle. Ce sont des catins des capitales du continent, berlinoises, viennoises, parisiennes, ou encore des femmes d'Anvers, de Bruxelles, d'Amsterdam, de Rotterdam, de Stokholm, de Copenhague, de Hambourg ou de Leipzig; qui se sont risquées d'abord à Londres, y cherchant fortune, et qui, là, ayant appris la rareté des étrangères dans la métropole écossaise, veulent tenter une nouvelle chance.

Par le fait, celles qui se hasardent en Écosse ne calculent pas trop mal; surtout, une viennoise ou une parisienne est sûre d'être promptement accaparée dans l'Athènes du Nord; les quelques rouées qui n'ont pas craint de vouloir s'y acclimater s'en sont toujours bien trouvées. Comme elles font prime, elles ont bientôt un riche entreteneur, et plusieurs arrivent même à être épousées. si elles ne sont pas rebelles à l'instruction que leur amant s'empresse toujours de leur faire donner.

Sous le rapport de la religion, les prostituées d'Édimbourg appartiennent en majeure partie à la secte des méthodistes, renommée pourtant comme pieuse et austère. Viennent ensuite les filles de l'Église d'Écosse, celles de l'United Secession, et celles du Relief (église de la Charité). Presque toutes les prostituées irlandaises appartiennent au catholicisme romain. L'ex-chirurgien du Lock-Hospital, que j'ai déjà cité, affirme, d'autre part, n'avoir connu qu'une seule juive se prostituant à Édimbourg; cette jeune fille, privée, dans un âge tendre, de ses parents, nous dit-il, avait été élevée au sein d'une famille chrétienne. Il ajoutait que, dans ses recherches, il n'avait trouvé aucune quakeresse prostituée, ni aucune baptiste, ni aucune fille de la secte des indépendants.

Je dois signaler encore un cas exclusivement particulier à la prostitution d'Édimbourg. En d'autres villes, on voit parfois deux filles publiques s'unir et se prêter une mutuelle assistance; mais cette solidarité est fondée sur une dépravation amoureuse. Ici, le saphisme est inconnu, et il ne s'agit aucunement de tribades se venant en aide, par couples. Bien loin de là, c'est une vraie fraternité qui s'établit et se développe, par groupes nombreux, entre ces femmes, dans la seule crainte de la misère dont elles se sentent menacées, en cas de maladie ou pour toute autre cause.

Malgré l'absence de statuts écrits, ce sont des sociétés de secours mutuel, ni plus ni moins, qui se forment entre prostituées, qui s'organisent avec une régularité étonnante, qui fonctionnent dans un rayon souvent assez étendu; à des dates convenues, périodiques, les associées se rassemblent, et chacune verse sa cotisation. Elles ont nommé l'une d'elles leur trésorière, et une autre leur doyenne, qu'elles qualifient de *our maiden aunt* (notre tante non mariée); ce sont les deux qui ont été jugées les plus raisonnables de l'association, celles en qui toutes les autres ont le plus de confiance. L'argent est placé dans une banque au nom collectif des deux déléguées, qui le retirent ensemble par fractions, dans les cas prévus, pour secourir toute associée en détresse.

Ces curieuses associations de charité n'existent, il est vrai, qu'entre prostituées des classes supérieures; mais il ne faut pas perdre de vue qu'à Édimbourg les filles publiques de bas étage ne forment qu'une minorité peu importante dans l'ensemble.

Au surplus, cet esprit de solidarité se retrouve, sous une autre forme, aux derniers degrés de la débauche vénale, même parmi les femmes abjectes, dégradées par une ivrognerie permanente; et voici comment, dans ces bas-fonds, se manifeste la confraternité du vice ignoble et misérable :

— Si vous avez le courage de vous aventurer chez les voleuses de Grass-market et de High-street, m'avait dit un des informateurs que je devais à Geo, ayez peu d'argent sur vous, tout juste ce que vous serez disposé à risquer de perdre; surtout, munissez-vous d'un bull-dog bien dissimulé, et facile à saisir en cas de danger soudain.

Je suivis le conseil, complété par d'autres renseignements encore.

Me voilà parvenu aux environs de ces affreux repaires, dont les approches mêmes sont si redoutées. Le jour est à son déclin; les allumeurs de reverbères commencent à peine leur besogne.

Une jeune fille, nu-tête, les cheveux arrangés non sans art, de figure agréable, aux fraîches couleurs, est postée à un coin de rue. Avant qu'elle m'ait aperçu, j'ai donné à ma démarche une allure mal assurée, comme un homme qui a déjà absorbé quelques verres de gin de trop. C'est un état qui vous vaut immédiatement la préférence de ces demoiselles.

Celle-ci n'hésite pas, vient à moi en se glissant, jette un regard circulaire pour constater que nous sommes seuls, qu'aucun compagnon ne me suit, et elle m'accoste, gracieuse, par l'invitation usuelle.

Je ne dis ni oui ni non; je demande à réfléchir, après une station, qui me serait personnellement agréable, à la plus proche taverne.

— Non, non, vous avez trop bu; venez plus tôt

vous reposer un moment chez moi ; je ne demeure pas loin d'ici.

— Tout à l'heure, ma belle; pour l'instant, j'ai soif.

— Eh bien, j'ai ce qu'il vous faut dans ma chambre.

— Alors, je viens.

Elle m'entraîne; nous enfilons ensemble des ruelles obscures. Devant une porte, d'autres filles publiques, une demi-douzaine, sont là aussi à guetter, malpropres, présentant tous les dehors de la plus affreuse indigence.

Elles se portent au-devant de nous, veulent m'entourer; l'unes d'elles me prend le bras.

— Arrière donc, vous autres! fait ma raccrocheuse; il est à moi, cet homme, et il est attendu chez nous... Il y a assez longtemps que je l'ai promis!...

Sur ces mots, on nous laisse continuer notre chemin.

A quelques pas plus loin :

— C'est ici, me dit la jeune gueuse... Ah! ce n'est pas d'un palais que je vais vous faire les honneurs, mon beau chevalier!...

— Qu'importe, si vous avez à boire!...

— Oh! de quoi griser tout le corps de garde d'Holyrood!... Encore cette allée à traverser, puis la cour... C'est là-bas, au fond... Tenez-moi bien par la main.

A ce moment, une quinte de toux la prend, très habilement simulée, d'ailleurs; moi qui ai été prévenu, je comprends que c'est le signal qui m'annonce.

Nous arrivons enfin; pendant la traversée de la cour, elle n'a plus toussé. Maintenant, elle pousse une porte; il faut donc croire que sa chambre est au rez-de-chaussée. J'entre avec elle, lui ayant donné ma main gauche pour me conduire; de la droite, sans bruit, je transporte mon revolver-bijou de la poche de mon pantalon à celle de mon pardessus, où il me sera plus aisé de le prendre, tout armé, au cran d'arrêt.

Il fait noir comme dans un four; cependant, je distingue une petite rougeur fumeuse, quelque chose comme la mèche d'une lampe qu'on viendrait à peine d'éteindre. A coup sûr, il y a, dans cette pièce, d'autres personnes que ma raccrocheuse et moi.

Je retire, mais sans affectation, ma main de la sienne, et, sans perdre une seconde, je fais flamber une allumette-bougie.

La jeune coquine, qui ne s'y attendait guère, pousse un cri de surprise.

Et moi, avec un gros rire de joyeux ivrogne :

— Tiens! dis-je, nous sommes en famille?... Allons, tant-mieux!... Bonsoir à toute l'aimable compagnie.

La compagnie était entièrement féminine; mais quelles femmes!...

Puis, allumant une autre allumette que, sans lâcher la première, je passe à ma dulcinée, j'ajoute :

— S'il vous plaît, mesdames ou mesdemoiselles, un peu de clarté, pour l'amour de Dieu!

— J'allais précisément allumer la lampe, répond l'effrontée; comme nous sommes pauvres, mes amies étaient obligées de m'attendre dans l'obscurité.

Pour toute réplique, je m'assieds au pied d'un misérable lit, en m'y laissant tomber, comme si je cédais à la lassitude. J'examine alors avec attention, sans en avoir l'air, le lieu où je me trouve et cette écume de prostitution qui m'entoure; elles sont huit femmes et jeunes filles, presque nues, les yeux braqués sur moi, mais un peu déconcertées.

La pièce est relativement grande, si on la compare à la plupart des taudis de ce genre: elle mesure environ cinq mètres de long sur quatre de large. C'est, sans doute, quelque ancien magasin, faisant partie d'un entrepôt. Les murailles montrent leurs pierres, déchaussées en maints endroits; elles paraissent épaisses, et les cris d'une querelle ne doivent pas être entendus.

Après mon entrée, on a eu soin de refermer sans bruit la porte, qui est massive; je remarque que le verrou a été poussé. Il est probable que, dans la journée, les habitantes du local laissent cette porte ouverte, afin que l'air extérieur puisse pénétrer : car je ne vois aucune fenêtre, pas la moindre lucarne. L'huis étant solide et clos, l'ivrogne ou même l'homme à jeun, qui a eu l'imprudente naïveté de franchir ce seuil infâme, a fort à faire, s'il n'est armé, pour se débattre contre cette bande de mégères; il est bel et bien pris dans le traquenard et n'a qu'à ne plus opposer de résistance. Au surplus, on n'en veut pas à sa vie; ces prostituées voleuses ne commettent jamais d'assassinats.

Nous ne sommes plus à Londres, où les coquines de cette espèce sont associées à des escarpes et où le client raccroché qui résiste est saigné ou étranglé. Ici, les prostituées voleuses sont associées par petits groupes; elles opérent sans marlous.

Le mobilier de ce bouge est des plus sommaires. Le it, si on peut donner ce nom à la couche qui occupe un angle de la pièce, est composé de deux paillasses superposées et entassées dans une sorte de caisse longue, en bois noirci par la crasse, reposant sur le sol dallé. Trois autres mauvaises paillasses gisent par terre, étalées côte à côte, à l'extrémité opposée du local; en ce moment, cinq de ces gueuses y sont accroupies, ne perdant pas de l'œil un seul de mes mouvements.

Dans un autre coin, deux tiroirs, restes d'un meuble disparu ou brûlé peut-être, sont recouverts d'une planche, qui sert ainsi de banquette ; deux drôlesses y sont assises, m'observant, elles aussi, en silence ; ces tiroirs jouent également l'office d'armoire, si j'en juge par un bout d'étoffe qui en sort et pend à terre.

Au mur, un morceau de miroir cassé est fixé je ne sais comment ; à des clous sont accrochées des loques informes.

Enfin, une table carrée, archi-usée, et qui néanmoins paraît solide, avec un escabeau de bois placé auprès, sur lequel siège la huitième personne de cette intéressante famille, inattendue des visiteurs ; celle-ci me semble être la capitaine de la bande ; elle cause à voix basse avec ma jeune raccrocheuse. Sous la table, un pot d'eau et une cuvette ; au-dessus, la lampe qui nous éclaire, une bouteille et un verre, quelques menus objets épars, que je n'ai pas le temps de reconnaître. Je ne distingue bien qu'une sorte de godet ou de petite boîte en porcelaine, sans couvercle, aux trois quarts pleine de rouge ; évidemment, c'est avec cet accessoire de toilette que ces princesses de la fange se carminent les joues.

Passons aux costumes de mon harem de voleuses. La description en sera également très rapide, attendu que la garde-robe de ces dames est d'une simplicité extrême.

Seule, absolument seule, ma raccrocheuse est entièrement vêtue ; elle porte l'unique costume permettant aux membres de l'association de se produire à la rue, dans une tenue qui ne puisse éveiller le soupçon. Ce costume n'est utilisé que par les six plus jeunes, qui sont à peu près de la même taille ; elles se le passent à tour de rôle. Les trois plus âgées de ce groupe de nymphes ne travaillent qu'à domicile, dans ce repaire; elles effraieraient plutôt les passants, en effet, tant elles sont hideuses, dégoûtantes.

Donc, en ce moment, c'est mon introductrice qui seule est vêtue à peu près proprement. Les autres sont dans un débraillé qui participe à la fois de la misère et de la plus crapuleuse obscénité.

Aucune n'a de chemise.

Quatre ne sont habillées que d'un jupon plus ou moins taché, troué, et d'une camisole flottante ou d'un vaste kerchief (sorte de fichu) jeté à la diable sur les épaules et pendant sur la poitrine, pas même croisé.

Deux portent une vieille robe de mérinos, déchirée de partout, en ruine, et cela sans agrafes ni boutons, salement retroussé en bas, plus salement encore ouvert en haut.

Une autre se pavane dans une morning-gown fanée, n'ayant plus d'autres couleurs que celles des vomissements variés qui la sillonnent; c'est une robe de matin, dans le genre de ce qu'on nomme en France un saut-du-lit; cela a dû être acheté autrefois à quelque revendeuse : mais combien de corps en ont été successivement revêtus? voilà un problème insoluble; et du cou jusqu'aux pieds la morning-gown est entr'ouverte, comme une peau d'orange sur laquelle on aurait coupé une tranche.

La huitième, la plus jeune, de seize ou dix-sept ans, a pour tout costume une longue bande d'étoffe écossaise à carreaux, en damier, volée selon toute probabilité à quelque marchand, et qu'elle a enroulée en serpentin autour de son corps, de telle sorte qu'elle a les bras nus, une jambe nue, et que la chair du ventre, celle du torse, ainsi qu'un sein, apparaissent à travers les bâillements du lainage à la spirale flasque et lâchée.

Et toutes ces chairs qui s'exhibent, au lieu d'être roses ou blanches, sont jaunâtres, d'un jaune boueux dénonçant la méconnaissance absolue des bains, des soins de propreté; et ces viandes, dans ce local mal aéré, exhalent une odeur de relent; l'atmosphère est saturée d'une puanteur âcre et lourde, comme si des abcès venaient de crever en masse dans une salle d'hôpital.

Brusquement, la capitaine m'interpelle :

— Pourquoi as-tu fait l'ivrogne, toi?... Tu ne l'es pas!

— Eh! non, je ne suis pas ivre, dis-je... La petite le sait bien, puisque je n'ai consenti à venir avec elle qu'à la condition de trouver à boire ici... Et je veux du gin... Je vous tiendrai tête, à toutes, pour vous prouver que je ne suis pas ivre!

J'avais prononcé ces mots lentement, en donnant à ma voix l'intonation pâteuse qui dénonce si bien l'excès de boisson. Puisqu'un soupçon venait de naître à la directrice de la troupe, je pensais le dissiper en continuant de plus belle à jouer mon rôle, et je me disais en moi-même qu'il serait toujours temps de cesser la comédie, si de l'observation on passait contre moi à l'attaque.

— C'est bon, je vois que nous sommes d'accord, reprend la doyenne présidente, d'un ton passablement incrédule, empreint d'ironie. Alors, tu demandes à boire, n'est-ce pas?

— Oui, du gin.

— Mon chéri, nous n'avons que du whisky, fait ma raccrocheuse, en venant s'asseoir auprès de moi et me donnant un baiser.

Mais je m'entête comme tout individu saoûl, et je répète :

— Je veux du gin... pas du whisky, non... du gin! du gin!...

— Puisque nous n'en avons pas! riposte la doyenne... Tu vas voir comme notre whisky est bon.

En disant cela, elle verse de la liqueur de feu dans le grand verre qui est sur la table, un verre sans pied, et elle s'approche, me le tendant.

Je mets mon nez dessus, je flaire.

— Il est mauvais, votre whisky, dis-je; je croirais avaler du pétrole, si j'en buvais.

— Oh! que voilà une idée folle! murmure la jeune femme en morning-gown, s'installant à mes pieds sans façon et posant sa tête sur mes genoux, assise entre mes jambes, tandis qu'elle prend ma main, et, après l'avoir longuement baisée, la conduit sur sa gorge, pour m'exciter à lui fourrager la poitrine.

L'autre, ma raccrocheuse, qui s'est dégrafée, m'enlace.

La capitaine, toujours le verre à la main, a fait du coin de l'œil un signe, et les autres filles quittent la banquette, les grabats; elles m'entourent, prennent des poses lubriques, se vautrent.

— Nous sommes toutes à toi, disent-elles; tu es notre seigneur jusqu'à demain matin, tant que tu voudras.

— Allons, sois gentil, insiste la doyenne; goûte à notre whisky, puisque nous n'avons rien autre à t'offrir.

Le moment est décisif. Je sais que les prostituées voleuses, aussi bien à Édimbourg qu'à Londres, mêlent un narcotique à la liqueur qu'elles présentent aux imprudents attirés dans leurs bouges; et je réponds :

— Si vous n'avez pas du gin, je m'en vais.

Un éclair de colère a lui au fond des yeux de la voleuse en chef.

— De bon gré ou de force, il boira! s'écrie-t-elle.

Et elle pousse un juron rageur, ou, comme disent les pieux hagiographes, un de ces blasphèmes horribles qui font trembler les cieux.

Instantanément, les femmes se sont dressées. Moi, aussi prompt qu'elles, je me suis dégagé des deux plus proches, qui, cessant brusquement leurs caresses, allaient me saisir les bras; et me voici debout, mon revolver bull-dog au poing.

— La première qui fait un mouvement est morte!

A ce coup de théâtre, la doyenne lâche son verre; les autres reculent.

— Mais, il n'est pas ivre! gémit ma raccrocheuse, stupéfaite.

— Je te le disais bien! grogne la capitaine.

La femme en morning-gown tombe à la renverse sur un grabat, s'agite et crie. La jeune fille, entortillée d'un coupon d'étoffe, a défait sa spirale, qui glisse sur le sol; elle est, à présent, complètement nue, et elle pleurniche :

— Ah! grâce! grâce!... Ne nous tuez pas!

Je ne puis m'empêcher de rire, à ce changement de tableau si subit.

— Eh! je n'ai l'intention de tuer personne... pas plus que vous n'aviez comploté de m'assassiner, je le sais... Vous vouliez seulement m'endormir, au moyen de la drogue qui est dans votre whisky... Après quoi, vous m'auriez dévalisé tout à l'aise, mes douces amies, et transporté à quelques cent pas, dans une rue voisine... Rassurez-vous donc; j'ai simplement voulu faire votre connaissance, sans en subir les inconvénients; j'ai tenu à voir de près vos mœurs, voilà tout... Maintenant, ma charmante introductrice va me reconduire, et nous nous quitterons bons amis...

Ce petit speech eut un résultat, auquel j'étais loin de m'attendre.

A peine avais-je conclu en exigeant ma liberté, que la voleuse en chef dit, d'un air fort dépité :

— Nous avons perdu notre soirée, voilà ce qui est le plus certain... Qu'il s'en aille donc, ce mauvais galant, ce faux ivrogne!

Mais aussitôt une voix s'éleva pour protester; c'était celle de la femme en morning-gown, une ancienne maîtresse de piano et de chant, tombée là de chute en chute, ainsi que je devais l'apprendre sans tarder beaucoup.

— Qu'il s'en aille? exclama-t-elle. Non, certes! Je ne l'entends pas ainsi, moi!... Il me plaît, ce gentleman!... Maintenant que la première surprise est passée, j'admire sa hardiesse, et je me sens prise du besoin de l'aimer, tout au moins cette nuit... S'il veut de moi, oh! je ne le cède à aucune!

Puis, se tournant vers moi :

— Ce n'est pas pour de l'argent, vois-tu!... Tu ne me donneras rien... Je t'en prie, s'il te répugne de coucher ici, accepte alors que ce soit moi qui te reconduise. Je vais me vêtir décemment, et nous irons à un hôtel,où tu voudras... Ne refuse pas... Tu ne nous gardes pas rancune de notre piège; sois généreux tout à fait... Aie pitié de moi, qui te désire; je suis love-sick (malade d'amour).

A ce moment, quelques coups, violemment frappés du dehors, ébranlèrent la porte, et des voix féminines crièrent d'ouvrir. Cette demande ayant été aussitôt accueillie avec faveur par la doyenne de céans, je vis entrer trois autres filles. L'une d'elles expliqua qu'un matelot de Leith avait donné un coup de couteau à leur bonne camarade Maud, renommée sucking-woman (fellatrice), qui n'avait pas voulu faire la « mare » pour lui (se laisser chevaucher). Maud, heureusement, n'avait pas été tuée par ce brutal; mais elle était gravement blessée, et elle en avait pour plusieurs semaines, peut-être plusieurs mois, à rester à l'hôpital où la police venait de la faire transporter.

Notons bien que je me trouvais chez des prostituées de la plus basse catégorie, chez des coquines de la dernière dégradation, dont la passion pour les boissons alcooliques est si forte qu'elles y dépensent tout l'argent qu'elles volent, au point de n'avoir qu'un costume complet pour la rue par groupe de huit à dix; et même cet amour du brandy, du whisky et autres liqueurs analogues l'emporte chez elles sur le besoin de nourriture; c'est toujours leur ardeur d'ivrognerie qu'elles satisfont la première, et l'on en a vu souvent qui, ne faisant que boire, étaient restées plusieurs jours sans manger.

Elles dévalisent ensemble le green-horn (client niais) que l'une d'elles a raccroché, se saoûlent jusqu'au dernier penny, et cuvent alors leur ivresse dans le taudis commun, pour renouveler ensuite un exploit du même genre et continuer ainsi cette immonde existence jusqu'à ce que la folie ou le suicide y vienne mettre un terme.

Ces femmes étaient à ce moment sans une seule pièce de monnaie entre elles toutes, puisque leur tentative contre moi n'avait pas réussi.

Que venaient donc leur demander les trois survenantes?

« — Le secours du demi-shilling pour la pauvre Maud. »

Et c'est là ce qui peut paraître invraisemblable, ce qui pourtant est rigoureusement vrai. Chaque groupe de prostituées voleuses garde en réserve, pour la fille du quartier qui, la première, aura besoin d'être secourue en non-activité, une petite pièce blanche de sixpence ou demi-shilling (62 centimes 1/2), à laquelle aucune ne touche et qui est cachée comme un dépôt sacré.

La capitaine de mes voleuses s'approcha de la muraille et gratta une couche de poussière grasse et noire qui bouchait en partie une fente entre les pierres; de cette fente elle retira le demi-shilling, et le remit à l'une des trois quêteuses; c'était tout ce qu'elles possédaient alors. Et maintenant, au premier vol qu'elles commettraient, une nouvelle pièce de sixpence serait placée dans la cachette.

En allant de groupe en groupe, les déléguées de la bande de Maud étaient certaines de récolter ainsi une vingtaine de francs; ce qui permettrait à leur compagne blessée de se procurer quelques douceurs à l'hôpital. Car aucune de ces filles du dernier degré n'a rien à elle; elles dépensent en commun, du 1er janvier au 31 décembre, le produit de leurs vols; et d'autre part, dans chaque bande, même aux heures où elles se saoûlent ensemble, aucune n'a la pensée d'inciter les autres à acheter du whisky avec la petite pièce blanche tenue en réserve.

Pendant que la doyenne de céans se faisait donner des détails sur la mésaventure de Maud, ma jeune raccrocheuse se déshabillait et passait ses vêtements à la femme en morning-gown, celle-ci ayant maintenu sa volonté expresse de me reconduire.

A la vérité, il m'eût été difficile de m'y reconnaître dans le dédale de ruelles où je m'étais laissé entraîner; en outre, il m'importait peu d'avoir l'une ou l'autre de ces filles comme guide de mon retour.

En chemin, tandis que nous nous dirigions vers un quartier moins malpropre, Evelyn (ainsi se nomme l'ex-maîtresse de piano) insista plus que jamais, en se déclarant incurable love-sick, si je refusais de satisfaire son caprice. Finalement, quand nous eûmes atteint une grande voie, bien éclairée, et comme je lui disais adieu, elle joignit les mains, suppliante, ses yeux se mouillèrent de larmes, et la malheureuse névrosée implora :

— Ainsi, tu ne veux pas de moi?... Hélas! je te fais dégoût, je le vois, et ton dédain ajoute un poids bien lourd à ma honte... Ah! je ne mérite pas de vivre!... Pourquoi faut-il que je m'attache encore à cette existence misérable et maudite?... Alors, par grâce, mène-moi manger quelque part; je te jure de ne pas t'importuner par l'obsession des désirs que tu repousses... J'ai faim!

Je lui offris quelque argent.

— Non, tu croirais que je vais aller le dépenser à boire... et qui sait? même en t'ayant promis le contraire, peut-être me laisserai-je tenter... Avec toi, je mangerai... Va, je ne joue pas la comédie... Voilà plus de quarante-huit heures que je n'ai pris aucune nourriture... De l'eau-de-vie! c'est avec de l'eau-de-vie que je soutiens mes forces... Il y a des jours où je crois que je deviens folle... Puisque ce n'est pas la débauche qui t'a poussé vers nous, toi, un étranger, car j'ai vu tout de suite que tu n'es pas un sujet de la reine, eh bien, aie pitié de l'infortunée qui te supplie!... Je te l'assure, tu feras une bonne action en m'accompagnant dans une auberge où je puisse calmer cette faim qui me torture...

J'étais ému, je l'avoue. Les accents de cette femme étaient sincères. Il me sembla que, si déchue qu'elle fût, elle valait mieux que l'hypocrite gadoue du masking-ove de Manchester.

Quand je lui répondis que c'était entendu et que nous irions dîner ensemble, elle éclata d'une joie nerveuse; peu s'en fallut qu'elle ne me sautât au cou, et je dus modérer ses transports, ne voulant pas nous donner en spectacle aux passants.

Quoique avancée, l'heure ne l'était pas assez pour qu'il fût impossible de découvrir un restaurant encore ouvert.

Nous voici donc en tête-à-tête, la malheureuse Evelyn et moi. Tout en dévorant ce qu'on nous sert, sa part et la mienne, elle répond à mes questions.

Orpheline, née à Edimbourg même, elle a été élevée dans un établissement charitable, créé pour l'éducation des enfants de négociants ruinés; son père, en effet, avait fait de mauvaises affaires. Dès qu'elle a été en âge de gagner sa vie, elle a d'abord professé le piano et le chant dans la bourgeoisie riche. Puis, à la sollicitation d'une dame, elle est entrée dans une maison aristocratique et y a été attachée complètement pour diriger la première éducation de deux fillettes. Ses maîtres étaient des gens de la haute noblesse, ayant leur principal domicile à Smeaton, près d'Edimbourg, un château dans le comté de Lanark, un autre aux environs de Perth, et une résidence à Londres.

C'est dans cette famille qu'elle a été séduite. Le mari était un woman-tired (époux qui laisse porter la culotte à sa femme), et milady, à son tour, était dominée par un ami de milord, un professionnel cuckold-maker (homme qui recherche les femmes mariées).

Avec ce dernier, un beau lieutenant aux Scots Fusilier-guards était reçu chez les maîtres d'Evelyn;

d'où il s'ensuivit que le galant officier conta fleurette à la jeune institutrice, qui eut la faiblesse de l'écouter Mais le lieutenant Reginald de X..., ayant obtenu la primeur qu'il désirait, se dispensa d'épouser Evelyn. Une orpheline de commerçants ruinés, fi donc! Toutefois, il fit quelque chose pour sa victime : sa présence le gênant dès lors dans cette famille amie, il fit chasser la jeune fille, à une époque où ses maîtres étaient à leur résidence de Londres, et, au surplus, il indiqua en secret sa situation à une sage-femme, dont la spécialité consistait à prendre en pension les demoiselles en état de grossesse, à les faire avorter, et à les livrer ensuite au tenancier de lupanar qui en offrait le meilleur prix.

Dans la maison d'infamie, Evelyn, qui brillait par son savoir et sa bonne éducation, eut la chance d'être remarquée par un de ses compatriotes, ministre de l'Eglise d'Ecosse, de passage à Londres, lequel, la trouvant très à son goût, paya ce qu'il fallut pour la tirer du disorderly-house, l'emmena avec lui, et l'installa gentiment dans une paroisse à proximité de celle où il prêchait aux fidèles l'éloge de toutes les vertus.

Malheureusement pour Evelyn, cette période de tranquillité fut courte. Son révérend avait des parents influents, et ambitieux pour lui ; ils lui obtinrent un poste important, un avancement gros de promesses sérieuses pour l'avenir, mais en Nouvelle-Zélande. L'homme de Dieu partit, sans emmener Evelyn cette fois.

Les lâchages de ce genre sont toujours guettés par les proxénètes. La victime du beau Reginald, incomplètement repêchée par le ministre de la Church-of-Scotland, retomba à la merci d'exploiteurs de sa beauté et de ses grâces. Il lui arriva, pourtant, de s'affranchir encore de cette servitude du lupanar; elle fut quelque temps courtisane à son propre compte; elle régna plus ou moins à Prince's-street. O fatalité! ce succès n'eut que l'éclat d'un météore. Pour noyer son malheur, Evelyn avait contracté la passion du whisky; c'est ce qui causa sa dégringolade.

Je regardais cette infortunée, tandis qu'elle me narrait son histoire, s'interrompant pour avaler cette nourriture qui maintenant lui manquait deux jours par semaine.

Pauvre femme! elle avait dû être jolie. Et quelle ruine, à vingt-trois ans!...

Je lui insinuai qu'elle pourrait recourir à une de ces œuvres qui retirent de la prostitution les jeunes filles désireuses de revenir au bien. Il est impossible de rendre le ton amer de la réponse qu'elle me fit. Sous le rapport des mœurs, elle ne croyait à l'honnêteté de personne parmi ses compatriotes.

— A quoi bon, d'ailleurs? ajouta-t-elle; je n'en ai pas pour longtemps à vivre. J'aime mieux mourir avec mes compagnes de misère. Ethel est une bonne chieftain (chef de clan, et dans le sens de ces filles, capitaine de prostituées voleuses;) nous nous accordons très bien, nous nous aidons; si je ne me tue pas dans un jour de trop grand ennui, si je meurs de faim chez nous, j'aime mieux que ce soit Ethel, plutôt qu'un révérend, qui me ferme les yeux!...

Je payai le repas, et je donnai à Evelyn le reste du peu d'argent que j'avais pris sur moi.

D'abord, elle refusa.

— Je m'étais offerte pour toute la nuit, et cela sans intérêt, pour me passer une fantaisie, me dit-elle. Tu n'as pas voulu de moi; à plus forte raison, je ne dois accepter de toi aucune somme, même la moindre.

— Mais si, au contraire... puisque ce n'est pas un paiement... C'est de bien bon cœur que je vous offre cela, Evelyn.

— Soit, fit-elle enfin; ce ne sera pas pour moi seule; je vais acheter, en route, quelques provisions pour mes camarades. Adieu donc! mais je voudrais savoir, je te le demande en prière, ton prénom, seulement ton prénom, pour l'ajouter au souvenir de cette douce soirée. Il y a si longtemps que je suis privée de bons moments comme ceux que je te dois!...

Et, en disant cela, sa voix s'était faite caressante, et la fin de sa dernière phrase restait suspendue, dans l'attente du mot qu'elle sollicitait comme l'aumône d'un peu d'amitié. Mais ce prénom que m'avait donné ma mère, devais-je, bien que tout ceci ne tirât pas à conséquence, le livrer à la profanation d'un souvenir quelconque chez une créature si déchue? Je lui dis le premier nom venu; le résultat, pour elle, était le même.

Elle partit, non sans s'être retournée, me remerciant encore du regard, un regard de désespérée qui sent les approches de la mort inévitable et qui est reconnaissante du moindre adoucissement apporté à son agonie [1].

En dehors de toute question de sentiment, et sans m'apitoyer davantage sur le cas personnel de cette malheureuse Evelyn, il me semble utile de faire ressortir, à cette occasion, combien est profonde l'immo-

1. Dans cette catégorie la plus inférieure, relativement peu nombreuse dans l'effectif de la prostitution d'Edimbourg, on compte *par an* en moyenne douze filles publiques qui *s'empoisonnent* de désespoir, sans compter celles qui meurent d'inanition ou qui se suicident dans des conditions permettant à l'autorité d'enregistrer ces décès comme de simples accidents.

ralité de ce peuple anglais, égoïste et hypocrite, qui a corrompu, en se l'annexant, la vieille Ecosse aux mœurs si saines autrefois.

Cette histoire particulière d'une jeune fille pure et bien élevée, séduite au sein d'une noble famille, lâchement trahie par son séducteur qui, avec l'aide d'une sage-femme perverse et criminelle, s'en débarrasse en la faisant tomber au lupanar, devenue ensuite le jouet d'un prêtre débauché, prédicateur de morale, abandonnée de nouveau, roulant de honte en honte sous la poussée des proxénètes que la haute société, le grand monde, encourage et soutient, et dégénérée enfin au point de finir dans les bas-fonds de la misère et du vice, goule affamée, voleuse immonde; cette histoire n'est nullement une exception.

Loin de là, elle est un des innombrables exemples de la décomposition sociale de la nation anglaise, pourrie jusqu'aux moëlles, gangrénant toute autre nation qui s'incorpore à elle; car, il n'est pas de fait plus certain, l'Ecosse s'est putréfié le cœur dès le jour où elle s'est anglicanisée.

Il ne faut pas juger l'Angleterre d'après tel procès retentissant, comme celui d'Oscar Wilde, condamné à de longs mois de tread-mill, dans un accès de pudibonde indignation de ses compatriotes, pas plus qu'il ne serait juste de croire la France généralement vicieuse, parce qu'on a condamné chez elle, pour les mêmes faits, le comte de Germiny.

De la part des Anglais, le procès d'Oscar Wilde n'a été qu'une parade trompeuse, comme la magistrature d'Albion en imagine une ou deux par siècle ; c'est une farce de clowns, exécutée pour la galerie étrangère. Disons le mot : c'est une hypocrisie de plus.

Pour juger la moralité anglaise, il faut aller au

Royaume-Uni, examiner ces gens-là chez eux, et voir les choses de près..

J'ai vu et j'ai montré ce que valent, sous ce rapport, la capitale britannique, les grands ports de mer, les riches villes manufacturières. Nous sommes maintenant dans l'opulente métropole de la science et du bon ton, dans la cité intellectuelle par excellence.

Eh bien, après avoir plongé dans les bas-fonds d'Edimbourg pour pouvoir les faire connaître, j'insiste sur ce point : c'est que la prostitution du dernier degré est en infime minorité, proportionnellement à celle des degrés supérieurs, et que, plus on remonte vers les sommets de la société écossaise anglicanisée, plus la corruption est vaste, plus elle est étendue. Au lieu d'être en bas, le véritable cloaque est en haut.

Toute cette pourriture des classes élevées est recouverte de dignité extérieure, d'une croûte de fausse vertu, vernissée d'élégance. Un trompe-l'œil, si l'on regarde superficiellement.

Avec le plus beau sang-froid du monde, presque tous, dans le monde dit des honnêtes gens, se livrent à la débauche *très correctement*, les femmes mariées aussi bien que messieurs leurs époux.

En sus des disorderly-houses, lupanars dans le sens complet du terme, il y a les houses-of-assignation, maisons de rendez-vous, fort à la mode, qui pullulent en ville et tout autour, dans tous les quartiers indistinctement, dans toute cette région suburbaine aussi, peuplée des villas de l'aristocratie et de la richesse industrielle et commerçante; on en trouve dans les rues les plus luxueuses et les mieux habitées; on en trouve même auprès des églises. Personne, nous dit l'ex-chirurgien du Lock-Hospital, déjà cité, personne à Edimbourg, en choisissant un appartement pour y loger sa famille, ne peut être sûr qu'il n'aura pas auprès de lui, dans la même maison, un autre appartement loué comme house-of-assignation.

Ici, les lupanars sont tenus, en général, par d'anciennes filles publiques; mais il est rare que ces femmes aient créé ou acheté leur établissement avec leurs propres ressources. Le croira-t-on? dans la plupart des cas, ce sont des gens du monde qui leur fournissent les fonds nécessaires. Ceci est un fait des plus fréquents : un homme riche, notable de la ville, apporte à une prostituée l'argent qu'il lui faut pour l'acquisition ou la création d'un disorderly-house; alors, à ce titre, ou bien il devient sultan non-payant de ce nouveau harem, les odalisques seraient-elles changées douze fois par an, ou bien il est l'amant de la maquerelle et participe aux bénéfices de l'exploitation, tout en continuant à tenir son rang dans la société.

On appelle ces commanditaires des « spoonymen »; et, quoique leur situation en partie double ne soit un mystère pour personne, c'est à qui les saluera. Ceci n'empêche pas, d'ailleurs, les tenancières de lupanars édimbourgeois d'avoir chacune un autre amant, un « fancyman », pour employer le terme consacré, c'est-à-dire un homme de fantaisie, de caprice, ce que sur le continent on nomme un amant de cœur; mais ici ni le commanditaire ni l'amoureux entretenu par la maquerelle ne sont des souteneurs, puisque le commerce de la prostitution est libre, sans la moindre entrave de la part de la police.

Dans les autres pays, un homme du monde qui va au lupanar s'en cache; il se dissimule en entrant, et sa sortie est comme une fuite honteuse; tout est disposé dans la maison de façon à ce que les clients qui viennent isolément ne puissent se rencontrer. Ici, la prostitution ne se distinguant en rien du reste de la population quant au costume et aux allures, personne ne prend des airs mystérieux pour aller au lupanar; un lord et un banquier qui s'y heurtent à la porte se sourient et se donnent une poignée de main; un chef d'usine et un exportateur qui ne s'étaient jamais vus y font connaissance, causent d'affaires en attendant que les pensionnaires soient disponibles, et souvent une rencontre au « boxon » est le prélude d'importantes relations commerciales.

Mieux que cela, — et ce que je vais dire est une des meilleures preuves de ce que les gens du monde ne se cachent pas les uns des autres pour se livrer à la débauche et même s'associent sans voile pour le libertinage, — la *coutume* est, au jour de l'an, d'offrir *collectivement*, entre riches habitués d'un lupanar, à la tenancière, un beau cadeau, bronze d'art ou pièce d'argenterie, comme « témoignage de reconnaissance pour la manière distinguée dont Mistress X... dirige son établissement et pour le soin actif avec lequel elle s'efforce de le maintenir toujours digne de l'approbation et du patronage de ses dévoués clients ».

Mais ces marques de protection, cette estime select, ces démonstrations de sympathie, toujours empreintes d'une gravité courtoise, ne s'arrêtent pas à l'intimité du lupanar; elles débordent dans la rue, au milieu même des fêtes publiques. La maquerelle édimbourgeoise a sa voiture à deux chevaux, avec cocher et laquais en livrée élégante, et son équipage se mêle à ceux de la haute aristocratie; les lords et les financiers promènent les grandes entremetteuses dans leurs propres carrosses, les accompagnent ouvertement au théâtre, leur font les honneurs de leur loge, et elles sont admis s à leur bras dans les solennités officielles.

Nul n'en est offusqué; il n'y a pas là le moindre scandale. L'étranger ne peut rien soupçonner de ce dévergondage moral ; car aucune différence extérieure n'existe entre l'honnête femme et la prostituée, quel que soit son rang dans la société. Cela est dans les mœurs du pays.

On peut citer comme exemple typique, légendaire, l'inauguration du monument de Walter Scott. Des estrades avaient été dressées, d'où les notabilités d'Edimbourg pouvaient assister d'une manière commode à la cérémonie. Les classes moyennes de la population, par un sentiment remarquable de déférence, s'abstinrent de briguer ces places; elles pensèrent que la noblesse seule devait être appelée à jouir de ce privilège. La noblesse s'y réunit, en effet; mais, à côté des femmes du plus haut rang, les maîtresses des lupanars de premier ordre, les entremetteuses à clientèle de lords et les prostituées de Prince's-street vinrent s'asseoir dans ces tribunes, et les hommes présents à la fête confondirent toutes ces dames dans les mêmes soins et les mêmes égards.

Il n'en est pas autrement, aujourd'hui, dans n'importe quelle solennité locale ou nationale.

Le docteur William Tait, d'Edimbourg, qui a eu le courage de s'indigner de ces mœurs dans un écrit public (*An Inquiry into the extent, causes, and consequences of the Prostitution in Edinburgh*), mais sans parvenir à ramener ses compatriotes aux bonnes mœurs d'autrefois, raconte l'histoire amusante du curé d'une paroisse des environs, venu à l'occasion de l'assemblée générale annuelle de l'Eglise d'Écosse, et qui avait pris logement dans un lupanar aristocratique des plus connus, pour toute la durée de son séjour.

Ce saint personnage en vint jusqu'à sortir avec la tenancière, à qui il donnait le bras, et deux des plus gracieuses prostituées de la maison escortaient ce couple édifiant, pendant leur promenade hygiénique.

Quelques collègues du révérend trouvèrent que celui-ci allait un peu trop loin, que s'afficher ainsi dépassait les bornes. L'un d'eux, se détachant du groupe de curés qui l'avait attendu au passage à Prince's-street, lui fit signe qu'il avait un mot à lui dire à l'écart, et lorsque le digne ecclésiastique, après s'être excusé auprès de la maquerelle de la quitter un instant, eut rejoint son collègue, celui-ci l'interpella en ces termes :

— Vous ne savez donc pas avec qui vous êtes?

Surpris de cette apostrophe, le révérend curé pensa qu'il était habile de simuler une superlative naïveté.

— Je suis, répondit-il, avec une très respectabl dame et ses deux nièces.

— Vraiment! répliqua l'autre curé; et comment donc, mon révérend, avez-vous fait cette honorable connaissance?

— Mon Dieu, rien n'est plus simple... Il y a quatre mois, un accident survint sur la route, à quelques pas de mon presbytère, à une voiture venant d'Edimbourg et dans laquelle se trouvaient une dame et deux demoiselles... un essieu rompu ou une roue cassée, je ne me rappelle pas au juste...

— Cela importe peu... Et alors?

— Le devoir d'un ministre de Dieu est de venir en aide à son prochain. « Tu aimeras ton prochain comme toi-même », dit l'Ecriture Sainte. Mon prochain était en détresse; je l'ai secouru.

— Vous avez raccommodé la roue?

— Je ne dis pas cela... J'ai laissé faire la réparation

à qui en était capable, et j'ai offert l'hospitalité à mon prochain, représenté par ces trois aimables personnes...

— Qui ont accepté de passer quelques instants dans votre presbytère, n'est-ce pas?

— Non pas quelques instants, mon cher collègue ; mais la soirée et toute la nuit... La réparation de leur voiture ne pouvait être terminée que le lendemain matin...

— Ainsi cette dame et les deux jeunes filles avec qui vous vous promenez publiquement ici ont couché sous votre toit, monsieur le curé?

— Cette dame, oui ; ces jeunes filles, non... Les demoiselles de la voiture en question étaient d'autres nièces...

— Ah! elle a quatre nièces, votre respectable amie?

— Bien davantage, mon cher collègue... un véritable essaim de nièces... vous allez voir!... Je disais donc que j'offris l'hospitalité de mon presbytère et qu'elle fut avec plaisir acceptée... Des personnes bien convenables, vous pouvez le croire, et chastes !... une chasteté angélique !... En dînant, cette dame m'apprit qu'elle se rendait dans le comté d'Aberdeen pour visiter une propriété qu'elle avait l'intention d'acheter... Vous pensez si j'ai redoublé alors de soins et de prévenances auprès de mes hôtes !...

— Oui, vous vous êtes excusé, je le parie, de ne pouvoir traiter, aussi bien que vous l'auriez voulu, des dames de leur rang?

— Parfaitement... Et même, à plusieurs reprises, je leur ai répété que je me trouvais extrêmement honoré de les avoir reçues dans ma maison... Le lendemain matin, quand arriva la voiture, remise en état, je ne pus m'empêcher d'exprimer mes regrets d'un si prompt départ, tant cette dame et ses nièces m'avaient charmé par leur ineffable distinction, par leur réserve, qu'embellissaient d'innocents sourires, et, je ne crains pas de le dire, par une componction toute chrétienne, merveilleusement alliée à des grâces exquises... Oui, mon révérend et cher collègue, je ne m'en cache pas, j'avais été ravi, transporté d'admiration, et je bénissais Dieu en mon âme, le remerciant d'avoir paré notre humanité de creatures aussi parfaites...

— Tant et si bien que vous les avez priées de revenir?

— Je leur ai manifesté, en effet, mon espoir de voir une seconde visite d'elles honorer mon humble presbytère.

— Elles revinrent?

— Malheureusement, non... Mais j'ajoute : heureusément, ma distinguée voyageuse, qui ne fut pas en reste de politesse avec moi, m'avait remis, en me quittant, sa carte de visite, portant son adresse, et ce fut en me sollicitant de venir la voir à Edimbourg, dès que j'aurais l'occasion de m'y rendre; car elle tenait à me rendre hospitalité pour hospitalité...

— Offre qui vous combla de joie...

— Vous l'avez dit, mon cher curé; ma joie fut à son comble... Aussi, quand je reçus ma convocation pour notre assemblée générale, je pensai immédiatement à mon aimable prochain que j'avais secouru de tout mon cœur, selon les préceptes de l'Evangile, et dont le gracieux souvenir ne s'était pas effacé de mon esprit, certes!...

— Vous vous êtes présenté chez cette dame, vous, un ministre de Dieu?

— Bien sûr! et cela dès mon arrivée, sans perdre une minute... Je l'avais bien jugée, allez!... D'une bonté suave, mon cher collègue, et accueillante!... Ah! que la Providence s'est montrée généreuse à mon égard, en faisant verser cette voiture, il y a quatre mois, près de mon presbytère!... Figurez-vous que je n'ai pas eu un penny à dépenser depuis que je suis à Edimbourg...

— Ceci me paraît singulier.

— Pourtant, c'est la pure vérité, et je m'étonne de votre étonnement... Mais, puisque vous vous intéressez aux conditions de mon séjour ici, laissez-moi vous exposer comment, en cette circonstance, notre Père qui est aux cieux m'a non seulement assuré le pain quotidien, mais pourvu en outre de tous les agréments d'une hospitalité essentiellement familiale...

— Je vous écoute, et je vous répondrai tout à l'heure.

— Sans que j'eusse besoin de me nommer, quand je me présentai l'autre jour chez cette dame, une jeune domestique, aux yeux intelligents et pleins de franchise, au front pur, m'introduisit dans un vaste salon, richement meublé. Je lui dis que je venais voir sa maîtresse, qui ne s'attendait pas sans doute à ma visite, mais dont l'amitié m'était des plus précieuses. Aussitôt elle s'éclipsa, et, peu de temps après, ma charmante voyageuse était devant moi. Elle ne me reconnut pas tout d'abord; dès que je me nommai, son contentement éclata avec cette joyeuse pétulance qui est l'apanage des âmes candides, et elle salua ma bienvenue par une cordiale poignée de main...

— C'était un peu vif.

— La vivacité de ma respectable amie ne diminue en rien la vénération qu'elle a pour moi, ni l'estime que je lui rends... Elle fit servir des gâteaux, du crusty port-wine (vieux porto). Ensuite, elle me dit que, puis qu'elle m'avait, elle me gardait, et que ce serait une offense pour elle, si je ne disposais pas mes affaires de façon à rester son hôte pendant toute ma station à Edimbourg. Tant d'affabilité me touchait ; je n'avais aucun motif pour refuser cette hospitalité si gracieusement offerte, quand mon modeste asile n'avait pas été dédaigné... D'ailleurs, j'avais eu le pressentiment de cette patriarcale réception ; et, en effet, je ne m'étais adressé à aucune hôtellerie. J'allai donc chercher mes valises à la gare, où je les avais consignées...

— Tout vous attirait, je le vois, vers la maison de cette dame.

— Le doigt de Dieu est là, avais-je pensé.

— Ainsi, rien ne vous a choqué en cette hospitalière demeure?

— Choqué?... Tout y respire le bien-être. Quand la bonté divine accorde la richesse, et que les riches de ce monde, ainsi favorisés, sont charitables aux pauvres ministres de la religion, tels que nous, pourquoi condamnerions-nous le luxe de ces élus bienfaisants?... Non, mon cher collègue, je n'ai été choqué en rien... Cette maison est ornée de glaces à profusion ; il y en a partout. Ce ne saurait être pour la coquetterie des personnes qui l'habitent ; à cela, des miroirs, des armoires à glace suffisent. Eh bien, apprenez que dans la chambre mise à ma disposition j'ai même une glace au-dessus de ma tête, quand je suis couché...

— Une glace à votre ciel-de-lit?

— Justement... Sans aucun doute, elle a été mise là dans une pieuse intention. Après la prière du soir, avant de fermer les yeux pour le sommeil, on médite ainsi doucement ; ces glaces que vous prenez peut-être pour des objets frivoles, nous rappellent que Dieu a créé l'homme à son image ; notre cœur s'élève encore vers lui, et plein de zèle, on remercie le Créateur de ne pas nous avoir donné une horrible tête de bête, d'animal hideux... Oui, mon très cher frère en Jésus-Christ, voilà les réflexions auxquelles je me livre chaque soir dans cette excellente maison, que je me propose de citer comme un modèle à mes paroissiens...

— Et quelles sont les personnes qui habitent là?

— Je vous l'ai dit, cette honorable dame, ses nièces, et la domesticité, qui est exclusivement féminine... Vous ne sauriez vous imaginer à quel point tout est bien réglé, quelle décence préside aux moindres choses, de quels petits soins affectueux je suis entouré!... Je suis choyé, dorloté...

— Et vous êtes le seul homme dans cette maison? aucun gentleman ne vient faire visite à votre hôtesse et à ses nièces?

— Des gentlemen? mais il en pleut!... La famille de ma respectable amie est fort nombreuse, comme toute famille bénie du ciel... A chaque instant, un parent demande la faveur d'un entretien avec une de ses cousines; souvent, plusieurs parents viennent ensemble... Rien ne saurait se comparer à l'union qui règne dans cette famille exemplaire...

— Mais comment savez-vous que ces visiteurs sont des parents?

— Mon Dieu! point n'est besoin d'être sorcier pour le deviner... Après le dîner, mon hôtesse et moi, nous causons de mille choses, et, à ce propos, je vous déclare que je savoure avec délices sa conversation toujours spirituelle, jamais affectée, une humour pétillante, et cependant affable, sereine, sans pointes blessantes pour le prochain; autour de nous, mesdemoiselles ses nièces devisent entre elles ou jouent aux cartes, gentiment, sans querelles, comme joueraient les chérubins et les séraphins, s'ils ne préféraient pas chanter les louanges de l'Eternel au whist, au boston, à toutes nos distractions terrestres... De temps en temps, la principale servante, une personne entre deux âges, vraiment digne de toute confiance, paraît et dit : « Miss Jessie, c'est Mr Nathaniel qui vous demande »; ou bien : « Miss Gwladys, vous êtes priée de venir par Milord le comte Gerald, qui vous attend au salon » ; ou encore : « Miss Violet, et vous aussi, miss Rhona, c'est le colonel Arthur qui fait appel à votre amabilité, à toutes deux, ayant une communication très urgente à vous faire »... Et ces demoiselles interrompent leur partie, et, le sourire aux lèvres, se rendent au grand salon où leurs parents ont été introduits... C'est d'une simplicité biblique, c'est familial... Parfois, ma respectable amie s'excuse de me quitter un moment, pour aller faire les honneurs de sa maison à un parent de prédilection ou peut-être traiter quelque question confidentielle; alors, elle accompagne ses nièces, et bientôt je la vois reparaître plus heureuse que jamais, à la suite de ces réceptions intimes, et vous pouvez comprendre par là que cette famille se compose de collatéraux appartenant tous au meilleur monde...

— Soit ; mais tout ceci ne prouve aucune parenté entre votre hôtesse, son bataillon de nièces, et leurs visiteurs.

— Par exemple!... Vous n'avez donc pas remarqué qu'ils s'appellent tous entre eux par leurs prénoms?... On ne s'exprime pas autrement entre parents.

— Mon cher collègue, je vous ai écouté jusqu'au bout... Eh bien, à mon tour, vous me permettrez de vous dire que cette excellente dame, dont vous venez de me tant vanter la distinction des manières et la parfaite respectabilité, que vous paraissez tenir en si haute estime et dont vous êtes si content de cultiver l'amitié, n'est rien autre qu'une proxénète à clientèle aristocratique... et vous, tout curé que vous êtes, vous logez dans un disorderly-house...

— Ce n'est pas possible!

— Vous êtes l'hôte d'un lupanar, je le répète.

— Allons donc! vous voulez rire.

— Votre hôtesse s'est éloignée, pendant que nous causions. Tous nos collègues qui sont là, sur le trottoir en face, pourront vous certifier la vérité de ce que je vous dis.

Les autres, s'étant avancés, confirmèrent.

— Ma foi, je n'en reviens pas! fit le révérend curé, ne pouvant plus nier devant l'unanimité des témoignages... Dans ce cas, si je suis descendu dans un lieu de débauche, c'est sans le savoir... Et pour terminer, il faut reconnaître que je me suis trouvé néanmoins sous la protection de Dieu; car, je vous le jure par la Sainte Bible, aucune tentation de séduction n'a été dirigée contre ma vertu.

Voilà comment, en faisant l'imbécile, ce curé, qui avait dépassé les bornes permises, par sa promenade publique avec une tenancière et deux prostituées, évita un blâme sévère de l'assemblée générale de l'Eglise d'Ecosse. S'il avait été plus hardi, il aurait pu demander à ces collègues qui prétendaient le régenter, comment ils pouvaient savoir que la dame dont il s'agit était une maîtresse de disorderly-house, puisqu'à Edimbourg rien dans la mise et le maintien ne marque une différence quelconque entre les honnêtes femmes et les prostituées. Peut-être n'eut-il pas la présence d'esprit de faire cette réponse.

Le docteur William Tait a rapporté l'anecdote, pour égayer sa brochure; mais, à côté de cet incident comique, il cite des faits particulièrement graves, qui attestent la corruption inouïe des hautes classes de la société.

Ainsi, affirme-t-il, « une maîtresse de lupanar d'Edimbourg est la veuve d'un secrétaire du Sceau, et en cette qualité touche de l'Etat une pension annuelle. Trois autres sont femmes d'hommes exerçant des professions honorables. Un disorderly-house a été tenu, pendant un assez long temps, par un ministre protestant et son épouse. Deux maisons de prostitution sont encore, à ma connaissance, dirigées par des femmes dont les maris sont attachés aux contributions indirectes. Une autre est tenue par la femme d'un commissaire de police. »

Dans cette haute société pourrie, tous n'ont pas le cynisme d'exploiter les lupanars eux-mêmes, ou en en donnant la direction à leurs épouses légitimes ; il y a aussi l'exploitation indirecte.

Voici comment la dénonce le docteur Tait :

« Un genre de spéculation, très répandu à Edimbourg, consiste à louer, pour une faible somme, une maison de peu de valeur, et, après l'avoir meublée convenablement, à la sous-louer, *à la semaine*, à des filles publiques qui donnent caution. Des prostituées, qui sont parvenues à amasser un peu d'argent, l'emploient de cette manière, et se font ainsi un revenu considérable, qui les rend indépendantes.

« Mais l'importance des profits qui découlent de cette source impure séduit aussi des gens bien placés. Il y a dans Edimbourg bon nombre de dames appartenant à des familles respectables, propriétaires de maisons d'un mince rapport, qui ont garni ces maisons de meubles et les font tenir par des femmes à qui elles donnent des appointements *fixes*. Les ministres de l'Eglise d'Ecosse eux-mêmes prennent part à ce trafic honteux. Un d'eux, à qui les habitants voisins de sa maison ainsi occupée adressaient une réclamation, répondit carrément qu'il lui importait peu par qui sa maison était habitée, pourvu qu'il reçût exactement ses revenus. »

Et le docteur William Tait conclut, avec ce cri indigné :

« Si les préceptes de l'Evangile sont à ce point foulés aux pieds par les hommes qui ont accepté la mission de les répandre, quelle influence salutaire peut-on espérer qu'ils exerceront sur ceux à qui ils sont enseignés ! »

Ce qu'a écrit le docteur Tait m'a été confirmé, d'ailleurs, par les cinq personnes compétentes dont j'ai parlé au début de ce chapitre. Au surplus, mes parents Mac-Laren m'ayant retenu longtemps à Edimbourg, j'ai pu pénétrer en maints endroits, ne rien négliger ; mais il serait trop long de rapporter ici les divers épisodes dont le récit donnerait, pourtant, de la vie à mes constatations. Il faut, à présent, que je me borne à résumer.

Dans la partie méridionale de l'Europe, il est un rendez-vous de gaspillage et de folie ; c'est Monaco, foyer central de la passion du jeu. Edimbourg, située dans la partie septentrionale, est le Monaco de la prostitution. Telle est, je crois, la comparaison qui peut le mieux préciser la situation morale de la capitale écossaise, par rapport à tous les autres points populeux de l'Europe.

Il n'y a qu'à Edimbourg que l'on trouve ce que l'on pourrait appeler le *lupanar de famille*. Expliquons-nous. Ce que le curé, dont le docteur Tait a rapporté l'aventure, semble avoir imaginé en ce qui concerne la parenté d'une tenancière avec les prostituées ses pensionnaires, n'était peut-être pas de l'invention pure et simple ; car des disorderly-houses existent bel et bien dans ces conditions, et ils sont assez nombreux pour mériter une mention spéciale.

Une statistique très minutieuse a été dressée à ce sujet, il y a une cinquantaine d'années ; et l'on n'a pas seulement trouvé des tantes, maîtresses de lupanar, avec leurs nièces pour filles d'amour, mais aussi des tenancières dont les filles mêmes et d'autres jeunes parentes composaient le personnel de l'établissement, à l'exclusion de toute étrangère.

A cette époque, on constata l'existence de quarante-et-un disorderly-houses tenus par tout autant de mères ayant leurs propres filles pour prostituées, sans parler des nièces, jeunes sœurs et petites cousines des second et troisième degrés.

D'après une enquète analogue toute récente, il y a aujourd'hui à Edimbourg *soixante-dix-neuf lupanars de famille* fonctionnant dans ces conditions, le comble de l'immoralité. Voici quelques détails là-dessus : 1 mère avec ses 5 filles, 2 nièces et 1 jeune sœur; 3 mères avec 4 filles chacune, l'une avec 1 belle-sœur et 3 nièces, les deux autres avec sœurs, nièces et cousines, ensemble 11 proches parentes en sus des filles; 7 mères avec 3 filles chacune, 22 mères avec 2 filles chacune, 46 mères avec 1 fille chacune, sans compter les autres proches parentes. Au total, 128 filles exploitées en lupanar par leurs propres mères, au nombre de 79, lesquelles exploitent, en outre, comme chiffres d'ensemble, 27 sœurs (dont 26 plus jeunes, et dans un seul cas une de ces tenancières a sa sœur plus âgée qu'elle parmi ses prostituées), 134 nièces, 95 cousines germaines plus jeunes et petites cousines des second et troisième degrés, et 88 belles-sœurs et autres parentes ou proches alliées.

Ce n'est pas tout. Parmi les prostituées libres ayant domicile, soit qu'elles possèdent leurs meubles, soit que le mobilier fasse partie de l'appartement loué à la semaine, c'est par plusieurs centaines que des sœurs s'associent pour vivre ensemble de la prostitution. La statistique est ici plus difficile à établir que pour les lupanars avec tenancier ou tenancière; aussi renonce-t-on à compter les sœurs qui sont dans ce cas de débauche collective.

Les couples sont extrêmement communs; on en trouve partout. Mais plus un groupe de sœurs est nombreux, plus il est recherché par les libertins.

On m'en a indiqué un, composé de six sœurs, à Hanover-street; il détient le record de ce genre de débauche. On n'est admis chez ces jeunes filles qu'à la condition d'être un trio d'amateurs, prenant chacun deux d'entre elles; ou deux amis, en prenant trois chacun; ou, si l'on vient seul, il faut prendre les six, à deux pounds (50 francs) pour chaque sœur, le groupe « travaillant » toujours en entière compagnie, tableaux vivants, danses obscènes, et ce qui s'ensuit, sans que la séance puisse excéder deux heures. Les hommes qui vont chez ces sirènes y dépensent un argent fou et en sortent littéralement épuisés; car, cela est facile à comprendre, ce sont des orgies extravagantes, des excès sans nom, qui se passent là, en vertu de la loi anglaise, sous le couvert de l'inviolabilité du domicile et de la liberté absolue.

Voilà ce que l'Angleterre a fait de la vieille capitale de l'ex-royaume d'Ecosse.

Et ce n'est pas tout encore!... Quand l'immoralité n'a aucun frein, elle ne s'arrête plus. Les hommes mariés étant, en grand nombre, aussi dissolus que les jeunes gens, sinon davantage, des épouses légitimes, en nombre considérable également, se livrent en secret à la débauche.

Je ne parle pas, en ce moment, des femmes mariées, qui, étant abandonnées de leurs maris, se prostituent par misère. De celles-ci j'ai dit un mot. J'ajouterai qu'elles provoquent plutôt la pitié que l'indignation; elles sont mères, pour la plupart, et le soir, après avoir couché leurs petits, elles vont à la rue; c'est à ces malheureuses que la police tient rigueur, attendu que le désespoir de manquer de pain pour leurs enfants les rend plus obsédantes que les autres prostituées, et qu'ainsi elles font exception à la règle générale du raccrochage édimbourgeois, raccrochage savant, jamais scandaleux.

Il n'est pas question, non plus, de la prostitution désintéressée, que l'on rencontre à tous les degrés de l'échelle sociale, à Edimbourg, où elle est plus répandue que dans le reste de l'Écosse.

Dans les basses classes, en hôtel meublé où quatre à cinq lits sont dans la même chambre, l'épouse attend que son mari soit en plein sommeil pour se glisser auprès de n'importe quel homme seul, qu'elle vient réveiller doucement par les baisers les plus impudiques et dont elle partage la couche pendant une partie de la nuit; cette dépravation est tellement dans les mœurs écossaises, que des jeunes libertins de la bourgeoisie recherchent ces sortes d'aventures, et, vêtus en commis de magasins ou même en ouvriers, vont parfois coucher incognito dans certaines maisons garnies, par dilettantisme de débauche.

Il en est à peu près de même dans les classes supérieures, surtout en temps de villégiature. En d'autres pays, l'ami hébergé à la villa ou au château fait quelquefois le siège nocturne d'une pimpante soubrette, à ses risques et périls. Dans l'Écosse anglicanisée, c'est le contraire qui se produit; mais le plus souvent c'est la dame elle-même qui devance ses domestiques dans l'introduction furtive chez le jeune gentleman à qui l'on a donné la chambre d'ami; d'ailleurs, une discrétion parfaite régit ces relations éphémères; le lendemain, tout est dans l'ordre, comme si rien d'insolite n'était arrivé. Telle est la véritable loi de l'hospitalité écossaise aujourd'hui.

Mais, je le répète, ce n'est pas ce dévergondage que je note au sujet de la prostitution en Écosse. Je veux parler des femmes mariées qui, tandis que leurs maris vont aux disorderly-houses ou aux houses-of-assignation, se prostituent pour de l'argent dans des lieux semblables. Et cette variété de l'amour vénal contribue encore à rendre impossible l'évaluation exacte de l'effectif de la prostitution d'Edimbourg et de Glasgow.

C'est, entre ces deux villes, un chassé-croisé extraordinaire, et qui n'a lieu en aucun autre pays du monde. Pour se rendre compte de ce que je vais dire, il faut se remémorer que, d'une part, Edimbourg est la capitale intellectuelle de l'empire britannique, et que, d'autre part, Glasgow, autre ville écossaise, immense cité manufacturière et commerciale, est, après Londres, la première ville du Royaume-Uni, sous le rapport de la population; Glasgow a autant d'habitants[1] que Lyon et Bordeaux réunis (2e et 4e villes de France). Or, la distance entre Edimbourg et Glasgow n'est, à trois

1. Pour faire ressortir l'importance de Glasgow, généralement peu connue, on peut dire encore que cette ville d'Écosse, perdue au nord de l'Europe, a 90,000 âmes de plus que Hambourg, la seconde ville d'Allemagne, et que, en Italie, Rome et Florence mises ensemble n'atteignent pas la population de Glasgow.

kilomètres près, pas plus grande que celle qui sépare Mantes de Paris; soit, en chemin de fer, une heure d'express.

Il en résulte que les femmes mariées d'Edimbourg, celles du meilleur monde, qui ne se font aucun scrupule de se livrer à l'inconnu qui paie bien, vont se prostituer dans les maisons de débauche de Glasgow, et que celles de cette ville-ci, qui commercent de même de leur corps, viennent à Edimbourg. Ni vu ni connu, c'est l'affaire d'une demi-journée et d'un billet d'aller-retour.

Cet élément flottant de prostitution ajoute un nouveau piment au libertinage. Les jeunes gens, les hommes mûrs, les vieux édimbourgeois sont enchantés de cette surabondance de figures inédites qui viennent dans la métropole écossaise très discrètement, qui y font une courte apparition au Parc royal, aux Prince's-gardens de l'est et de l'ouest, toujours peuplés de galants en chasse, et qui, se laissant conduire à l'hôtel, à la maison de rendez-vous et jusqu'au lupanar, si le client le désire, disparaissent aussitôt.

Le docteur William Tait est catégorique à ce sujet, et j'ai eu personnellement les meilleures preuves de l'exactitude de ses dires.

« Des femmes du monde, écrit-il, par un froid calcul, pour cacher des dépenses folles ou satisfaire un goût exagéré du luxe, se laissent aller, à l'insu de leurs maris, à la pratique flétrissante de la prostitution. Cette absence de principes s'observe également dans les autres villes de l'Écosse. Ainsi, des personnes qui, dans leur ville natale, surtout à Glasgow, jouissent d'une réputation intacte et sont accueillies familièrement dans la meilleure société, visitent Edimbourg sous de faux prétextes, et y font secrètement trafic de leurs charmes.

Ces femmes cachent avec le plus grand soin leur nom et le lieu de leur résidence habituelle. Les sommes énormes qu'elles exigent des hommes qui se laissent attirer par elles ne permettent pas de douter que le véritable but de leur coupable conduite ne soit de remonter leurs finances épuisées. »

Il convient d'ajouter que ces femmes, plus distinguées encore que les autres prostituées, et douées pour la plupart d'une instruction supérieure, sont une des meilleures sources de la fortune des tenancières, qui s'ingénient à les découvrir dans les trains venant de Glasgow. Des entremetteuses expertes font à cet effet la navette entre les deux villes et leur donnent les adresses des maisons à clientèle aristocratique. L'offrande du client se partage ordinairement entre la proxénète et la courtisane des maisons de rendez-vous. Cette catégorie de prostituées selects rapporte aux houses-of-assignation, en moyenne, un bénéfice net de 500 francs par jour.

Il va sans dire que les établissements de ce genre ont d'autres sujets qui les fréquentent, et dans leur nombre il faut citer les modistes, généralement perverties de bonne heure, et surtout les jeunes domestiques, dont la démoralisation est effrayante à Edimbourg. Un jour, raconte le docteur Tait, un riche habitant de la ville, venu pour se distraire quelques instants dans une de ces maisons, faillit tomber à la renverse en se trouvant soudain face à face avec ses propres enfants ; la bonne, en promenade, s'était fait suivre par un homme, et n'avait pas craint de conduire là les innocents bébés, qui attendaient au salon, pendant que l'indigne créature se prostituait dans une pièce à côté. La brochure de l'honnête docteur cite bien d'autres faits, non moins caractéristiques.

Lui aussi, il affirme que, sur trois domestiques en place, il y en a une qui se livre couramment à la débauche. Ces filles attirent les libertins jusque dans la maison où elles sont en service; elles profitent, pour cela, de l'absence des maîtres, même momentanée. Ce dérèglement a servi, maintes fois, à des voleurs pour s'introduire, bâillonner la servante au moment où elle se déshabillait, et dévaliser alors le logis tout à leur aise.

Une particularité à signaler encore, c'est la prostitution des jeunes filles de l'Aberdeenshire qui viennent se placer comme servantes à Edimbourg. L'Aberdeenshire est en quelque sorte, en Écosse, ce que la Normandie est en France : les naturels de ce comté sont rusés et âpres au gain. Les domestiques qui arrivent de là se placent dans les bonnes familles; elles se tiennent très propres, ont beaucoup d'ordre, mais sont remarquables par leur adresse à faire danser l'anse du panier; toutefois, à Edimbourg où les riches sont en général fort prodigues, on leur passe ce défaut à raison de leurs autres qualités et notamment à cause de leur conduite, qui est irréprochable au point de vue des mœurs, du moins pendant le temps qu'elles sont en service. Avec elles, pas de galant voleur à redouter.

Mais cette vertu temporaire cache un plan parfaitement combiné. Dès qu'elles ont amassé la somme nécessaire pour s'installer dans un petit logement, coquet et bien situé, elles rendent leur tablier, et, du jour au lendemain, sans aucune transition, passent de l'état d'honnête fille au métier de prostituée. Comme elles sont gentilles, les amateurs ne leur manquent pas.

Elles n'ont recours à aucune love-broker (entremetteuse), même au début; il est extrêmement rare qu'elles prennent une compagne de prostitution. « Every one for himself! » proclament-elles joyeusement; c'est-à-dire : Chacun pour soi!

En premier lieu, elles vendent elles-mêmes leur virginité, qu'elles ont eu grand soin de conserver intacte. Elles en savent toute la valeur marchande. Ce genre de mœurs étant légendaire, nul n'ignore, parmi les libertins édimbourgeois, ce que signifie la démission d'une jeune domestique, originaire du comté d'Aberdeen, qui se met dans ses meubles. Elles n'ont donc pas à attendre, et, d'ordinaire, la primeur en question est cueillie par un vieil ami de la famille qu'elles viennent de quitter. Si par hasard, après cette faveur chèrement payée, le monsieur s'amourache et veut entretenir la demoiselle, celle-ci, qui trouve bien mieux profitable d'avoir le plus grand nombre d'amants possible, repousse ses offres; s'il insiste trop, elle le flanque poliment à la porte.

Ailleurs, une fille qui a jeté son bonnet par-dessus les moulins, a pour principal objectif la conquête d'un entreteneur, à qui elle jure qu'il est son seul seigneur et maître; serment qui ne l'empêche aucunement de s'offrir en catimini quelques amoureux supplémentaires, taxés à divers prix, selon leur position de fortune et leur plus ou moins de jobardise, sans compter l'indispensable loulou chéri, dispensé de tout tribut. Ici, cette diplomatie compliquée répugne à la jeune vertu qui se fait courtisane; elle a son honneur commercial et ne trompe personne. Elle est à tous, indistinctement; le décret en est signifié au dévirgineur, avant même qu'il ait repris sa canne et son chapeau, et qu'il ait dit : Au revoir!

Ces étonnantes jeunesses de l'Aberdeenshire, avec de tels principes et un caractère de cette trempe, font rapidement d'excellentes affaires, attendu qu'elles vendent du matin au soir et du soir au matin, à des taux souvent excessifs, une marchandise qui ne leur coûte pas un denier, et cela sans avoir aucun commis à payer, ni même les moindres frais de courtage. Elles savent porter la toilette, comme si elles étaient nées filles de lords, et, en outre, tout en choisissant chez les tailleurs pour dames leurs costumes du meilleur goût, et chez les bijoutiers les parures qui les font valoir, elles achètent tout au plus juste prix, jamais à crédit comme les autres prostituées, mais toujours au comptant, en exigeant de forts rabais. En un mot, elles se tiennent bien, et ont horreur des dépenses extravagantes.

Ajoutez à cela qu'en ce qui concerne la boisson elles sont d'une sobriété parfaite; ce qui peut être considéré comme un cas vraiment phénoménal dans la prostitution anglaise et écossaise.

En fait de clients, elles dirigent leurs vues à peu près exclusivement sur les hommes mariés et riches, qu'elles mettent à contribution, sans tomber dans le chantage; et en ceci elles ne ressemblent pas aux autres prostituées libres, de la même classe, dont un grand nombre visent constamment à connaître le nom et l'adresse des gens qui viennent chez elles, afin de leur extorquer des sommes plus ou moins importantes, sous menace de scandale, dès que leur ruse a su découvrir leur personnalité. Sous ce rapport, la probité des gourgandines originaires d'Aberdeen jouit d'une réputation proverbiale; là est encore une des raisons de leur vogue à Edimbourg.

Grâce à l'habitude qu'elles ont des hommes, rien ne leur est plus facile que de discerner ceux qui sont mariés de ceux qui sont célibataires, ces derniers prenant d'ailleurs moins de précautions avec elles; au surplus, il est beaucoup de maris coureurs qui, sans se nommer, expliquent cyniquement leur cas. Tous sont certains de la discrétion de ces filles, et celles-ci, précisément en justifiant leur renommée d'indifférence sur ce point, en prouvant leur absence totale de curiosité, s'attachent ces hommes, s'en font des clients aussi généreux qu'assidus; leur unique but est de les contenter de toutes façons et d'amasser ainsi, en peu de temps, un capital sérieux, la somme qu'elles ont résolu d'acquérir de la sorte en quittant leur pays, et qui représente pour elles une petite fortune.

C'est à qui les recherche, non pas dans la noblesse, ni dans la haute finance, ni parmi les officiers supérieurs de la garnison, dont la préférence est pour les grandes courtisanes d'Edimbourg même, pour les rarissimes horizontales de marque étrangère et pour les très nombreuses, très légères et très selects épouses de Glasgow; mais elles ont une riche clientèle bourgeoise d'industriels en pleine réussite, de négociants prospères, de bons banquiers du deuxième ordre et de rentiers suffisamment cossus. Tous ces hommes mariés se communiquent entre eux les adresses de ces prostituées si commodes, et se les montrent d'un clin d'œil, lorsqu'elles vont le dimanche au temple, à l'église, trottinant menu, les yeux baissés; car elles accomplissent leurs devoirs religieux avec une ponctualité remarquable.

Plusieurs d'entre elles ont un vaste salon, qui est la pièce principale de leur appartement; ce salon n'est pas d'un luxe criard, comme ceux des disorderly-houses de premier et second rangs, mais au contraire simplement et confortablement meublé. La grandeur de cette pièce est une nécessité; car il y a souvent affluence de visiteurs. La jeune scotch-woman d'Aberdeenshire, qui est ainsi favorisée d'une clientèle nombreuse, a fait appel, dans ce cas, à quelque vieille parente, accourue du pays dès que le succès de la belle enfant est un fait certain; la bonne vieille ouvre aux habitués, les introduit au salon, donne des journaux illustrés à ceux qui ne se connaissent pas; et, dans un demi-silence, sans le moindre trouble à la quiétude de la maison, chacun attend patiemment son tour. En outre, une consigne sévère interdit la porte de la nymphe à tout visiteur trop jeune et non connu, à moins qu'il n'ait la précaution de montrer tout d'abord à la vieille qu'il est possesseur d'un porte-monnaie bien garni.

Lorsque le capital que l'aberdeenaise s'était juré de conquérir est arrivé à sa réalisation parfaite, rien ne retient plus l'ex-domestique à Edimbourg. Elle vend son mobilier et cède son bail à une prostituée de la ville ou à une proxénète désireuse de créer un house-of-assignation, mais jamais à une de ses payses débutant dans la carrière, laquelle n'en donnerait pas assez cher. Avant de rentrer au foyer natal, elle offre un thé d'adieux qui réunit les meilleurs maris de sa clientèle, et cette dernière assemblée intime lui vaut encore une moisson de petits souvenirs, achetés à son intention par ses fidèles amis chez les bijoutiers et les marchands d'objets artistiques; elle emporte tout cela dans sa famille, en leur promettant à tous de penser quelquefois à eux.

Si son bail a été cédé à une prostituée édimbourgeoise, elle la présente elle-même à la réunion des clients de choix, et fait son éloge, en les priant de continuer à celle-ci la confiance dont ils l'avaient honorée; mais, en dépit des louanges qu'elle prodigue à sa remplaçante, la bonne fille d'Aberdeen emporte les plus vifs regrets, et l'autre est dans l'obligation de se donner beaucoup de mal pour conserver ce noyau d'hommes graves, difficiles et méfiants.

En dehors de l'intérêt qui pousse les aberdeenaises en question à faciliter à d'autres prostituées le moyen de s'établir pour leur propre compte, il y a encore en ceci une nouvelle marque de cette solidarité interféminine que j'ai déjà signalée. Mais il faut dire aussi que la confraternité des filles publiques d'Edimbourg a des limites de classe; car celles des classes supérieures et moyennes ont en aversion les prostituées de bas étage, et celles-ci, de leur côté, professent une véritable haine pour celles-là. Une courtisane de Prince's-street qui tomberait entre les griffes d'une bande de High-street ou de Grass-market, serait battue à outrance, mordue, piétinée, et aurait ses vêtements déchirés, arrachés, mis en pièces.

D'autre part, les tenancières sont très unies, malgré la différence de rang de leurs maisons. Elles aussi forment ensemble une sorte d'association syndicale, qui a surtout pour but de résister à l'esprit d'indépendance de leurs pensionnaires. En somme, elles ne réussissent pas à retenir celles qui pour une raison quelconque veulent quitter le lupanar; mais, du moins, elles font régner dans leurs établissements une soumission respectueuse, qui n'est pas comparable à la servitude craintive et abrutie des filles de cette condition partout ailleurs. C'est pourquoi, une prostituée de disorderly-house édimbourgeois, qui, chose très rare, fait la mauvaise tête, est expulsée de la maison, n'est reçue dès lors dans aucune autre, et se trouve forcée de tomber dans la classe infime des voleuses.

Toutes ces filles de lupanar entourent leur maîtresse d'une amitié extraordinaire; elles lui obéissent sans contrainte, vont au-devant de ses moindres désirs, lui témoignent une affection presque filiale; en outre, elles professent pour les tenancières en général une admiration des plus caractéristiques. Les plus instruites parmi ces prostituées, celles qui se font remarquer par leur intelligence, sont les plus enthousiastes de leur maîtresse. A leurs yeux, la tenancière est le type parfait de l'humanité; chacune nourrit l'espoir de devenir un jour directrice de disorderly-house.

Entre elles, les tenancières ne se jalousent pas ; aussi, si l'une d'elles par hasard essaie de nuire à quelque autre, ou si une nouvelle maîtresse de maison refuse d'entrer dans l'association, toute la corporation se ligue contre elle, on la met à l'index, les plus méchants bruits sont mis en circulation contre son établissement, les hommes en sont détournés, et le lupanar dissident ne tarde pas à être réduit à se fermer. Par contre, elles se rendent réciproquement mille services, notamment entre tenancières d'Edimbourg et de Glasgow.

Une jeune fille, qui avait été la maîtresse d'un étudiant en médecine d'Edimbourg et qui se mit en lupanar, eut, dès les premiers jours, un succès énorme, tenant à sa science consommée en l'art de la volupté; peu après, sa matrone la prêtait à d'autres disorderly-houses de la ville, afin qu'elle enseignât partout ses spécialités vicieuses; puis, ce furent plusieurs lupanars de Glasgow qui la demandèrent, également pour former des élèves parmi les pensionnaires capables de s'initier à son genre de luxure. Cette tournée dura plusieurs mois; après quoi, l'expertissime prostituée rentra à l'établissement qui l'avait eue en premier lieu et qui l'avait si obligeamment prêtée aux autres. Sa réputation, pendant ce temps, s'était répandue dans le monde des libertins, et la superior teacher-of-lewdness (l'éminente professeur-ès-science-de-débauche), comme on l'appelait, contribua puissamment à faire la fortune de sa maîtresse de lupanar.

Tout écossais ou anglais, qui, voyageant pour ses affaires ou son agrément, rend visite à un disorderly-house d'Edimbourg, reçoit de la tenancière, à son départ, cinq ou six cartes d'adresse de maisons du même genre installées à Glasgow ; et les tenancières de Glasgow, à titre de réciprocité, font une propagande semblable en faveur de leurs consœurs d'Edimbourg.

Il me reste à parler de la santé des prostituées écossaises.

J'ai effleuré plus haut cette question, à propos des filles de bas étage ; mais nous savons que celles-ci sont fort peu nombreuses dans le formidable effectif de la prostitution d'Edimbourg. Il me paraît donc utile de réunir, pour terminer, les renseignements que j'ai recueillis sur l'ensemble.

En premier lieu, un fait est remarquable : les enfants de prostituées n'existent pas, pour ainsi dire, dans la métropole écossaise; les seules femmes qui ont des enfants sont ces malheureuses qui, déjà mères quand elles avaient une bonne conduite, ont perdu leur mari, par décès ou par abandon, et qui, se trouvant sans ressources, ont recours à la prostitution dans l'excès de leur dénuement. Mais la fille publique par métier n'est presque jamais mère à Edimbourg ; les grossesses chez ces femmes, aussi bien dans le personnel des lupanars que parmi les phrynés libres, constituent des cas d'une rareté tout-à-fait exceptionnelle.

Ceci tient à deux causes : d'abord, la plupart de ces filles sont fellatrices, de préférence, tant est grande leur lubricité, et sur ce point rien n'égale la renommée des écossaises, en général, et des édimbourgeoises, en particulier ; ensuite, quand elles ont affaire à un client à qui répugne leur savante dépravation, elles le contentent naturellement, mais en ayant soin d'éviter la fécondation.

On n'ignore pas que c'est à l'Angleterre que les libertins en défiance contre le mal vénérien doivent ce fourreau en baudruche ou en caoutchouc, vendu chez les bandagistes sous le nom de « capote anglaise » ; l'inventeur fut un chirurgien de Londres, du nom de Condom. Mais cet appareil est peu répandu en Écosse, où les prostituées sont célèbres par leurs raffinements luxurieux. Pour n'être pas fécondées, lorsqu'il leur faut consentir au coït, elles ont donc un appareil d'un genre tout contraire, qu'adroitement elles placent à leur vagin, où il est invisible et insensible au client. Cet objet a été inventé à Edimbourg, d'où il s'est répandu ; toutefois, le puritanisme écossais refusant l'honneur d'une telle découverte, l'appareil dont il s'agit a été baptisé « cuvette américaine », et, de cette façon, il est censé ment originaire des États-Unis; la vertueuse Écosse n'y est pour rien !

Avoir un bouclier contre la grossesse est la principale préoccupation des prostituées édimbourgeoises; mais, par contre, elles ne sont pas exemptes de syphilis, et ceci n'a rien d'étonnant, vu leur spécialité de débauche. Le chancre à la bouche est très fréquent chez les vénériennes qui viennent à l'hôpital; cette particularité a fait l'objet des remarques de tous les docteurs. Beaucoup meurent de syphilis ainsi contractée; et beaucoup d'autres meurent de phthisie.

Au sujet de la santé des filles publiques d'Edimbourg, le docteur William Tait a fait des observations très curieuses.

« Il n'est pas rare de trouver, écrit-il, même parmi les filles publiques de bas-étage, des personnes qui, vers l'âge de vingt ans, deviennent fraîches, grasses et belles. Un grand nombre de maîtresses de disorderly-house et de prostituées des classes élevées sont douées d'un embonpoint et d'une fraîcheur remarquables. Mais, ajoute-t-il, ces cas, bien que nombreux, ne forment pourtant que l'exception ; car c'est un fait bien établi que la grande majorité de nos prostituées commencent à décliner peu de temps après qu'elles se sont consacrées à ce métier. Leur dégradation physique est plus ou moins rapide, selon qu'elles contractent tôt ou tard le goût des boissons enivrantes ; peu d'entre elles ont le courage de résister à ce penchant qui leur est fatal. Tant qu'elles n'abusent pas des liqueurs fortes, elles vivent dans l'abondance, les hommes élégants les recherchent ; mais, quand cette passion funeste prend le dessus, leur clientèle change, leurs profits diminuent, et on les voit tomber chaque jour d'échelon en échelon.

« Les maîtresses de lupanar font, en général, tout ce qu'elles peuvent pour retarder cette dégradation chez leurs pensionnaires. Loin de les pousser à boire, selon l'habitude des tenancières des autres pays, ici elles rationnent strictement leurs filles, à l'intérieur du disorderly-house ; quand elles sortent, elles les font accompagner. Mais cette surveillance ne réussit guère ; les prostituées abandonnent les lupanars où elles sont rationnées ; il leur faut des liqueurs fortes à tout prix. Cette passion, du reste, tient en partie au climat de l'Écosse et aux mœurs générales de la nation.

« Parmi les filles qui entrent dans la prostitution avant l'âge de la puberté, le plus grand nombre se détruisent très promptement ; mais celles qui ne s'usent pas tout d'abord, résistent ensuite plus que toutes les autres à la phthisie et même au mal vénérien. Les filles qui s'usent le plus vite, — le fait vaut la peine d'être noté, — sont celles qui commencent le métier après l'âge de vingt ans. »

Ces diverses causes de dégringolade déterminent une

mortalité naturelle très grande, qui s'accroît encore par le suicide. Les prostituées édimbourgeoises, n'étant pas des ignorantes, souffrent en effet de leur déchéance, beaucoup plus qu'ailleurs. Ces malheureuses luttent, autant qu'elles peuvent, et ne se résignent point à rouler sur la pente qui les précipite inévitablement dans les bas-fonds de la société.

Elles montrent, au cours de cette lutte, une énergie extraordinaire; leur fierté se révolte à la seule idée de passer dans une classe inférieure. Il en est quelques unes, l'infime minorité, qui, le jour où elles n'ont plus aucun espoir de se relever, acceptent l'aide des œuvres de réhabilitation qui leur procurent du travail: celles-ci redeviennent honnêtes, et l'on en a vu finir épouses dévouées et mères de famille irréprochables. Le plus grand nombre émigrent en d'autres villes d'Écosse, avec l'illusion qu'elles y paraîtront moins usées; mais, la déception venue, elles retournent à la ville natale, qu'elles aiment quand même, quoique la maudissant parfois, dans la colère de leur ambition trompée ; sous l'influence du dépit, elles appellent Edimbourg *Auld Reekie* (la Vieille Enfumée).

Enfin, celles qui sont le plus promptement lasses de la lutte et qui n'aperçoivent d'autre perspective que celle de tomber à High-street dans un temps plus ou moins éloigné, préfèrent en finir avec l'existence. De là, ce nombre inouï de suicides qui caractérise encore la prostitution édimbourgeoise. Le docteur Tait affirme que, chaque année, le tiers de ces filles essaient de se tuer, et que le douzième des prostituées de la ville y réussissent.

« En résumé, dit-il, la vie moyenne des prostituées, à Edimbourg, est de bien courte durée ; car il en meurt annuellement le sixième de l'effectif, fauchées par la phthisie, la syphilis, la folie alcoolique et le suicide. Très peu de ces créatures dépassent l'âge de vingt-cinq ans. »

Voilà comment Edimbourg anglicanisée complète le tableau de la moralité britannique. Mille fois vaillants sont les gens de cœur qui voudraient, par leurs efforts sincères, faire revivre l'antique honnêteté écossaise : leur exemple n'est pas suivi, leur voix prêche dans le désert ; toute leur peine est perdue.

L'Angleterre est pourrie de vices et a pourri l'Ecosse.

V

En Irlande

A partir d'ici, nous résumerons souvent les notes de notre voyageur ; à la fin même nous nous bornerons à reproduire ses sommaires.

En vain avons-nous laissé de côté bon nombre de documents qu'il a collectionnés et qui forment appendice à ses récits concernant l'Angleterre et l'Écosse ; on voit que, malgré notre réserve, le manuscrit de M. Guilbert de Préval nous a conquis, tant il est intéressant, et, sans nous en apercevoir, nous avons copié quantité considérable de ses feuillets sur la prostitution anglaise et écossaise.

Nous pensons que le lecteur ne nous en voudra pas d'avoir subi cet entraînement. L'étude sur la Grande-Bretagne méritait, d'ailleurs, de prendre dans ces pages une place exceptionnelle, non seulement parce que la nation anglaise a une importance sans pareille en ce qui concerne sa part d'occupation de territoires sur la surface du globe, mais aussi et surtout parce que l'Angleterre, parmi les peuples civilisés, nous offre ce spectacle inouï, invraisemblable, de la prostitution s'exerçant dans la plénitude d'une liberté aussi absolue qu'insensée.

L'Irlande ne veut pas se laisser anglicaniser ; elle y est rebelle ; les pires persécutions sont impuissantes à la dompter.

La nation est misérable ; plus du tiers de la population gémit dans une indigence affreuse. A Dublin, la capitale, peu de disorderly-houses, malgré toute la licence accordée aux tenancières ; et ces rares lupanars n'ont pour pensionnaires que des pauvresses, mignonnes et jolies, il est vrai, mais d'une tristesse noire qui fait pitié. Ce sont les filles du pays. Par exception, quelques rares étrangères, qu'on est allé recruter en Belgique ; on les rencontre uniquement dans les maisons dites de premier ordre, lesquelles sont exclusivement fréquentées par les propriétaires anglais aux époques où ils viennent toucher leurs fermages.

En dépit du régime de prostitution libre, les Irlandais ne sont pas entamés par le vice. Les infortunées que la misère fait faillir sont immédiatement prises par les proxénètes, c'est-à-dire accaparées par les lupanars de Dublin ou expédiées en Egypte ou en Angleterre. Quant aux prostituées de bas étage, indépendantes et se livrant dans les garnis à la débauche du peuple, on en trouve partout ailleurs ; en Irlande, non. Le peuple est moral, cela est incontestable.

Mon programme ne devrait pas excéder la constatation des faits, d'après les conseils de mon père. Pourtant, il m'est bien difficile de ne pas dire ici que cette moralité me semble due principalement à l'influence du clergé catholique.

Les catholiques représentent les trois quarts de la population. Or, presque tous les clients des lupanars appartiennent aux églises protestantes : épiscopaux, méthodistes, unitaires.

Ici, le clergé catholique est pauvre et tout acquis à la cause nationale. On se trompe, je crois, en ne voyant dans les Irlandais refusant le joug d'Albion que des hommes qui ne veulent pas changer de religion. Ce peuple, simple, un peu fruste, manquant d'instruction, n'est en effet nullement porté au libre examen, et ses croyances lui sont chères; mais la question religieuse est pour lui au secong rang, c'est le patriotisme pur qui anime ses revendications d'autonomie. La catholique Irlande n'obéirait pas à un pape qui lui ordonnerait de se soumettre définitivement à la reine qui trône à Londres, quand bien même cette majesté se convertirait au catholicisme romain.

Mêlé par conséquent au peuple et partageant sa misère, ce clergé patriote, de mœurs simples, traité lui-même en paria par les spoliateurs du sol national, est un clergé vertueux ; il aime ses frères de malheur, ne se contente pas de sermonner, et veille à ce que le désespoir d'une pauvreté extrême livre le moins possible de victimes à la prostitution, ce Minotaure dévorant.

Et cet attachement du prêtre catholique irlandais à ses compatriotes contribue à préserver grand nombre de jeunes filles, même en dehors du pays, et jusque dans l'émigration. Ce que j'ai vu à Dublin concorde avec ce que M. Léon Faucher a écrit au sujet de la colonie anglaise de Manchester :

« Dans cette ville, où les enfants en bas âge, livrés à eux-mêmes, courent les rues pieds nus et en haillons, pendant que leurs parents s'enivrent, et où la police en a recueilli jusqu'à 5,000 par an égarés sur la voie publique, les prêtres catholiques irlandais tiennent le soir les chapelles ouvertes, comme une espèce d'asile où leurs jeunes compatriotes des deux sexes passent le temps à chanter des cantiques et à écouter la parole de leur pasteur. »

Il faut rendre à chacun la justice qui lui est due. Si en Irlande les catholiques ne sont pas corrompus, le bon exemple de leur clergé y est certainement pour beaucoup.

VI

Aux îles Normandes.

Les îles anglo-normandes, du moins les deux principales, Jersey et Guernesey, ne manquent pas d'intérêt dans l'étude de la débauche. Les habitants de ces îles du nord-ouest de la France, arrachées à cette nation par l'avidité de John Bull, ont, en effet, des mœurs bien spéciales.

Ils ont conservé, malgré tout, le caractère normand, de cette partie de la Normandie qui confine à la Bretagne, tout en prenant peu à peu la plupart des habitudes anglaises. La liberté y est encore plus absolue qu'en Angleterre; car chaque île est en fait une république. sous la suzeraineté de la « duchesse », laquelle n'est autre que S. M. Victoria. Ni à Jersey, ni à Guernesey, on ne la reconnaît nominalement comme reine, attendu que la population refuse tout assujettissement à une monarchie, — sauf à avoir des rues de la Reine et du Roi.

Avec cela, ces îles, si bizarrement indépendantes, sont encore en pleine féodalité. Quand le gouverneur se rend à la Cohue ou cour de justice, il monte le grand escalier entre deux rangées de hallebardiers costumés comme au temps de Henri VIII. Le droit du seigneur est maintenu bel et bien : un jersiais quelconque, notaire ou banquier, achète par exemple la seigneurie des Augrès ou le fief des Molèches; sans autre chose que le titre qu'il a payé, sans posséder ce qu'il faudrait de terre pour un pot de fleurs, il est dès lors suzerain de toutes les propriétés foncières sises dans le fief ou la seigneurie; une fois par an, il fait sommation, par un héraut, à tous les propriétaires de se présenter chez lui, ou, s'il n'a pas de maison, dans une auberge qu'il désigne ; il est là avec son prévôt et son sénéchal ; on commence par une prière en commun ; après quoi, les propriétaires sont tenus de déclarer leurs biens et leurs dettes ; si l'on manque une fois à la cour du seigneur, amende d'un sou tournois ; trois fois de suite, le seigneur s'empare du champ de ses vassaux et l'exploite à son profit pendant un an ; et c'est la loi ! si vous achetez une propriété quelconque, il faut en passer par là, comme au temps jadis. Si vous avez votre habitation dans l'un des fiefs reconnus à la duchesse de Jersey, vous devez à Mme Victoria, résidant au château de Windsor, en Angleterre, un impôt spécial en nature : soit une couple de chapons, soit deux poules, soit trois douzaines d'œufs, soit encore un certain nombre de boisseaux de blé ; le collecteur de la duchesse vient une fois par an, vous présente sa réquisition, et votre redevance est expédiée, avec toutes les autres, au palais de la suzeraine. Le droit de jambage et de cuissage existe aussi, mais modifié par la civilisation ; une fille se rachète en payant trois sous à son seigneur.

La Jersiaise présente un type de fort belle femme. Elle est de taille moyenne, admirablement prise ; le nez effilé, de grands yeux noirs veloutés, profonds et rêveurs, une remarquable fraîcheur de teint, une carnation superbe, et quelque chose de particulier dans la démarche et le regard en font une statue vivante, gracieuse, alerte, affriolante, et la distinguent à la fois de la Française et de l'Anglaise. Elle unit en quelque sorte la virilité de celle-ci à la grâce de celle-là ; mais l'Anglaise a les allures plus masculines, et la grâce innée de la Française a plus de mièvrerie que celle de la Jersiaise. Ardentes, coquettes, aimant la toilette à la folie et la portant merveilleusement bien, les Jersiaises ont été de tout temps prisées pour leurs charmes : ce fut une jersiaise, l'aimable demoiselle Lacloch, qui inspira à Charles II d'Angleterre sa première passion ; et, de nos jours, c'est encore une jersiaise, Mme Langtry, la *Jersey-Lily*, qui tient le sceptre de la beauté, avec un éclat retentissant et une renommée universelle, due autant aux grâces de la femme qu'au très réel talent de l'actrice.

Aux îles anglo-normandes, les descendantes d'Ève méritent donc, sans contestation possible, d'être collectivement appelées « le beau sexe » ; car, si l'on y rencontre un laideron, le cas est tellement exceptionnel que l'on se demande si l'on n'a pas eu la vue trouble.

Étant donné cet avantage physique de la femme, si d'autre part nous n'oublions pas que John Bull est un corrupteur hors ligne, peut-on supposer un moment que la vertu des Jersiaises est une forteresse imprenable ?... Si je disais cela, personne ne me croirait ; et comme on aurait raison !... Seulement, tout au contraire de ce qui se passe en Angleterre, le dévergondage n'envahit pas les hautes classes de la société ; l'aristocratie se borne aux intrigues courantes, limitées à son monde, et ne descend pas à la prostitution.

Par contre, quel déchaînement de débauche dans la classe moyenne et dans la classe inférieure !...

Saint-Hélier, la capitale de Jersey, a de beaux magasins, des petits « Louvre » et des réductions du « Bon Marché », mieux approvisionnés que les plus grands bazars et magasins de nouveautés de beaucoup de villes continentales cinq fois plus importantes. Les vendeurs sont graves ; mais les vendeuses, oh ! non !... Toutes plus jolies les unes que les autres, ces demoiselles, sanglées dans des toilettes qui dessinent agréablement leurs formes élégantes, s'empressent autour du client, gaies et rieuses, surtout si elles ont affaire à un touriste, non seulement accortes, mais presque agressives dans leur désir de vendre, et sachant trouver le bon moment pour glisser à l'oreille de l'acheteur l'heure et l'endroit où l'on pourra se voir en joyeuse intimité. Sauf de très rares exceptions, ces gracieuses commises sont des vierges folles, excessivement folles ; et ce n'est pas la misère qui les pousse à se prostituer, attendu qu'elles ont des appointements fort convenables, n'ayant aucun rapport avec les infimes salaires de Londres.

Quant à la classe inférieure, elle a surtout la clientèle des matelots. Pendant la journée, la ville n'a aucune animation, excepté dans le voisinage du port ; mais, dès la tombée de la nuit, les filles publiques, qu'on jurerait être des ribaudes du moyen-âge, se chargent de rendre la vie aux grandes rues ; car elles se répandent dans les plus belles. Alors, durant plusieurs heures, la chaussée et les trottoirs roulent des flots tumultueux de prostituées, mêlées aux galants qu'elles entraînent, marins, jeunes employés et ouvriers. Puis, quand retentit le canon, donnant le signal de la débandade et du couvre-feu, tout ce monde tapageur se calme soudain et disparaît comme par enchantement.

Je m'en voudrais de ne pas tracer un croquis du dimanche soir à Saint-Hélier.

Plus silencieuse encore que pendant la semaine, la journée a offert le mutisme glacé d'une nécropole, tous les magasins étant fermés selon l'usage anglais; les débits de tabac, si nombreux, les cafés et les restaurants même sont clos, et ce serait un scandale si l'on voyait fumer une cheminée, tant l'esprit sectaire est ici développé à outrance. Il est vrai que la prostitution libre des coquettes laïs de magasins et débits ne chôme pas pour cela; mais elle va faire de joyeux pique-niques sur les bords de la mer, en compagnie des bourgeois libertins, jeunes et vieux; c'est le jour du Seigneur, et de la sorte Saint-Hélier offre, tant que le soleil l'éclaire, un aspect sépulcral.

Maintenant, l'ombre descend sur la ville, et les rues s'emplissent de ribaudes, plus bruyantes encore que les autres soirs. Toutefois, les chefs de sectes ne renoncent pas à leurs droits de prédication; or, sachez-le bien, les religions sont innombrables aux îles anglo-normandes; il ne se passe guère d'année qu'un texte de la Bible, recevant une interprétation différente de celles connues jusqu'alors, ne fournisse l'occasion de créer un nouveau culte réunissant une poignée de dissidents. Et voici sur l'Esplanade, ou au beau milieu de King-street, ou sur Hatkett-place, ou sur n'importe quelle terrasse plantée de tamaris, voici un prédicant solennel, qui, de la main, demande un peu de silence; il monte sur une chaise; les filles de joie et leurs compagnons se groupent autour de lui, prennent tout-à-coup un air de recueillement, l'écoutent; et l'inspiré, grave dans cet entr'acte de débauche, disserte en baragouin grotesque et diffus sur la Jérusalem céleste ou sur le dogme de la transubstantiation.

A Guernesey, mêmes mœurs qu'à Jersey ; la principale cité de la deuxième île, Saint-Pierre, quoique bien différente de Saint-Hélier par l'aspect des quartiers, aux rues en pente et étroites, aux maisons qui semblent échafaudées les unes sur l'autre, a néanmoins une assez grande analogie d'habitudes, en ce qui concerne la prostitution. Il convient, pourtant, d'y signaler la rue des Cornets, qui aboutit de la ville basse au quartier bourgeois de Hauteville, et qui était, il y a soixante ans, la principale artère aristocratique du chef-lieu de Guernesey ; aujourd'hui, abandonnée par le grand monde, cette rue est devenue une sentine, et ses anciennes maisons seigneuriales, lézardées à présent, puantes, sinistres, sont les repaires de la plus vile débauche.

VII

En Belgique.

Nous voici dans un pays où la prostitution est sagement maintenue par des règlements de police.

Pour parler de Bruxelles, d'abord, la qualification de « petit Paris » qu'on lui donne parfois n'est point absurde ; ville de commerce, de luxe et de plaisirs, la capitale de la Belgique ne saurait être une citadelle de l'austérité, et l'on n'y trouve pas non plus le dévergondage effréné qui distingue l'Angleterre. Toutes proportions gardées, il n'y a ici ni plus ni moins de débauche que dans la capitale française.

Parmi les curiosités bruxelloises, on ne manque jamais de signaler au touriste la fontaine du Manneken-Pis, située à l'angle des rues de l'Étuve et du Chêne. Dans une grande niche fort coquette, se trouve assez haut perchée une statuette, œuvre d'art d'ailleurs remarquable, qui représente un petit bonhomme, nu comme un ver, et pissant, l'effronté, nullement contre le mur. Certes, ce n'est point à Londres qu'une telle fantaisie serait possible ; mais nous savons ce que vaut la pudeur britannique. A mon sens, le Manneken-Pis, vraie gauloiserie, atteste que le Belge, n'étant pas hypocrite, est simplement joyeux compère, et non libertin dépravé.

Le Manneken-Pis est, au surplus, un personnage. Le musée communal contient la collection de ses costumes ; car on l'habille aux jours de grande fête. Bien mieux, il est propriétaire de vêtements historiques : en 1747, il a porté la cocarde blanche au chapeau ; en 1789, il fut affublé des couleurs de la révolution brabançonne ; Napoléon le ceignit de l'écharpe tricolore française ; sous le gouvernement de Hollande, il se soumit à l'orange, et l'amitié de Louis-Philippe lui octroya une blouse. Il est même décoré ; Louis XV, dans un jour de belle humeur, lui conféra la croix de Saint-Louis ; excusez du peu !...

Un contrôle sévère est exercé sur les filles inscrites, tant au point de vue administratif que sous le rapport sanitaire ; la police des mœurs dépend du bourgmestre ou maire de la ville.

Les prostituées qui se soumettent à la visite des médecins du Dispensaire de salubrité sont de deux sortes : les pensionnaires de lupanars, appelés *filles de maison*, vivant à peu près dans les mêmes conditions qu'en France chez les tenanciers des maisons dites de tolérance; les prostituées indépendantes, appelées *filles éparses*, ayant un domicile particulier et faisant leur métier soit en fréquentant les maisons dites de passe, soit chez elles, à la condition expresse de ne pas demeurer dans un débit de boissons.

Les lupanars se reconnaissent à une lanterne rouge de 30 centimètres de diamètre, placée au-dessus de la porte d'entrée; quant aux maisons de passe, elles ont une lanterne, de même grandeur, mais de couleur jaune.

Tout est minutieusement réglé par l'administration, à ce point que, dans le langage courant, l'homme qui entraîne un camarade vers un lieu de débauche, lui dit : « Allons à la maison du bourgmestre ». Au lupanar, on trouve d'abord un garçon de service, qui, moyennant 50 centimes, vous remet un ticket de contrôle; c'est le billet d'entrée, le coupon qui vous permet de pénétrer dans la grande salle du choix des dames. En beaucoup de maisons, ce ticket donne droit en même temps à une consommation.

Le choix fait, on paie « la faveur » de monter en chambre; et c'est le collège du bourgmestre et des échevins qui a fixé le tarif des faveurs. En vertu de ce tarif, les lupanars sont divisés en trois classes : en première classe, la faveur est au minimum de 5 francs; en seconde, la faveur coûte de 2 à 5 francs; et si l'on se contente de la troisième classe, le prix de la faveur n'est plus que de 20 sous.

En maison de passe, pas de coupon. L'entrée se paie en arrivant avec la fille rencontrée à la rue et qu'on a suivie, ou bien en demandant celle qu'on sait être là à l'heure présente. Ici encore trois classes : 2 francs et plus, comme droit d'entrée en première classe; de 1 à 2 francs, en seconde classe; et 10 sous seulement, pour l'entrée en troisième.

Et pas moyen d'être surfait nulle part, savez-vous!... Dans chaque chambre de lupanar ou de maison de passe, est affiché sous verre, en un beau cadre, le règlement de M. le Bourgmestre, portant cet article 12, au-dessous de l'indication du prix : « Les tenants-maisons de débauche ou de passe qui seront convaincus d'avoir exigé un prix supérieur, devront être dénoncés au Collège de M. le Bourgmestre et de MM. les Échevins qui prendra à leur égard les mesures administratives que le cas comportera. » Les Belges sont des gens pratiques, comme on voit; s'ils vont en secondes, ils entendent bien ne pas payer le prix de faveur des premières.

L'article 13 exige que chaque prostituée de lupanar ait sa chambre particulière.

Après les épanchements préliminaires, la fille sort d'un placard, ou d'un meuble quelconque, deux flacons, dont le renouvellement constant est exigé par l'article 14. Le premier flacon, destiné au sexe faible, contient une solution de soude caustique, soit une partie de lessive de soude à 35 degrés sur vingt parties d'eau distillée (*sic*); le second flacon, réservé au sexe fort, est rempli d'huile fraîche. Et l'article 14 s'oppose à tout subterfuge : « Chaque flacon, dit-il, doit être pourvu d'une étiquette, indiquant son contenu très lisiblement. » L'un et l'autre des champions en présence doivent s'humecter, au nom de la santé publique; le bourgmestre le veut, et il n'a pas tort L'article 14 prévoit encore les soins de propreté après le contact : « Il y aura, sous peine d'amende, stipule-t-il, du linge blanc et deux vases remplis d'eau fraîche. »

Ces détails administratifs prêtent à rire, évidemment; mais, en somme, ils ont un but excellent. Disons mieux : la municipalité bruxelloise a parfaitement raison d'exiger ce luxe de précautions. La preuve, c'est que les maladies vénériennes se propagent très peu dans la capitale de la Belgique.

En ce qui concerne la visite sanitaire, les frais en sont supportés, pour les filles de maison, par les tenanciers et tenancières, et directement par les filles éparses, avec faculté d'être inspectées chez elles, ou bien, si elles viennent régulièrement au Dispensaire, elles sont exemptes de la taxe (15 à 40 centimes par visite) après y avoir satisfait pendant quatre semaines consécutives. Cette taxe sert, en outre, à répartir les filles éparses en quatre classes, dont les trois premières paient selon le degré de valeur personnelle qu'elles s'assignent elles-mêmes; la quatrième classe, qui ne doit aucune rétribution, comprend toute prostituée âgée de plus de quarante ans, et celle qui est mère d'un ou de plusieurs enfants, qu'elle fait élever hors de chez elle.

Bruxelles possède une soixantaine de lupanars ou maisons de tolérance fermées, dont six à sept de premier ordre, avec un personnel de filles, principalement françaises et allemandes, qui ont reçu une certaine éducation et sont au fait des manières et du langage du monde. Les prostituées des maisons inférieures, dont une quarantaine de maisons du second ordre, sont pour la plupart des filles du pays, recrutées parmi les domestiques, les couturières, les ouvrières de tous états, que la paresse et la coquetterie ont séduites et portées à la débauche.

Il importe de noter à part les prostituées anglaises, qui viennent en Belgique, et qui, se plaçant en lupanar, font le désespoir des tenanciers, s'ils ne prennent pas leurs précautions contre leurs ruses. Ces filles, rouées comme potence, savent que les règlements interdisent l'admission des mineures dans les maisons de tolérance, et, d'autre part, on n'ignore pas que nulle femme n'est aussi vite flétrie qu'une catin d'Albion ; à dix-huit ans, elles paraissent en avoir vingt-cinq et même trente. Finies à Londres, elles filent à Bruxelles ; d'accord avec les courtiers en prostitution, elles se font délivrer des actes de naissance de compatriotes plus âgées, s'inscrivent ainsi sous de faux noms ; puis, si elles n'obtiennent pas le succès qu'elles rêvaient, elles jouent à merveille l'innocente victime, écrivent à leur consul, mettent l'autorité en mouvement, et font chanter les proxénètes ; les tenanciers, se voyant compromis, sont obligés de subir leurs exigences, sous peine de voir la presse s'ameuter contre eux (cela est arrivé !), attendu que, ces individus étant peu intéressants, chacun est porté à croire aux rapts que les prétendues détournées racontent. Les véritables victimes de la prostitution londonienne meurent à Londres en peu de temps ; les catins anglaises qui émigrent en Belgique, quelle que soit leur jeunesse, sont débauchées depuis nombre d'années, et, coquines consommées, ne méritent pas qu'on leur porte le moindre intérêt. Que d'encre d'imprimerie dépensée absurdement à leur propos ! Elles et leurs tenanciers, complices ou non de la fraude exécutée à leur débarquement à Bruxelles, sont à mettre dans le même sac.

Quant à la prostitution clandestine, elle est un fléau à Bruxelles comme à Paris ; elle s'exerce de la même manière. Mais ici elle est encore plus difficile à atteindre. En effet, le bourgmestre n'a pas autorité sur les communes suburbaines, et c'est précisément sur ces frontières locales que les gaillardes opèrent surtout ; il leur suffit de quelques pas pour se mettre, en cas de danger, hors de la juridiction de la police vigilante du collège municipal.

A Liège, nous trouvons une réglementation presque semblable à celle de Bruxelles; mais il est bon de signaler une mesure de protection pour les malheureuses filles de lupanar contre leurs tenanciers. Dans chaque maison de tolérance, se trouve une boîte aux lettres, dont les inspecteurs des mœurs ont seuls la clêf : la pensionnaire, qui peut avoir à se plaindre, n'a qu'à écrire sa requête et à la glisser, sans être vue, dans la boîte; ainsi sont évitées toutes les exploitations excessives.

Arrivons à Anvers; une station dans la cité-reine de l'Escaut en vaut la peine. Depuis la démolition de nombreuses vieilles rues qui lui avaient fait une réputation déplorable sous le rapport des fièvres, la ville de Rubens et de Van Dyck ne laisse plus rien à désirer : les nouvelles voies, après avoir fait leur œuvre d'assainissement, se sont bordées de somptueux édifices; partout, une foule cosmopolite court aux affaires, du pas diligent d'individus pour qui les minutes sont de l'or, et sur les visages rayonnants de tous, bourgeois et ouvriers, on lit le contentement, la bonne vie travailleuse et productive, la douce satisfaction d'un solide bien-être.

Mais passons tout de suite aux femmes, dont la beauté est proverbiale. Ce qui distingue l'Anversoise, c'est la fraîcheur lumineuse de son teint marbré de rose sur un fond laiteux, le carmin de ses lèvres saillantes et charnues, le dessin du nez pincé à l'attache du front, mais s'élargissant vers les narines, celles-ci bien découpées et mobiles, enfin la limpidité cristalline des yeux, variant du brun chaud, amoureux, pailleté d'or, au bleu verdâtre et changeant de l'eau marine. Quant au corps et aux membres, si les attaches manquent souvent de finesse, si la main est plus potelée que longue, si le pied large et court pose solidement sur le sol, en revanche les lignes du buste et des hanches, pleines, onduleuses, hardies, se groupent dans un ferme dessin, complété par les contours puissants de la poitrine, la cambrure svelte du dos, la rondeur des épaules taillées en pleine chair. Quand Rubens sculptait les croupes marmoréennes de ses sirènes, dans le *Débarquement de Marie de Médicis*, il ne faisait que représenter l'admirable structure et le plein épanouissement de ses belles compatriotes.

A Anvers, la prostitution de classe inférieure n'a rien de répugnant : elle est gaie et propre ; elle ne s'accroche pas avec avidité au client, pour lui soutirer le plus possible tout en se débarrassant de lui au plus vite ; au contraire, elle tient à s'amuser, elle aussi, pour son compte personnel, et s'attarde aux distractions joyeuses, autres que les jeux de l'amour, avec le galant de condition populaire qu'elle ne reverra sans doute jamais.

Il faut aller voir ces filles à prix réduits, le soir, dans les tavernes du port, dans les « musicos » où les marins, les petits employés, la jeunesse prolétaire arrosent de bière d'orge trois sous de crabes et de crevettes, puis lutinent et sacrifient à Vénus flamande. Elles semblent descendues des toiles des vieux peintres; on dirait de ces personnages que le pinceau des maîtres a fixés sur les tableaux ou les fresques, et qui, s'en détachant, se seraient animés, en revêtant un costume nouveau. Leur robe, outrageusement décolletée, livre leurs charmes aux regards du public, épaules nues, bras nus, gorge nue ; elles s'enlacent gracieusement, deux par deux, et valsent dans la salle, se heurtant à chaque instant aux angles des tables ou contre les dossiers des sièges des consommateurs ; n'importe quelle musique, même celle d'un orgue de barbarie, suffit à les mettre en mouvement, et les notes de leurs rires frais et clairs dominent les accords de l'orchestre ambulant ou la cacophonie des airs moulus à la mécanique.

Cette prostitution en musique se retrouve partout à Anvers, et certes elle n'est pas banale. Les lupanars de premier ordre eux-mêmes ne sauraient se soustraire à l'accompagnement d'un orchestre.

Le chef-d'œuvre du genre est la Grotte de Calypso, dont la renommée est universelle ; car il n'est pas sur la terre un libertin qui n'ait entendu parler de cette féerie anversoise. Pour la Belgique, elle est en quelque sorte une gloire nationale ; les plus luxueux lupanars parisiens sont éclipsés.

L'illustrissime grotte est située au Riddeyck, rue aux Harengs. Les étrangers étant en affluence, la bourgeoisie s'y précipitant aussi, un service d'ordre est nécessaire ; c'est pourquoi les deux bouts de la célèbre rue sont constamment gardés par la police. D'autres établissements concurrents entourent celui de la Grotte et font assaut d'attractions.

Entrez où vous voudrez. La rue est en perpétuelle fête ; les violons et les cuivres transpercent les murs ; c'est un flot d'harmonie offenbachique qui déborde des maisons. Dans chacune, les prostituées se livrent à leurs ébats chorégraphiques, tourbillonnant sur le parquet des salons. Elles sont là fort nombreuses, et, de temps en temps, quelques unes s'échappent des groupes dansants pour venir s'asseoir auprès des visiteurs ; on leur offre ou de la bière, ou bien, ce qui est de meilleur ton, du vin fin provenant des Caves Anglaises, du Marché-aux-Souliers. La nymphe ne se presse pas ; elle boit à petites gorgées, cause plaisamment de tout, et finit par vous dire qu'à l'étage au-dessus il y a d'autres salons où on la voit encore plus déshabillée.

Les jours de fête, la prostitution chôme au Riddeyck; la Grotte de Calypso et autres lupanars de grand luxe cessent d'être des lieux de débauche. Alors le négociant s'y rend avec son épouse, le bon bourgeois y va en famille. Tout le personnel féminin garde une chaste réserve ; la danse des nymphes est plus que jamais accompagnée par l'orchestre, mais la grâce des danseuses exclut les regards assassins et les poses lascives; et ces demoiselles, avec des airs candides, servent aussi à boire aux couples mariés.

Cette coutume est d'autant plus étrange, qu'elle montre la bourgeoisie anversoise sous un aspect inattendu. Ces hommes, d'une intelligence si vive pour les affaires, font preuve ici d'une bêtise qui n'a pas de nom. Ils s'estiment malins en conduisant leurs légitimes au Riddeyck; ils prennent leurs épouses pour aveugles et croient qu'elles ne voient pas leurs coups d'œil d'intelligence lancés à la dérobée aux filles. Or, la jolie et coquette bourgeoise, qui feint d'être dupe, n'en pense pas moins, et sort de chez Calypso avec des idées de vengeance.

(Nous supprimons à regret un épisode des plus intéressants ; mais si nous reproduisions in-extenso les notes de M. Guilbert de Préval, il faudrait pour cela quatre volumes et même cinq. Notre voyageur termine ce chapitre ainsi :)

Si Edimbourg est, à bon droit, la capitale des putains, Anvers est incontestablement, et par la faute même des maris, la capitale des cocus.

VIII

En Hollande

Bien que n'étant ni la capitale ni la plus importante ville des Pays-Bas, mais en tant que résidence royale et siège du gouvernement, La Haye doit être citée en premier lieu, selon l'usage; mais il y a peu de chose à dire au sujet de ses prostituées.

Interdiction absolue de la prostitution clandestine. La femme qui se livre habituellement à la débauche doit, aussitôt qu'elle adopte ce métier, en faire la déclaration au bourgmestre. Elle est, d'ailleurs, absolument libre de se prostituer chez elle; mais la visite sanitaire est obligatoire. La phryné qui n'obéit pas à cet arrêté municipal, serait-elle horizontale de haute marque, est passible d'une amende pouvant s'élever jusqu'à 25 florins (52 francs 50 centimes) et même d'un emprisonnement de vingt-quatre heures à trois jours.

Les filles publiques demeurant isolément sont divisées en trois catégories : 1° celles qui désirent se faire visiter à leur domicile; 2° celles qui se mettent en rapport avec un lupanar, pour aller y faire des extras et subir la visite avec les pensionnaires de la maison, le jour où le médecin s'y rend; 3° celles qui préfèrent aller se faire visiter au Dispensaire. La première catégorie paie seule une taxe pour les frais de visite.

Toutes ont un livret, qu'elles doivent montrer à la tenancière du lupanar, chaque fois qu'elles vont à son établissement faire une passe; chez elles, c'est au client qu'il leur faut exhiber ce petit carnet, où le résultat des visites est indiqué dans des cases datées, à raison de deux visites par semaine.

En lupanar, même visite bi-hebdomadaire et générale; la tenancière elle-même y est soumise, ainsi que toutes les servantes. Là, dans les maisons de tolérance, la claustration est complète; mais il est toujours permis aux pensionnaires de quitter ces maisons, en s'adressant pour cela au bureau de police. 25 florins d'amende et trois jours de prison constituent la peine infligée à toute tenancière coupable d'avoir empêché une de ses prostituées d'écrire au bourgmestre.

D'après ce qui précède, il ne faudrait pas croire que la Hollande a des lois relatives à la prostitution; cette question est laissée au jugement des municipalités. Ainsi, si, de La Haye où la réglementation existe, nous passons à Amsterdam, nous trouvons ici l'exercice de la débauche presque libre.

Avec ses 481,000 âmes (les faubourgs compris), Amsterdam, malgré ses nombreux canaux qui la traversent en tous sens et la divisent en 90 îlots communiquant entre eux par 300 ponts, ne saurait être comparée à Venise. La capitale des Pays-Bas, noire par l'antiquité, présente presque partout la légendaire propreté hollandaise; un jeune dit-on prétend qu'il y a vingt ans le fumeur flânant sur le macadam de la Kalver-straat n'osait laisser tomber la cendre de son cigare, de peur de salir cette belle rue, orgueil des habitants.

Et quelle animation dans la journée! elle se prolonge le soir, jusqu'à des heures fort tardives. Ici et là, les boutiques sont brillamment éclairées; les larges vitrines versent des torrents de lumière sur leurs étalages et sur les promeneurs; on y voit comme en

14.

plein jour. Le linge éclate de blancheur; les bijoux semblent plus éblouissants, et leur profusion rappelle immédiatement à l'étranger qu'il est dans la métropole de la joaillerie. Des caves même ouvrent leurs bouches lumineuses, montrant des magasins de jouets, des monceaux de châles et d'étoffes aux couleurs éclatantes; c'est là que le peuple va se fournir de tout. Quelle étonnante, quelle prodigieuse illumination! Les reverbères innombrables brillent entre les grands arbres des quais et se reflètent dans l'eau, en larges serpents de feu. Dans les carrefours, d'immenses candélabres détachent sur les maisons noires leurs blanches girandoles de lumière.

Au milieu de cet éclat d'incandescence, de ces appâts pour la bourse, de ces merveilles de l'art et de l'industrie, circule une foule compacte, non pas un fleuve humain aux tons sombres comme toutes les foules; ici, elle est semée de points clairs, lilas ou roses, les deux couleurs favorites de la jeune hollandaise. Et le regard du touriste ne peut se lasser de contempler cette coquette richesse qui défile, ces voor-hoofden (plaques d'argent) et ces épis de diamants qui les remplacent sur les fronts des femmes, même sur ceux des paysannes, ces énormes pendants d'oreilles, ces colliers de jais ou de corail, toutes les artistiques splendeurs de l'or ouvré, ciselé, mat ou bruni, enrichi de perles ou de pierres précieuses.

Les prostituées mêlées à cette foule ne se font point remarquer par des extravagances. Si Amsterdam n'a point de règlements spéciaux les concernant, si elles ne sont pas tenues de se faire inscrire, si la visite sanitaire même n'est pas obligatoire pour elles, du moins elles ne franchissent pas certaines limites de convenance, tant que l'heure de la rentrée au logis n'a pas sonné pour les familles honnêtes; en attendant cette heure, la police locale se borne à empêcher tout scandale public.

Dans les lupanars fermés, qui varient depuis le luxe féerique jusqu'à la plus basse classe, le personnel est extrêmement mêlé, en ce qui concerne les origines sociales et les nationalités. Tenanciers et tenancières sont libres, sauf sur un point au sujet duquel la police a le droit d'intervenir : l'admission des mineures est interdite dans les maisons de débauche; c'est la seule défense formulée par l'administration municipale. Or, comme d'autre part aucun arrêté ne contraint les filles de joie à produire des renseignements quelconques sur leur personne, cette interdiction demeure dans le domaine de la théorie, et les jeunes filles affluent dans les maisons de prostitution d'Amsterdam; je dois dire, toutefois, que je n'en ai vu aucune paraissant avoir moins de seize ans.

A part les établissements infects, fréquentés par la lie de la populace, les lupanars, même les médiocres, se montrent mieux avisés que l'administration, en ce qui concerne la santé de leurs pensionnaires et des visiteurs; les tenanciers font souscrire à chaque fille, à son entrée en maison, l'engagement de se soumettre à un examen périodique fréquent, et ils traitent pour cela avec des médecins, par abonnement annuel. En cela, ces industriels ont souci de la bonne réputation de sécurité qui les fait prospérer.

Dans les lupanars de premier ordre, le proxénète se préoccupe toujours d'avoir des filles intelligentes; ce à quoi il tient peut-être plus encore qu'à une beauté hors de pair. En même temps, il a soin de se ménager le concours d'un jeune docteur ou de quelque étudiant de bonne volonté et capable, qui met au courant les prostituées, autant que faire se peut, des principaux signes auxquels les maladies vénériennes se reconnaissent extérieurement chez l'homme. En suite de quoi, ces filles, très douces et très polies, mais aussi pleines d'adresse, soumettent leurs clients, sans les formaliser, à une petite visite intime, avant tout contact.

Par contre, les raccrocheuses et autres catins vivant isolément, ainsi que les filles des plus ignobles lupanards, propagent la syphilis, la blennorrhagie, les chancres et le reste, avec une quiétude effrayante; et pour comble de malheur, leurs victimes ne s'adressent presque jamais aux médecins pour se faire soigner, mais principalement à des barbiers, qui, à Amsterdam, se sont créé cette spécialité des remèdes soi-disant infaillibles, avec consultations aussi secrètes que malfaisantes.

Je ne saurais terminer ces notes sur la capitale des Pays-Bas, sans dénoncer un fait qui caractérise bien l'immoralité latente, cachée sous les dehors placides de la bourgeoisie de cette ville. Il semble, en effet, au premier abord, que la débauche ici doit s'exercer faiblement, puisqu'à côté de l'aisance générale la vie de famille prévaut; la sévérité habituelle des mœurs paraît un obstacle à la propagation du désordre; à tout prendre, on se dit que l'influence climatérique elle-même, en cette région si humide, porte plus à l'ivrognerie qu'au libertinage. Eh bien, on se trompe; la démoralisation est profonde, et plus encore dans les classes fortunées que dans le peuple.

Et voici le fait que j'ai le devoir de signaler et qui est monstrueux : les lupanars aristocratiques d'Amsterdam sont fréquentés par les jeunes filles des meilleures familles; elles se les font connaître entre amies; elles y vont en cachette de leurs parents, non pas pour se prostituer, mais pour y satisfaire des appétits contre-nature, après avoir grisé de curaço triple-sec ou de half-om-half la jolie pensionnaire qui leur plaît.

Pour ces lesbiennes hollandaises, les lupanars qui les reçoivent ont chacun un nom distinctif, que la clientèle masculine ignore. Les principaux sont au nombre de cinq, et voici sous quels noms ces demoiselles les désignent, d'accord en cela avec les proxénètes qui favorisent leur vice : *Lust en Rust* (plaisir et repos); *Wel Tevreden* (bien content); *Buitenzorg* (sans souci); *Vriendschap en Gezelschap* (amitié et société); *Mijn Genoegen* (mon plaisir). Et quand on les en entend parler, il semble qu'elles causent d'une délicieuse après-midi, bien innocente, passée en quelque maison de campagne des environs.

A Rotterdam, à Utrecht, à Harlem, à Arnhem, à Leyde, à Flessingue, nous retrouvons la prostitution réglementée. Dans ces diverses villes, tous les usages sont à peu près les mêmes. La femme qui fait commerce de son corps, quelle qu'elle soit, et lors même qu'elle se prostitue tout en conservant une autre profession avouable, doit déclarer son cas à la police municipale; visite sanitaire, au moins une fois par semaine; la licence accordée pour tenir une maison de débauche, valable pour une année seulement, et pouvant ne pas être renouvelée par l'autorité sans aucune explication; pluie d'amendes, de 3 à 50 florins, pour toute infraction aux règlements; pénalités plus sévères encore frappant la prostitution qui se dérobe à l'examen des médecins du Dispensaire.

La prostitution de Rotterdam mérite une mention à part, en raison de son caractère indiscipliné, dont la cause réside, sans aucun doute, dans l'affluence d'Anglais des deux sexes. On y trouve de nombreux musicos, qui rappellent ceux d'Anvers, mais avec une turbulence de port britannique. Au surplus, les environs des lupanars sont encombrés de petits grooms, échappés de Londres; ces gamins font le métier de rabatteurs, raccrochent les passants et leur vantent les mérites du personnel féminin des établissements qui les emploient à faire leur réclame; au surplus, ils ne manquent jamais d'ajouter que le tenancier a une réserve de fillettes, ce qui est bien anglais!

IX

Copenhague.

Au Danemark, la prostitution est menée à la baguette par l'autorité, et la baguette est de fer.

Il suffira de parler de Copenhague, parce que les filles publiques des autres grandes villes de province, telles que Aarhuus, Odense, Aalborg, Elseneur, etc., sont sous le même régime que celles de la capitale.

En premier lieu, il ne doit pas y avoir de fille publique non autorisée, et, en second lieu, la police a pour principe de n'autoriser que les femmes qui sont dans une misère absolue. Grande pitié pour les malheureuses qui, après avoir lutté désespérément contre les fatalités d'un mauvais sort, se trouvent en définitive sans aucune ressource; aucune pitié, au contraire, pour les peu intéressantes femmes que la paresse, jointe à la vanité, pousse au honteux métier de la débauche tarifée.

Avant toute inscription, une enquête minutieuse. Si

la postulante est une infortunée qui succombe, sa demande est accueillie ; s'il s'agit d'une simple vicieuse, on la remet à une administration qui la place en maison de travail, maison qu'elle ne peut quitter sans autorisation de la police.

Quant aux prostituées qui cachent leur infâme moyen d'existence, on procède de même à leur égard, sitôt qu'elles sont découvertes. Si leur débauche clandestine est aggravée d'une maladie vénérienne, on les considère comme coupables de blessures volontaires, et elles sont frappées de pénalités sévères ; ces peines sont graduées et varient, en cas de récidive, de cinq à trente jours d'emprisonnement au pain et à l'eau, e même, si le cas est grave, on place les coupables dans une maison de correction pendant huit mois et plus.

Lorsqu'une fille atteinte du mal vénérien n'a pas caché sa maladie, elle n'est pas punie, à moins qu'elle ne se soit rendue coupable d'autres délits, tels que corruption de la jeunesse, etc., ou que l'exercice de la prostitution lui ait été formellement interdit.

Le gouvernement danois livre à la syphilis un combat permanent et dans toutes les règles. Sitôt qu'une prostituée est reconnue syphilitique, elle est interrogée avant son envoi à l'hôpital ; autant qu'il est possible, on s'efforce alors de découvrir les hommes avec lesquels la fille malade a eu des rapports ; ceux-ci sont invités par la police à se faire visiter et à se soumettre à un traitement préventif ou médical, suivant les circonstances. Dans toutes ces recherches, on procède, du reste, avec la plus discrète réserve.

A Copenhague, il n'existe pas de lupanars proprement dits. Dans quelques maisons, où l'on vend à boire au rez-de-chaussée, les filles qui logent aux étages supérieurs se tiennent ensemble dans la grande salle de consommation, buvant une halv-flask (demi-bouteille de bière), du café, du thé, du lait, ou grignotant des smorbrods (sortes de sandwichs); les galants engagent la conversation avec elles et débattent directement le prix d'une connaissance plus intime. Le règlement leur prescrit, en effet, de se faire payer d'avance, afin qu'aucune discussion ne suive le contact. Celles d'une classe plus élevée habitent des maisons du même genre, mais restent dans leur chambre, attendant la clientèle qu'elles se sont faite aux cours de leurs sorties au théâtre du Casino, au cirque Variété, au Sommerlyst, au Pierrot de Tivoli ou à la montagne russe; les visiteurs vont droit chez la fille sans avoir aucun rapport avec le patron de l'établissement.

Notons encore que les prostituées au Danemark ne peuvent pas loger ailleurs que dans des garnis avec débit de boisson, à moins d'une autorisation spéciale, si avec du succès et de l'économie elles finissent par être en mesure de se mettre dans leurs meubles. Enfin, il leur est formellement défendu de recevoir un homme pendant toute une nuit.

X

En Suède et Norvège

Dans ce royaume, le régime se rapproche de celui du Danemark, surtout au point de vue de la sévérité.

A Stockholm, ce sont les médecins eux-mêmes qui ont obligé la police à suppléer au silence de la loi. A

Christiania, les règlements permettent d'envoyer la prostituée en réclusion avec travail forcé, si elle omet de déclarer son changement de domicile; en outre, la fille clandestine, qui est prise avec syphilis, est exposée à devenir à l'hôpital, tellement elle est méprisée, un sujet d'expériences médicales, absolument comme les lapins de Pasteur.

On m'a cité une prostituée dans ce cas, âgée de trente ans. Elle était atteinte de syphilis tuberculeuse, et l'on fit sur elle des essais de syphilisation, selon la méthode du docteur Boëck, une célébrité de Christiania. En d'autres termes, on ramassa le virus de quantité d'autres syphilitiques des deux sexes ; on lui inocula le pus de tous les chancres possibles : elle subit ainsi 1,224 inoculations, dont 998 eurent pour résultat de la couvrir de chancres des pieds à la tête; les 226 dernières inoculations, au contraire, ne produisirent aucun effet; ce qui fit dire à tous les partisans du docteur Boëck qu'elle était enfin guérie.

XI

Dans les régions Boréales.

Quel dommage vraiment que l'espace nous soit mesuré ! Au fur et à mesure que j'avance dans ma lecture du manuscrit de M. Victor Guilbert de Préval, mon ennui augmente d'être obligé de sacrifier tant d'intéressantes pages. Il faudrait pouvoir reproduire tout au long son voyage dans la Laponie norvégienne, aux îles Tromsen, et particulièrement son séjour à Hammerfest, d'où il s'embarqua pour le Groënland, avec retour en Écosse, en revenant par l'Islande, qui fut l'objet d'une station importante. Avec quel regret nous laissons de côté ces nombreuses notes ! Nous ne pourrons même pas parler de l'Islande ; cela nous conduirait trop loin.

Hammerfest, son point de départ pour les régions boréales, est la ville la plus septentrionale du monde, par 70° 40′ 11″ de latitude nord et 21° 25′ 16″ de longitude est de Paris ; elle n'avait que 77 habitants en 1801, et elle en a aujourd'hui 2,220. Centre du commerce de la région avec la Russie, elle est très animée en été, au cours duquel le soleil ne se couche pas du 13 mai au 29 juillet. C'est aussi de Hammerfest que partent en été les bateaux de la ligne du Spitzberg, ainsi que les flottes de pêcheurs pour l'Océan Glacial.

Quel Parisien croirait qu'en cette contrée si éloignée de lui, si perdue à l'extrémité nord de l'Europe, se trouve une petite ville, coquette et charmante, admirablement fournie de tout le confort moderne?... A part l'odeur de l'huile de foie de morue qu'on sent partout à Hammerfest, à cause des nombreuses fonderies qui la produisent, — et encore on se fait vite à cette odeur, nous dit M. Guilbert de Préval, — à part ce léger inconvénient, un séjour parmi cette active population est des plus agréables ; on n'y manque de rien, et l'on s'y acclimate sans peine. La période du 18 novembre au 23 janvier ne fait qu'une seule nuit de 1,608 heures, puisqu'à cette époque de l'année le soleil ne se lève pas, contrairement à l'autre période correspondante de l'été ; mais on ne souffre pas de cette absence totale de l'astre du jour, la ville étant alors complètement et magnifiquement éclairée à la lumière électrique.

C'est avec enthousiasme, mais aussi avec une précision parfaite, que notre voyageur nous raconte son ascension du Tyven, montagne de gneiss et de schiste, à peu de distance de Hammerfest; excursion qu'il fit avec une aimable laponne pour guide, passant au milieu des innombrables troupeaux de rennes apprivoisés, et atteignant ce superbe sommet du Tyven (375 mètres), nullement fatigant au touriste, ce petit plateau unique en son genre, d'où l'on voit au loin les îles désertes, avec leurs étangs, des vastes chaînes de montagnes, des champs de neige et des glaciers, d'où enfin l'on découvre l'imposant horizon de l'Océan Glacial, sur lequel on a une vue illimitée. Oui, certainement, notre regret est vif d'être obligé de sacrifier de si belles pages!

Nous sauterons donc, d'un seul coup, à un épisode au Groënland, chez les Esquimaux.

... Le passage devant le Puisortok n'est pas trop difficile; nos canots en bois sont solides; la banquise est très clairsemée; des blocs plus ou moins gros sont détachés du glacier mais ces glaçons présentent moins d'obstacles à la marche que la glace de mer.

En nous glissant à travers les falaises de glace, nous finirons bien par aborder la côte du roi Frédéric VI, laquelle, allant du cap Farwel à Pikiutdlek, c'est-à-dire du 60e au 65e degré de latitude nord, est plus éloignée du pôle que Hammerfest, notre point de départ; et pourtant il fait ici beaucoup plus froid qu'à la pointe septentrionale de la Norvège.

La haute falaise de glace qui termine le glacier du Puisortok nous offre toutes les différentes teintes du bleu, depuis le bleu azur jusqu'au bleu laiteux; son aspect est admirable.

Enfin, arrivés près du cap Bille, au nord du glacier, nous entendons du côté de terre un brouhaha de voix humaines et d'aboiements. Aussitôt, nous faisons route dans la direction d'où vient ce bruit, et nous ne tardons pas à apercevoir plusieurs points noirs en mouvement.

— Ce sont des Esquimaux ! s'écrie Gedge, le chef de nos Lapons et notre grand interprète.

Tous, en nous voyant, poussent des exclamations joyeuses, auxquelles nous ne comprenons rien, et agitent les bras. Plus haut, sur les rochers, apparaissent des tentes en peau , et, en approchant, il nous arrive une odeur très caractéristique d'huile faite avec la graisse de phoque. Gedge avait raison.

Au moment où nos Esquimaux voient que nous manœuvrons de leur côté, leur charivari redouble, et tous gesticulent de plus belle. Les uns dégringolent vers la rive, tandis que d'autres grimpent sur les rochers pour pouvoir mieux contempler le spectacle extraordinaire qui s'offre à leurs yeux et dont nous faisons les frais. Sommes-nous arrêtés par un gros glaçon et prenons-nous les gaffes pour nous frayer passage, le tumulte devient assourdissant, ce sont des hurlements frénétiques.

Quand nous approchons du rivage, plusieurs indigènes viennent en kayaks à notre rencontre ; pour nous souhaiter la bienvenue, ils nous sourient et font évoluer leurs canots autour de nous. Ils nous indiquent la route, que du reste nous trouvons facilement, et manifestent leur surprise de voir nos solides embarcations briser des morceaux de glace qui perceraient leurs frêles kayaks.

Le dernier glaçon dépassé, une scène absolument extraordinaire s'offre à nos yeux dans la demi-obscurité du soir. Sur les rochers se pressent de longues files d'hommes, de femmes et d'enfants, tous aussi peu vêtus les uns que les autres, malgré la fraîcheur de l'air. Tout ce monde multiplie les gestes plus que jamais et pousse maintenant des groguements sourds ; il semble que nous avons à nos trousses un troupeau de vaches beuglant en chœur, comme lorsqu'on ouvre le matin la porte de l'étable pour donner à manger au bétail. Sur la rive, quelques hommes agitent les bras, pour nous indiquer le meilleur point de débarquement. Plus haut, sur des rochers, se trouvent plusieurs tentes jaunâtres, et, près de la mer, des kayaks, des oumiaks, disséminés avec des engins de pêche et d'autres instruments.

Comme cadre de cette scène pittoresque, figurez-vous un grand glacier, la mer parsemée de glaçons, et un ciel empourpré ; au milieu, mettez nos deux canots, montés par des gens qui, accoutrés comme nous sommes, ne donnent pas une idée avantageuse des civilisés ; voilà le tableau !... Quel mouvement se donnent toutes ces créatures de race boréale, et que j'ai plaisir à les voir, après avoir eu tant de solitudes à traverser !... Tout ce monde rit et se montre empressé à nous rendre service. Le sourire aux lèvres, c'est la salutation des Esquimaux.

Ils s'entendent surtout fort bien avec les Lapons. Les nôtres leur disent : *Rafthe vissui* (la paix chez vous) et ils répondent : *Ibmel addi* (Dieu la donne !), montrant ainsi qu'ils connaissent les expressions les plus usitées dans la langue de leurs frères des régions arctiques.

Ces indigènes paraissent mener une vie assez heureuse dans cette contrée de glace et de neige. Le spécifique de mon bisaïeul serait ici fort inutile[1], tant leur

1. Les maladies de poitrine sont les seules maladies dont les Esquimaux ont à se plaindre ; quant aux maladies contagieuses, quelles qu'elles soient, elles sont totalement inconnues chez eux.

santé est prospère. Ma foi, en les voyant, le désir me vient de rester quelque temps parmi eux.

A peine avons-nous eu mis pied à terre, qu'ils se sont presque disputés pour nous donner l'hospitalité. MM. Ericksen et Lund ont dû se séparer de moi, avec leurs matelots de Tromsoë; Johen Aagaard, le jeune fondeur de baleine, à qui j'ai sauvé la vie, en fait autant et se laisse entraîner à une tente, accompagné par ses hommes de Hammerfest; un troisième groupe se constitue, ayant à sa tête M. Skancke, de Vadsoë, qui commande à nos lapons. Je ne garde que Gedge, mais il est le plus précieux de tous; et l'on nous invite, nous deux, à pénétrer dans une grande tente.

Après avoir passé la porte, puis nous être glissés sous un rideau en peau d'intestins de phoque, en baissant la tète à cause du peu d'élévation du passage, nous voici dans une vaste chambre, éclairée par plusieurs lampes à l'huile. Quel spectacle et quelle odeur! Les récits de voyage m'avaient bien appris que les Esquimaux des côtes orientales ont l'habitude d'être peu vêtus dans leurs tentes, et que l'air de ces habitations ne fleure pas précisément la rose; mais que ce fût à ce point, je ne me le serais jamais imaginé. La puanteur était épouvantable; elle eût fait reculer un égoutier... A l'odeur dominante des huilès nauséabondes tirées du lard de baleine et de phoque, se mêlait l'exhalaison âcre des urines humaines, conservées avec soin dans des vases: je dirai tout à l'heure dans quel but on la garde ainsi par grande provision.

Cependant, on s'accoutume rapidement à ce milieu, surtout quand on s'est fait explorateur; il est évident que, si l'on vient en Groënland, on s'est déjà aguerri; quant à moi, j'ai la chance d'être doué d'une excellente nature, capable de toute adaptation. Au bout de quelque temps, l'odeur, qui m'avait suffoqué en entrant, ne m'incommodait presque plus, ou du moins pas au point de m'empêcher de montrer combien j'étais sensible au bon accueil qui m'était fait.

J'étais entouré d'une foule de gens nus. Tous portaient simplement autour des reins un pagne; celui des femmes, le natit. est un mince ruban, des plus étroits, dont une partie, la plus large, cache tout juste les organes sexuels et se trouve rattachée par derrière à la partie qui fait ceinture. Les représentants du beau sexe étaient, en outre, parés d'un second ruban, que je ne saurais mieux comparer qu'à une jarretière placée au-dessus de la tête et serrant les cheveux, les comprimant au milieu de leur masse proéminente; par exception, quelques-unes de ces femmes avaient leur chevelure éparse.

Chez ces gens, aucune honte de se montrer nus à un étranger, et le naturel avec lequel ils se livrent aux occupations les plus diverses dans ce costume paradisiaque paraîtrait fort étrange à bien des civilisés; moi, je ne m'étonne de rien. Bien mieux, c'est mon compagnon lapon, mon bon Gedge, qui, de nous deux, est le plus embarrassé.

Voici qu'une jeune mère arrive, se déshabille, grimpe sur le lit près de son enfant, également nu, et s'accroupit pour lui donner le sein. Une personne un tant soit peu libre des sots préjugés de la civilisation n'aurait pas manqué d'être touchée par cette scène d'amour maternel. La pauvre femme reste longtemps dans cette position; puis, sentant le froid, ramène sur elle et son marmot un beau tapis de peau de phoque.

D'autres indigènes arrivent, et la tente est bientôt pleine. On m'a fait asseoir sur une boîte placée à quelque distance du rideau qui obstrue l'entrée de la chambre; c'est la place réservée au visiteur que l'on désire honorer le plus. Gedge s'est assis près de moi, par terre. Les habitants, eux, prennent place sur le lit, situé au fond de la grande chambre.

Ce lit immense est fait de planches et recouvert de nombreuses couches de peaux de phoques, qui constituent un coucher des plus sains, et dont l'ensemble est plutôt moelleux que dur; il est assez long pour qu'un assez grand nombre d'indigènes puissent s'y étendre. Sa largeur dépend de celle de la tente et de la quantité d'habitants. Quand les hommes sont au dehors, occupés à la pêche ou à leur chasse si spéciale, les femmes exécutent sur ce lit une partie de leurs travaux, accroupies sur les jambes.

Quant à la tente elle-même, elle présente une forme très curieuse. L'appareil se compose d'un fronton en bois, sur lequel viennent converger des perches disposées sur le sol en demi-cercle. Sur ce châssis est étendue une double couverture de peaux, la première formée de peaux dont la fourrure est placée du côté de l'intérieur, la seconde servant de toiture et composée de peaux qui proviennent de leurs vieux canots hors d'usage, oumiaks ou kayaks. La porte se trouve au-dessous du fronton.

Dans la tente où je me trouvais, habitaient quatre familles, chacune d'elles ayant sur l'immense lit-divan son compartiment distinct. Le compartiment de chaque ménage mesure en largeur plus de deux mètres, sans parler de la profondeur; ce qui permet au mari d'avoir ses deux femmes à chaque côté, sans que le trio conjugal soit gêné, et les enfants couchent dans le fond. L'Esquimau est bigame.

Devant le compartiment de chaque famille, une lampe à huile brûle, dont la flamme est très large. Ces lampes, en pierre ollaire, présentent la forme d'une demi-circonférence; elles sont plates, creuses comme des soucoupes, et généralement assez larges, plus de 30 centimètres de diamètre. La mèche est un morceau de mousse séchée, placé le long d'un des bords du vase et alimenté sans interruption par du lard frais que la chaleur transforme rapidement en huile. Le soin d'entretenir les lampes incombe aux femmes; elles ont, pour cela, des baguettes spéciales, et avec ces instruments empêchent les mèches de fumer ou de s'éteindre. Au-dessus de ces lampes, les habitants font cuire leur nourriture dans des grands vases en pierre ollaire suspendus au plafond.

Il est curieux que ces indigènes ne se servent ni de tourbe ni de bois, alors qu'ils pourraient facilement s'en procurer. Dans la tente où je me trouve, brûlent un grand nombre de lampes; elles brûlent jour et nuit, servant en tout temps de poêles et de luminaires; sur plusieurs chauffent des marmites. Les Esquimaux ne dorment jamais dans des chambres obscures. Ce sont ces lampes qui produisent surtout l'odeur dominante dont l'étranger est suffoqué, pris à la gorge, en entrant.

Tandis que j'examine tout, la conversation commence. Dès que je regarde un objet, les femmes, très prévenantes, le saisissent, me le montrent et m'en expliquent l'usage, par l'intermédiaire de Gedge, mon truchement. Pendant ce temps, les quatre chefs de famille discutent entre eux avec beaucoup d'animation; parfois, l'un d'eux vient consulter Gedge. Mon Lapon m'explique qu'on lui a demandé ma profession, et j'ai dit précédemment pourquoi il me considère comme un grand médecin; bien entendu, il me porte aux nues et leur raconte qu'aucun miracle ne m'est impossible.

C'est pendant cette conversation à bâtons rompus

que me fut révélé le mystère des vases d'urine. Ce liquide, ayant la propriété de dissoudre les corps gras, leur sert à préparer les peaux. En outre, vu l'absence totale de savon, et leur visage et leur corps s'encrassant, les femmes et les jeunes filles, coquettes comme partout ailleurs, n'entendent pas porter sur la peau, comme les hommes, une épaisse couche de graisse sale; aussi, l'urine joue-t-elle le rôle d'eau de Cologne dans la toilette du beau sexe. Les élégantes lui trouvent même une senteur exquise et s'en parfument les cheveux; c'est un moyen de séduction dont les belles se servent pour attirer les amoureux.

Parmi les objets qui me furent montrés, il en est un qui ne saurait être oublié : c'est le piège à puces. Il faut dire d'abord que les Esquimaux, avant d'être en relations avec les Européens, ne connaissaient pas la puce; nous avons enrichi, paraît-il, de cet insecte la faune du pays, et les indigènes donnent à cet aphaniptère le nom de « pou européen ». Les Esquimaux ne regrettent pas, d'ailleurs, l'introduction de ce parasite : d'abord, les puces leur procurent une distraction, quand ils n'ont rien à faire; en second lieu, elles sont pour eux une véritable friandise. C'est pourquoi ils ont imaginé des engins spéciaux pour capturer ce gibier; les pièges que j'ai vus consistent en brindilles de bois surmontées de touffes de poils de lièvre, que l'on promène sur le corps vers l'endroit où l'on vient de se sentir piqué; les insectes se réfugient dans les touffes chaudes des poils et se font ainsi prendre le plus facilement du monde. On s'amuse beaucoup à cette chasse, le soir après dîner surtout, avant que chaque famille prenne sa place sur le grand lit commun. Lorsqu'une puce a été prise, l'heureux chasseur la fait circuler devant toute l'assistance; on se la passe adroitement de main en main, en se mouillant les doigts, pour ne pas la laisser s'échapper, et, ce faisant, chacun témoigne bruyamment ses impressions; après quoi, on rend l'insecte à son propriétaire, qui le croque d'un coup sec et l'avale avec une satisfaction manifeste.

Après ce que je viens de raconter, ne croyez pas pourtant que les Groënlandais vous fassent éprouver un mouvement de répulsion. Très rapidement on s'habitue à la saleté; ce qui était facile, du reste, pour nous, après un tel voyage. On s'accoutume également à les voir se gratter le nez, les oreilles et la tête; après un court séjour, l'atmosphère de leur tente n'incommode plus du tout, et bientôt on trouve un certain charme en leur compagnie.

Il est difficile de prononcer un jugement sur la beauté de cette race; car la beauté est une chose très relative. Prend-on comme point de comparaison le type grec, la Vénus de Milo par exemple; je dois avouer que les indigènes du Groënland en sont bien éloignés, et que personne parmi eux ne représente ce genre de beauté. Mais si nous nous débarrassons des préjugés classiques, et si nous considérons comme beau non ce que nous avons appris à considérer comme tel, mais ce qui réellement charme nos regards et les attire, nous trouverons des types de beauté parmi ces Esquimaux. Vivez un certain temps au milieu de ces pauvres sauvages, et vous trouverez bientôt dans le nombre, j'en suis persuadé, des figures agréables. Pour ma part, j'ai vu, en nos grandes villes du monde civilisé, des filles galantes très recherchées, qui ne valaient certes pas les beautés esquimaudes. Un de mes compagnons appela l'attention de ses camarades suédois sur une de ces indigènes, dont les traits lui rappelaient, disait-il, ceux de certaine jolie norvégienne qu'il nous cita, et deux autres, qui connaissaient cette dernière, se déclarèrent frappés de la ressemblance. Si cette Esquimaude paraissait dans un salon vêtue d'une élégante toilette, je suis convaincu qu'elle obtiendrait le plus grand succès.

L'Esquimaude porte les signes caractéristiques de la beauté particulière de la race boréale, race qui se distingue surtout par la face large, la taille courte et les cheveux soyeux; les hommes n'ont pas de barbe, ou à peine un léger duvet qui leur en tient lieu. Chez la femme, le visage est moins rond, et plusieurs l'ont ovale; toutes ont les joues dodues, avec de larges pommettes saillantes; l'œil est noir, relevé à la chinoise, et d'un éclat singulièrement vif, perçant; les lèvres sont charnues sans exagération, rieuses et sensuelles, la supérieure débordant un peu, et l'inférieure légèrement creusée au milieu; le menton, tout en chair, et néanmoins pas trop gros, est rond, avec une fossette le plus souvent; quant au nez, qui est aplati chez les hommes, les femmes ne l'ont pas écrasé, mais enfoncé au milieu des grosses joues. Il semble que leur visage a subi une dépression sur le devant et que la masse charnue a été repoussée sur les côtés. Chez ces femmes, et surtout chez leurs enfants, on peut tirer une ligne d'une joue à l'autre sans toucher le nez; quelques enfants présentent même une sorte de creux au centre de la figure.

Ce ne sont pas là, évidemment, les caractères de la beauté telle que les Européens l'entendent. Les Esquimaudes ne séduisent pas l'étranger rarissime qui vient dans leurs parages, par la régularité de leurs traits, mais par leur bonne grâce, leur douceur enjouée, leur jovialité intarissable; en somme, si l'on oublie quelle est leur eau de toilette, et une fois que l'odorat s'est fait à leur genre de parfum, elles sont, sinon captivantes, du moins plus aimables que beaucoup de filles d'Ève d'autres races et d'autres pays.

Tandis que je me suis livré à ces observations ethnographiques, la discussion des quatre chefs de famille s'est terminée, ayant été d'ailleurs fort amicale, et les voici qui viennent à moi, m'entourent, et Gedge m'expose leur requête.

— Ils vous supplient, me dit-il, de rester chez eux sept jours.

— Pourquoi sept jours?

— Ils ont huit femmes; mais celle qui allaite son enfant est à déduire de leur compte.

— Venons au fait, Gedge; je ne comprends pas.

— Pour ne pas faire de jaloux entre eux, il faut que vous couchiez une nuit avec chacune des sept femmes; ils vous demandent de leur faire des enfants savants comme vous... Si cependant vous ne voulez pas demeurer ici plus de vingt-quatre ou quarante-huit heures, ils ont tiré au sort quelles seront la première et la seconde femme que vous honorerez successivement de votre amour; mais je vous assure que, si vous refusez cette hospitalité de sept nuits, vous leur causerez un grand chagrin...

... M. Guilbert de Préval demeura trois semaines chez ce familial quatuor de ménages esquimaux. On fit à Gedge un bon lit, mais en l'y laissant seul; les naturels de la côte orientale ne tiennent aucunement à voir des petits lapons pousser chez eux. Par contre, ils ont la graine européenne en haute estime, étant convaincus que les hommes blancs sont des êtres supérieurs. Cette croyance, générale chez les Groënlandais, les amène à exercer ainsi l'antique prostitution hospitalière de l'Asie-Mineure; ils s'imaginent qu'en livrant leurs femmes, lesquelles se prêtent d'ailleurs volontiers à la coutume, ils font entrer dans leurs familles des enfants destinés à accomplir de grandes choses ; à leurs yeux, le fils d'un médecin sera forcément un angekok, c'est-à-dire un magicien, et un capitaine ne peut engendrer que des chefs très courageux.

XII

En Allemagne.

Il n'est pas de ville qui ait pris, en Europe, une extension aussi subite que Berlin et dans des proportions aussi formidables. Il y a cinquante ans, la capitale prussienne comptait 300,000 âmes, soit 50,000 de moins que le Munich actuel ; et aujourd'hui sa population dépasse 1 million 600,000 habitants. Cet énorme accroissement de citadins a nécessité des constructions d'immeubles en conséquence, un immense développement de voies nouvelles ; si bien que cette ville occupe maintenant une superficie de 6,310 hectares, et elle s'étend toujours de plus en plus.

D'autre part, rien n'est moins stable que le régime de la prostitution à Berlin. En 1845, le rigorisme protestant y fit supprimer les bordels (c'est le nom officiel des maisons de tolérance en Prusse) ; mais la débauche clandestine se développa alors dans de telles conditions insalubres, sans compter le déchaînement effrayant de pédérastie qui se produisit, que le rétablissement des bordels fut décidé en 1853 ; un règlement très détaillé fut promulgué. Puis, le puritanisme revint à la charge ; le sentiment moral, disait-on, se révolte à l'idée que l'autorité tolère et protège des maisons destinées au vice. Les bordels furent de nouveau supprimés en 1865; mais il fut décidé, comme moyen terme, que les dispositions du règlement resteraient applicables aux filles publiques dites isolées, ainsi qu'aux prostituées clandestines.

La nécessité d'abréger nous oblige à ne pas reproduire le voyage de M. Guilbert de Préval à Berlin et dans les principales villes d'Allemagne; nous nous bornerons à un résumé de ce qui ressort de ses constatations les plus saillantes.

Une police des mœurs fonctionne à Berlin, avec dispensaire pour la visite des prostituées et hôpital spécial pour le traitement des maladies vénériennes. A cet effet, deux registres sont établis : le premier, où sont inscrites les femmes qui ont été prises en flagrant délit de prostitution, et, particulièrement, on ne manque jamais d'inscrire celles dont l'état syphilitique a motivé l'envoi à l'hôpital; le second, où sont notées les femmes qui, bien que ne s'étant pas trouvées dans les cas ci-dessus, ont été pourtant soupçonnées par les lieutenants de police (sous-commissaires de quartier) de se livrer notoirement à la prostitution clandestine.

Les femmes inscrites sur le registre n° 1 sont soumises à la visite sanitaire, qui doit être hebdomadaire; le plus grand nombre viennent pour cela au Dispensaire de salubrité, et la visite est gratuite pour elles; les prostituées aristocrates. qui préfèrent être passées au spéculum à domicile, paient le dérangement qu'elles occasionnent au médecin. Toutes sont munies d'un livret, contenant le signalement de la fille, le numéro de la feuille spéciale qui la concerne dans le premier registre, l'indication du jour de semaine qui lui est fixé pour sa visite, le résultat de chaque visite, et les articles du règlement qui lui sont relatifs.

Quant aux femmes notées sur le registre n° 2, elles sont appelées à un bureau spécial dépendant de la direction centrale de la police et reçoivent là un premier avertissement; signalées dès lors, si elles se mettent dans le cas d'être appelées de nouveau, elles sont conduites au Dispensaire : saines, elles reçoivent un deuxième avertissement; atteintes de mal vénérien, elles sont envoyées à l'hôpital spécial et inscrites d'office au registre n° 1, après leur guérison, avec toutes les obligations que cette inscription comporte. Les filles trouvées saines, et qui, après le deuxième avertissement, sont encore signalées par la note au registre n° 2, sont l'objet d'une dernière convocation, dont le résultat est pour elles l'inscription au registre n° 1 et la remise du livret, même si elles ont été trouvées encore sans mal vénérien. Par une exception unique, on ne les inscrit pas à cette troisième fois, si elles sont mariées et vivant avec leur mari; mais celui-ci est informé de la conduite de sa femme.

Une prostituée qui manque de se rendre à sa visite est arrêtée par un agent des mœurs, sur une réquisition adressée au bureau de police du quartier où elle demeure; conduite à la 4e division de la direction centrale, elle est interrogée, et procès-verbal est dressé des excuses qu'elle fait valoir; si ses excuses ne sont pas jugées admissibles, on l'admoneste sévèrement; on la remet en liberté, après visite, si elle est trouvée saine. En cas de récidive, elle est arrêtée et interrogée de même, avec visite, et, si ses excuses ne sont encore pas admissibles, elle est, cette fois, même étant en bonne santé, l'objet d'une punition, soit huit jours à un mois d'emprisonnement dans une maison de travail forcé. Si, pour se soustraire à la visite sanitaire, elle a changé secrètement de demeure, on lui inflige le maximum de la peine, dès que son nouveau domicile est découvert.

La guerre à la syphilis est énergiquement faite à Berlin. Le traitement est gratuit, et l'admission à l'hôpital spécial est de droit, immédiate; cet hôpital est celui de la Charité, fondé en 1710, et pouvant recevoir jusqu'à 1,800 malades. Toute prostituée, dès qu'elle s'aperçoit qu'elle est atteinte d'une maladie vénérienne, ou même si elle constate un indice de mal contagieux, écoulement, ulcération, éruption cutanée, doit refuser tout rapprochement sexuel et se rendre au Dispensaire sans attendre son jour de visite; la prostituée prise en contravention à ces prescriptions, est, après sa guérison, transférée dans une maison de travail forcé, pour y subir un emprisonnement de six mois à un an, peine portée par la loi contre ceux qui se rendent sciemment et volontairement coupables de transmission de maladies.

Ces prescriptions ayant trait surtout aux maladies vénériennes et à la gale, les prostituées ont l'obligation de refuser tout individu présentant les symptômes d'une de ces maladies; pour les éclairer sur ce point, on leur délivre, lors de leur inscription, une notice donnant très explicitement la description sommaire des symptômes de la syphilis et autres maladies vénériennes, ainsi que de la gale.

En outre, le coït leur est formellement interdit pendant tout le temps que durent leurs règles. Le règlement imprimé, qui leur est remis, porte encore qu'après la menstruation elles doivent prendre un bain ou se laver tout le corps et particulièrement les organes sexuels, et mettre du linge blanc avant de recevoir des visites ; qu'après chaque coït elles doivent se laver les parties génitales avec une dissolution de chlorure de chaux, et pratiquer des injections avec ce même liquide ; qu'elles doivent toujours avoir chez elles, prêtes à les montrer aux agents des mœurs, leur seringue à injections, en bon état, et les éponges nécessaires à leur toilette intime.

Ce n'est pas tout. Une prostituée qui se sent enceinte doit le déclarer aussitôt au médecin de la police des mœurs ; sinon, elle se rend passible des peines portées par la loi contre la dissimulation de grossesse faite sciemment.

Toute prostituée a l'obligation de se soumettre aux décisions et ordres, quels qu'ils soient, de la commission des mœurs, avec une obéissance absolue ; un refus d'obéir, tel que ne pas se rendre à une convocation du bureau spécial, est qualifié de résistance et entraîne l'arrestation, « comme personne dangereuse pour la sûreté, la santé et la morale publiques » ; dans ce cas, après avoir subi la peine à laquelle la condamne le tribunal administratif (incarcération plus ou moins longue, et quelquefois avec bastonnade à l'entrée et à la sortie de prison), la prostituée dite rebelle est enfermée dans une maison de travail forcé, dont elle ne peut être extraite qu'en prouvant son admission en bordel hors de Berlin, et en outre, tout le temps qu'elle reste sur le territoire prussien, elle est placée particulièrement sous la surveillance de la police, comme une vulgaire criminelle, si elle n'est pas en lupanar fermé. Si elle est étrangère, l'emprisonnement auquel a été condamnée se termine par une conduite à la frontière, en vertu d'un arrêté d'expulsion pour toujours.

Encore ce régime est plus modéré que celui d'autrefois. En effet, avant l'organisation de la police des mœurs, les prostituées de Berlin étaient placées sous la juridiction du bourreau, qui, à la moindre insoumission, pouvait les fouetter à sa convenance, avec une vaste latitude pour le nombre de coups de baguette (schlague), et mêmes les tenailler quelque peu, si elles se rebiffaient trop, ou encore les marquer au fer rouge, en cas de rébellion jugée très grave.

Maintenant, il est juste de dire que les gothons berlinoises filent doux devant la police des mœurs et ne s'exposent jamais à l'application des règlements en vigueur dans la capitale; il n'y a guère que les étrangères qui se montrent insubordonnées parfois, et l'on a bien vite fait de les expulser.

Donc, il n'y a plus de bordels à Berlin, mais seulement des filles publiques dites isolées, reconnues prostituées légales. Ce nom d'isolées n'a aucune raison d'être, bien souvent; car l'article du règlement, qui défend à ces femmes de demeurer plusieurs ensemble dans la même maison, est à l'état de lettre morte depuis de nombreuses années. Le gouvernement a accordé satisfaction aux dévots et rigides piétistes, en abolissant et interdisant l'industrie des tenanciers, en refusant sa tolérance aux lupanars fermés, exploités comme établissements d'un commerce régulier; mais, le groupement des filles étant indispensable aux libertins, et les libertins les plus amateurs du choix et de la variété se trouvant précisément dans les classes dirigeantes, l'autorité a peu à peu fermé les yeux sur les associations formées entre prostituées, même sous la direction d'une proxénète, à la condition, pour les filles, de se conformer aux autres prescriptions du règlement, chacune en particulier.

Les brasseries d'ordre inférieur sont ainsi de véritables lupanars, en réalité, quoique n'étant pas officiellement reconnus comme tels.

Toutes prostituées inscrites au registre n° 1, chacune y

figurant à son folio personnel, ont droit de racoler sur la voie publique, pourvu qu'elles y paraissent vêtues convenablement et qu'elles s'abstiennent de toute provocation scandaleuse. Il leur est défendu de fréquenter les théâtres importants (Opernhaus, Schauspielhaus, Deutches theater, Wallner, Victoria, Residenz, Neues Friedrich-Wilhlemstœdtische, Walhalla, Belle-Alliance, etc.), les concerts de musique classique, les grands bals; mais elles sont tolérées au jardin de Kroll, à Flora de Charlottenbourg, à l'Ausstellungspark, dans les petits théâtres, cirques, bals populaires et autres modestes lieux de divertissement public.

En dépit des rigoristes, le proxénétisme fleurit à Berlin, malgré l'absence de tenanciers en titre, et même le travail de réassortiment des prostituées, pour les besoins de la débauche dorée, y est d'une activité prodigieuse; au lieu du proxénète conduisant sa recrue à l'inscription, c'est une fille soi-disant isolée qui vient faire inscrire une prétendue camarade et bonne amie.

Il est impossible qu'il en soit autrement; voici pourquoi. Le Prussien, en général, et le Berlinois en particulier, est extrêmement libidineux; et, par contre, l'Allemande, flegmatique, est une vulgaire coucheuse, presque toujours sourde aux extraordinaires désirs de ses compatriotes. A cet homme, difficile à contenter, il faudrait les raffinées Edimbourgeoises; mais ces grandes virtuoses de la luxure se gardent pour l'Ecosse; rien ne peut les décider à répondre aux demandes les plus pressantes de l'Allemagne, qu'elles ont en aversion.

Pour réassortir la prostitution berlinoise, les pourvoyeurs sont obligés, par conséquent, de courir tous les marchés de chair à plaisir. Les fournisseurs dont il s'agit n'appartiennent pas au sexe fort; ce qui est une exception à la règle européenne. En Prusse, ce sont des anciennes prostituées qui voyagent pour la traite des blanches. Leur nombre échappe à la statistique, puisqu'on n'a aucune base d'évaluation ; mais vu le renouvellement constant de la viande étrangère, il tombe sous le sens que ces pourvoyeuses sont légion. Elles ont des correspondants à Hambourg, Brême, Hanovre, Brunswick, Kœnisberg, comme principales villes allemandes ; toutefois, à part les filles du duché de Brunswick et les Hanovriennes qui sont d'une beauté de premier ordre, ce sont des exotiques qu'elles se procurent par les courtières de ces cinq villes. A Riga, elles font embaucher des prostituées russes ; à Copenhague, des Danoises et des Suédoises ; à Anvers, des Flamandes de Belgique et de Hollande ; à Bruxelles, des Brabançonnes, et, quand cela se peut, des Françaises ; et c'est Rotterdam, plutôt que Londres, qui leur procure la marchandise anglaise. Du reste, les déplacements les plus lointains ne les rebutent pas ; elles vont partout, cherchant à dénicher au profit de Berlin les filles les plus exercées au vice et libres de toute honte.

C'est à cette passion exigeante de lubricités bizarres qu'il faut attribuer l'absence presque totale de toutes jeunes filles, qui caractérise la prostitution berlinoise d'une manière frappante. Sous ce rapport, on est ici aux antipodes de Londres ; une vieille ruine des boulevards parisiens, pourvu qu'elle soit vicieuse *nec plus ultra*, est certaine de faire ses choux gras dans la capitale prussienne. Mais ceci ne veut pas dire qu'on ne trouve pas des mineures sur les rives de la Sprée : seulement, la police ne se prête nullement à l'inscription des filles du pays, âgées de moins de dix-huit ans, en général pauvres innocentes mal conseillées, tandis qu'elle ne fait aucune difficulté pour inscrire les mineures étrangères, qui, attirées par l'espoir du lucre et s'offrant cyniquement à satisfaire tous les goûts prussiens, sont déjà, malgré leur jeunesse, dressées aux plus honteuses dépravations.

Tel est le jeune élément féminin; des bataillons de petites grues sournoises, grasses à lard (les maigres sont en baisse); dédaignant la bière blanche nationale pour l'amour du café et des spiritueux, se glissant partout en faisant valoir leur titre d'étrangères, venant en tapinois se frôler aux hommes, murmurant à voix basse leurs propositions salopes, avec l'œil à la fois doucereux et canaille, et des expressions de physionomie immondes.

Ce serait aussi une erreur de croire que la rigueur des règlements empêche la prostitution clandestine. Protée moderne, elle revêt mille formes, ici comme ailleurs; elle a toutes les ruses pour se rendre insaisissable neuf fois sur dix. Comme partout où le système de la réglementation a été adopté, les filles inscrites sont en nombre restreint, et les insoumises en nombre incalculable. D'après les observateurs, préoccupés de cette question, les prostituées de tout genre ne sont pas moins de 60,000 à Berlin.

Enfin, cette sévérité même des règlements a fait éclore un genre de souteneurs particulièrement ignobles que le docteur Friedrich-Johann Behrend, de Berlin, a signalés lui-même, avec une loyauté impartiale qui l'honore. Pour se soustraire à l'action de la police des mœurs, une quantité considérable de prostituées de tous rangs, se proposent en mariage, et les tristes individus qui acceptent de leur servir de chaperons légitimes ne leur manquent pas; on se marie à une gadoue débutante ou en plein exercice, afin d'être le pavillon légal qui la dérobe au Dispensaire et aux agents de la 4e division; on lui donne son nom, et trop souvent le nom d'une famille honnête, pour vivre des profits d'une alcôve ouverte à tout venant. Aujourd'hui, plus de cinq mille maris maquereaux sont la honte de la capitale de l'empire d'Allemagne.

Hambourg est la plus considérable des trois villes hanséatiques; c'est une petite république, libre et autonome, au sein de l'empire; au surplus, cette cité, qui occupe une superficie de 414 kilomètres carrés, avec environ 605.000 habitants[1], est, après Londres et Liverpool, la place de commerce la plus importante de l'Europe. Par suite des ravages d'un grand incendie en 1842 et des transformations incessantes qu'elle a subies depuis, Hambourg a peu de monuments et un aspect tout-à-fait moderne; mais c'est une ville excessivement animée, et sa partie la plus brillante, l'Alster-Bassin, est d'un caractère grandiose et d'une beauté originale. On peut dire encore que Hambourg offre le vrai type des mœurs et des institutions municipales, si caractéristiques dans les races germaniques; elle représente bien la Commune allemande en pleine liberté.

Sa prostitution mérite donc une mention à part.

Deux genres de maisons publiques de débauche y sont tolérés : le bordel ou lupanar fermé, et le pied-à-terre ou maison de passe, dont la tenancière doit avoir auprès d'elle en logement une seule fille, celle-ci et elle-même étant inscrites comme prostituées, et ladite maison ne pouvant recevoir que des filles isolées inscrites, venant en rendez-vous. Les filles isolées inscrites sont qualifiées de filles en chambre.

1. C'est le chiffre du recensement de 1896. On comptait 568,600 habitants en 1894, soit une augmentation qui paraît énorme pour deux ans; mais elle est due à l'annexion de petites communes suburbaines.

On distingue trois classes de maisons et de filles, selon que celles-ci ou la tenancière pour elles payent une taxe mensuelle de 5 marks, 3 marks ou un mark (le mark vaut 1 fr. 25). Les filles en chambre peuvent garder avec elles leurs enfants, jusqu'à l'âge de dix ans, et elles sont alors exemptes de la taxe.

D'autre part, les tenancières ne peuvent avoir dans leur bordel ou leur pied-à-terre aucune parente ayant moins de trente ans, même employée comme servante. Les filles de lupanar peuvent être l'objet du trafic connu sous le nom de « dette », mais sans que le prix d'une fille de première classe puisse être supérieur à une somme de 200 marks, dans l'échange de prostituées ou leur cession opérée entre tenancières ; la valeur d'une fille de seconde classe est cotée à 100 marks ; elle tombe à 40 marks pour la troisième classe. En cas de contestation entre fille et tenancière, ou entre deux tenancières au sujet de la cession d'une fille, c'est un comptable municipal qui examine le cas et règle les comptes.

Les danses et les jeux de carte sont interdits dans les maisons de prostitution ; mais on y peut boire et manger, et les prix sont affichés dans chaque chambre.

La fille en chambre a le droit de faire arrêter le client avec lequel elle ne peut tomber d'accord sur ses honoraires ; la police intervient et oblige le récalcitrant à payer ce qu'il doit. Ainsi, ce qu'en France on appelle « une pose de lapin » n'a aucune chance de réussite à Hambourg, et c'est à ce signe que l'étranger, s'il connaît ce détail important, distingue la fille soumise de la prostituée clandestine : l'inscrite, certaine de ne rien perdre, ne demande jamais son « petit cadeau » d'avance.

Dès l'instant qu'une femme se prostitue notoirement, soit qu'on la prenne en flagrant délit de débauche clandestine, soit qu'elle demande l'inscription et quand sa déchéance est alors reconnue déjà habituelle, on ne fait aucune difficulté pour l'inscrire; majeure ou mineure, peu importe. Toute prostituée quelconque, à la visite! C'est la règle de Hambourg.

Elle va même très loin dans cette voie, la police des mœurs de la petite république allemande. Si un étranger, vivant en concubinage, vient s'établir en compagnie de sa maîtresse, on ne lui en fait pas un crime, bien entendu lorsqu'il s'agit d'un ménage simplement irrégulier. Mais qu'un autre étranger, voyageant pour son agrément, amène avec lui une cocotte également étrangère, et qu'ils s'installent tous deux en vuė d'un séjour dépassant les limites d'une excursion ordinaire de touriste, les choses changent de face : le monsieur serait-il un millionnaire, et sa dulcinée serait-elle une horizontale des plus huppées, même une de ces divas qui ont eu un moment de célébrité et qui ont quitté les planches après avoir mis le grappin sur le riche entreteneur désiré, il faut quand même à la donzelle la permission de la police pour séjourner à Hambourg, pour y passer un mois ou deux de belle saison; or, le permis de séjour ne s'accorde à une entretenue qu'avec imposition de la taxe mensuelle des catins de la première classe et l'inscription au registre des prostituées, mais sans obligation de la visite sanitaire. Elle est, en outre, mise en surveillance secrète, sans qu'elle s'en doute, et, s'il vient à être prouvé qu'elle en fait porter à son entreteneur, c'est-à-dire qu'elle a reçu intimement plusieurs hommes, elle est traitée dès lors comme toute autre fille inscrite.

En ce qui concerne les pénalités, elles sont un peu moins sévères à Hambourg qu'à Berlin ; mais la guerre à la syphilis y est aussi impitoyable. Toute fille non inscrite, dit le règlement, trouvée infectée d'une maladie vénérienne qu'elle n'aura pu contracter que par des rapports avec des hommes sera punie, après guérison, d'un emprisonnement de huit jours, avec le régime du pain et de l'eau un jour sur deux. « La déclaration de la fille que sa maladie lui aurait été communiquée par son fiancé, ne sera pas prise en considération. »

Partout où se trouvent, en Allemagne, des maisons de tolérance, à Dresde, à Mayence, à Leipzig, etc., les règlements se rapprochent plus ou moins de ceux de Hambourg. Dans les villes où il n'y a pas de lupanars, mais seulement des filles isolées, les règlements s'inspirent de ceux de Berlin, tout en étant plus doux.

XIII

En Suisse.

C'est avec la plus grande impartialité que M. Victor Guilbert de Préval parle de ses compatriotes de la libre Helvétie. Chaque épisode que retrace sa plume alerte, mais toujours guidée par l'honnêteté et le bon sens, chacune de ces innombrables historiettes qu'il raconte, chacune de ces aventures auxquelles il a été mêlé, au moins comme spectateur, sont tout autant de tableaux, pris sur le vif, et d'un coloris puissant, sans être jamais poussé au sombre; c'est la bonne humeur naturelle du peintre, qui anime son pinceau, tour à tour délicat ou énergique, toujours fidèle.

Berne et son canton sont montrés tels que ne saurait les connaître le touriste qui ne fait que passer. Bonsoir la légende des mœurs patriarcales! écrit notre ami. Et il nous fait assister, en pleine campagne suisse, à des scènes de kiltgang, qui tenteraient Zola, s'il allait faire une étude dans ces contrées.

Quant à la ville, capitale fédérale de l'Helvétie, il déchire le voile qui cache tous ses mystères de prostitution, ces bordels que la police est censée ignorer, où l'on vient ripailler avec les Bernoises et les filles de l'Emmenthal, maisons renommées pour l'excellence de leur cuisine et la bonne qualité des vins, et ces autres lupanars que l'autorité feint de considérer comme d'innocents établissements de bains publics.

En résumé, nous voyons, par ces pages étincelantes de brio, pleines de vie, que Berne, malgré ses apparences austères, peut être citée comme un exemple de dépravation des mœurs publiques et privées : filles en chambre, vivant chacune avec sa proxénète spéciale; ouvrières et commises, couturières, modistes, filles de brasserie et de débit de tabac, demoiselles de magasin, augmentant par la débauche ce qu'elles gagnent dans la profession extérieure qui couvre leur libertinage; pas une servante, même domestique dans une famille, qui ne soit une putain!

A Interlaken et Untersen, dans l'Oberland bernois, et dans la contrée de Thoune, et dans les districts où l'on s'occupe de la fabrication des montres, et à Berthoud, célèbre par ses filatures, et à Brienz d'où sortent principalement les sculptures bernoises, partout dans la Suisse allemande, même dissolution, même immoralité. Ah oui! bonsoir les vieilles légendes!...

Zurich nous apparaît sous un nouveau jour, un Zurich inconnu, avec ses villas-bordels sises aux environs de la ville, véritables boxons campagnards que l'étranger ignore, mais dont la découverte est facile à tout bon suisse allemand. « Frauenhauser! » dit-il au premier cocher venu, en s'installant dans son fiacre, et la voiture le conduit vivement à ces temples discrets de l'amour vénal.

Ce n'est, nulle part, la prostitution absolument libre, dans ces villes et dans bien d'autres ; c'est une prostitution à demi surveillée. Les autorités cantonales, les polices communales veulent qu'il soit bien entendu qu'elles ignorent ces divers fonctionnements de la débauche; l'expérience des siècles ayant démontré qu'on ne peut pas plus supprimer les prostituées que faire défense au vent de souffler et à la pluie de pleuvoir, les administrateurs politiques dont il s'agit refusent de s'immiscer directement dans les affaires de Vénus galante, dans la pensée que ce serait s'avilir. Il n'y a pas de règlements spéciaux; mais il existe de vieilles lois de droit commun, réprimant les délits bien caractérisés contre les mœurs. Le pouvoir exécutif semble avoir les yeux fermés; en réalité, son regard veille à travers ses paupières mi-closes, et les dames de volupté le savent. C'est pourquoi elles ne commettent aucun scandale, elles exercent leur clandestin métier avec probité, c'est-à-dire sans vols, sans extorsions d'argent, sans chantages, contrairement à ce qui a lieu en d'autres pays ; c'est une justice qu'il faut rendre aux prostituées suisses.

A Zurich, il y a quelques années, le grand conseil pensa qu'il serait bon d'instituer le régime de la réglementation ; il y eut même un vote dans ce sens. Mais le commandant Kaiser, important personnage, ennemi des polices spéciales, publia une série de lettres où il prouva par A plus B que tout était pour le mieux, et le grand conseil revint sur sa décision.

Par contre, Genève est pourvue de maisons de tolérance et de règlements à la française. Les allées qui traversent les vieux immeubles de la rue du Rhône, du côté des numéros pairs, recèlent les lupanars autorisés et soumis aux visites sanitaires. Ils sont, intérieurement, semblables à ceux de Bruxelles et à ceux des grandes villes de France, sans s'élever aux splendeurs des établissements de premier ordre de Paris, ni tomber à l'ignominie des maisons publiques des ports de mer fréquentées par les matelots ; ce sont, en général, des lupanars d'ordre moyen, et à prix moyens. Les prostituées françaises y sont le plus en faveur, tandis que les filles isolées, habitant la ville soit logées dans leurs meubles soit en garni, sont en majorité allemandes ou suissesses des autres cantons.

Le bordel genevois est remarquable par la bonne intelligence qui règne entre la maquerelle et son personnel. Si un client, poussé par la curiosité, demande à prendre part accidentellement au déjeuner ou au dîner de ces dames, faveur qui ne se refuse pas à un étranger, et qui se paie en champagne offert au dessert, il est surpris de la cordiale affection portée par les filles à leur matrone ; rien d'indécent ne se passe à ces repas ; on dirait une famille tendrement unie, une honnête maman entourée de ses enfants. M. Guilbert de Préval, résolu à accomplir en tous points son programme, a fait cette expérience en plusieurs villes, afin de pouvoir dire qu'il a tout bien vu de près ; il donne de nombreux détails, desquels il résulte clairement que ce qui ailleurs est une soumission craintive ou abrutie se trouve remplacé à Genève par une surprenante amitié, nullement factice. Cela tient sans doute à ce que les tenancières genevoises, au lieu d'être orgueilleuses et despotiques, doivent posséder peut-être un cœur que la joie de s'enrichir n'a pas métamorphosé en dur caillou.

Ces lupanars de Genève, de la façon qu'ils sont

tenus, répondent aux justes exigences de la police; ce n'est pas eux que l'on peut accuser de porter le trouble dans les ménages. Ils reçoivent le client, et toute la faute est donc à celui-ci, si la passion de la débauche lui fait trahir la foi conjugale; ils ne vont chercher personne, ils ne se livrent à aucune réclame ou propagande déguisée.

Il en est tout autrement de la prostitution clandestine, dont notre voyageur trace dans sa relation un tableau des plus complets. Il cite un exemple tout-à-fait démonstratif.

Une jeune femme, intrigante et très bien de sa personne, fit, dans un but honteux autant que pervers, toutes les études nécessaires pour avoir le droit de s'établir sage-femme à Genève; une fois arrivée à cela, elle ne négligea aucun moyen d'être connue, depuis les prospectus distribués à profusion chez les habitants jusqu'aux annonces permanentes dans les journaux de la ville; cela pouvait paraître quelque peu charlatanesque, mais n'avait rien de répréhensible. Elle attira ainsi la clientèle.

Or, voici quelle était sa manœuvre : les soins qu'elle avait à donner aux femmes en couches lui fournissaient l'occasion de se montrer disposée à recevoir chez elle les maris, s'ils se laissaient prendre à ses artifices d'habile coquette; elle tendait son piège avec une adresse infinie, et beaucoup y tombèrent, sans que les épouses, dont la situation était lâchement mise à profit, soupçonnassent rien de ce qui se passait. Les maris d'accouchées formèrent sa véritable clientèle; on s'imagine aisément à quel point ils furent exploités par cette prostituée clandestine.

La coquine s'est retirée des affaires; on peut donc reproduire ce trait, puisque aucune sage-femme exerçant aujourd'hui à Genève ne saurait être confondue avec cette misérable femme, contre laquelle la police n'avait aucune action, et qui fit, à elle seule, il y a quelques années, plus de mal que tous les lupanars de la ville.

XIV

En Italie.

Le voyage de M. Guilbert de Préval à travers la prostitution italienne est encore un de ceux qui perdent à ne pas être intégralement reproduits; car il est bourré d'incidents, de péripéties, et même d'aventures dont le récit, du plus vif intérêt, offre tout à la fois l'attrait du romanesque, très séduisant à la lecture, et le charme plus profond que la vérité vraie fait toujours éprouver. Mais le compte-rendu in-extenso de ce voyage suffirait presque à remplir un volume comme celui-ci. Résumons donc encore le précieux manuscrit, et bornons-nous à extraire la quintessence des observations de notre ami, seulement dans les cinq principales cités où la prostitution se présente sous les aspects les plus distincts : Turin, Milan, Venise, Rome et Naples. Fort à regret, nous sommes dans la nécessité d'omettre totalement les autres villes.

Au sujet de l'Italie en général, nous prions le lecteur de se reporter à notre travail personnel, intitulé *Vénus devant Esculape,* où il trouvera, de la page 29 à la page 34, l'historique et les résultats statistiques médicaux de la récente expérience de prostitution libre (trois années), qui a été faite dans ce royaume sous le ministère de M. Crispi.

La prostitution italienne a dû être replacée sous le régime de la réglementation, les essais à l'instar de l'Angleterre ayant amené une véritable épidémie de syphilis et autres maladies vénériennes.

Turin a donc des lupanars directement surveillés, ainsi que des maisons de passe tolérées, et des filles soumises éparses ; mais celles-ci sont relativement en nombre restreint, attendu que l'autorisation d'exercer la prostitution dans un domicile particulier n'est accordée qu'avec beaucoup de réserve ; il faut même que le propriétaire de l'immeuble vienne signer à la questure (bureau central de la police) qu'il lui est indifférent d'avoir une prostituée demeurant dans sa maison, et tel propriétaire qui fermerait volontiers les yeux ne va pas jusqu'à la bassesse d'un consentement écrit, versé dans un dossier qui reste ; la signature d'un principal locataire ne suffit pas.

Le régime de la réglementation se base en Italie sur l'article 86 de la loi dite de sûreté publique, lequel est ainsi conçu : « Les autorités de sûreté publique feront arrêter tous ceux qui tiendront clandestinement des maisons de prostitution ; d'autre part, dans l'intérêt de l'ordre et des mœurs, et dans celui de la sécurité publique, le gouvernement pourra faire des règlements relatifs aux femmes qui se livrent à la prostitution. »

Ces règlements, destinés d'abord à Turin, Gênes et Milan, ont été appliqués ensuite à toutes les villes d'Italie ; ils sont calqués en partie sur ceux de Paris, empruntent d'autres dispositions à ceux de Bruxelles, et ont en outre quelques particularités qu'on ne retrouve pas ailleurs.

Une femme mariée et non séparée de son mari, peut

être tenancière d'un lupanar italien; mais il faut que le mari approuve et contre-signe la demande de tolérance. L'autorité a l'air de croire à la fidélité conjugale d'un tel ménage, et il consacre cette croyance par une disposition significative : toute maîtresse de maison publique, âgée de moins de quarante ans, est soumise comme ses prostituées à la visite sanitaire; il n'y a d'exception que pour les tenancières femmes mariées, vivant avec leur mari.

Lors de son passage à Naples, notre voyageur constata l'usage, très répandu dans cette ville, du racolage par des hommes qui font l'article pour les lupanars ou pour des filles isolées, soumises ou clandestines. Notamment, il fut accosté un soir, sur la piazza del Municipio, par un individu vêtu sinon avec élégance, du moins très correctement, qui, ayant tout de suite reconnu en lui un étranger, lui offrit de le conduire à une maison de plaisir, située dans le voisinage de la strada di Toledo, et où il trouverait un merveilleux assortiment de dames.

M. Guilbert de Préval accepta, mais avec une restriction :

— Je suis las des Italiennes, dit-il; inutile de me conduire où vous dites, s'il ne s'y trouve pas des Espagnoles ou des Françaises.

— Nous n'avons pas d'Espagnole, répondit l'autre; mais nous avons précisément une Française, qui a beaucoup de succès.

Chemin faisant, le raccrocheur expliqua qu'il était le mari même de la tenancière, tous deux Napolitains, et que leurs affaires prospéraient, attendu que sa femme et lui étaient fort difficiles pour le recrutement de leur personnel.

— Vous verrez! répétait-il avec enthousiasme; des dames exquises, des bijoux d'amour!...

La pensionnaire française, si pompeusement annoncée, était une affreuse guenon niçoise, échouée là depuis nombre d'années, usée, flétrie, toussotante comme une poitrinaire, grimaçante comme une sorcière, et dont les matelots de Marseille ou de Toulon même n'auraient pas voulu.

Notre voyageur la refusa. Le mari de la tenancière insistait.

— Mais elle est valentissima artista!... Les clients français, quand ils viennent ici, disent qu'elle ressemble à la célèbre dame Limousin, qui a été si captivante!...

Ne voulant pas laisser partir l'amateur récalcitrant, la tenancière tenta de le retenir par un appel pressant à ses autres nymphes, qui vivement défilèrent, Sardes, Siciliennes, Génoises, Calabraises, Toscanes ou autres filles de la péninsule, plus une Maltaise.

— Solamente dieci lire, signor! gémissaient les deux époux, suppliants (rien que dix francs, monsieur).

Curieux de sonder jusqu'au fond cette honte, M. Guilbert de Préval prit à part le mari et lui dit à l'oreille :

— Aucune de vos pensionnaires ne me tente; en revanche, votre femme me plaît assez... J'offre vingt francs pour une heure.

La figure du vil personnage rayonna.

— Annunziata, s'écria-t-il, c'est toi que le signor veut.

— Con sommo piacere, e subito! fit l'épouse (avec grand plaisir, et tout de suite).

— Donnez le double, reprit le mari, redevenu insinuant, et vous l'aurez toute la nuit.

Notre voyageur eut donc la tenancière, jolie femme d'une trentaine d'années au plus; or, en sa qualité d'épouse légitime, vivant avec son digne mari, qui encaissa lui-même l'argent, elle n'était pas soumise à la visite sanitaire. Ce fait est probant.

Autre règle, dont les exceptions sont extrêmement rares : il faut être Italien pour obtenir l'autorisation de tenir un lupanar. M. Guilbert de Préval, toutefois, retrouva à Milan une tenancière d'origine française, et qui, précédemment établie à Genève, avait cédé sa maison de la rue du Rhône, à l'époque où une vive campagne se fit dans la ville de Jean-Jacques pour l'abolition de la prostitution réglementée. Cette étrangère n'était pas mariée ; mais elle entretenait depuis plus de huit ans un amant, qu'elle affectionnait beaucoup, et elle ne se prostituait ni dans sa maison, ni ailleurs. Agée de moins de quarante ans, elle était donc astreinte, bien inutilement, à la visite réglementaire.

M. Guilbert de Préval, qui a vraiment tout vu de près, et qui pourrait, dit-il, citer les noms, insiste sur ces anomalies.

Au système belge, les règlements italiens ont emprunté la division des lupanars en trois classes, à prix fixes pour chaque classe, et l'affichage, dans chaque chambre, des principales dispositions légales, avec l'indication de la classe en gros caractères, afin que le client sache bien la somme qu'il doit payer.

Les filles soumises sont très protégées par l'autorité, en Italie ; la questure plaint leur sort, ne favorise pas leur recrutement, et fait tout ce qui dépend d'elle pour faciliter leur retour à une vie honnête. Voici des mesures administratives, qui ne sont pas de vaines paroles, et qui prouvent que le gouvernement italien, ne pouvant supprimer cette lèpre de la prostitution, non seulement la surveille avec vigilance pour atténuer ses dangers à l'égard de la santé publique, mais encore prend soin que ces victimes de la débauche ne soient pas exploitées sans merci et puissent, si elles le veulent, s'arracher à l'abîme de fange :

1° Ailleurs, le droit de monter avec une fille, payé entre les mains de la tenancière ou de la sous-maîtresse, appartient en entier à la tenancière, et la fille, une fois dans la chambre, mendie en supplément un petit cadeau, « ses gants », que le plus souvent elle cache, pour en éviter la confiscation par la maquerelle. En Italie, l'argent versé par le client à celle-ci, ou à sa déléguée aux perceptions des prix fixes réglementaires, est réparti entre la fille de bordel et la tenancière, en vertu des ordres formels de la police, sur les bases suivantes : les trois quarts à la tenancière, et un quart à la prostituée, dans les lupanars fermés, où la maîtresse de maison a la charge de nourrir, loger et vêtir son personnel. Quant aux maisons de passe, où la fille soumise ne loge pas, se bornant à y venir en rendez-vous ou en s'étant fait suivre par un promeneur libertin, le produit de la prostitution doit être partagé ainsi : les deux tiers à la prostituée, et un tiers seulement à la tenancière. En lupanar, la répartition des gains est faite tous les quinze jours; en maison de passe, le partage se fait chaque fois, séance tenante, après le départ du client;

2° Quand une prostituée entre en lupanar fermé, la tenancière doit immédiatement procéder à l'inventaire des effets d'habillement et autres objets appartenant à cette fille; ils sont inscrits sur un registre spécial. Si la tenancière fait un paiement pour le compte d'une prostituée, elle doit en faire aussitôt la déclaration au bureau de la police des mœurs, en présentant la quittance relative à ce paiement. Pendant son séjour au bordel, la fille inscrite n'est pas obligée de se servir des effets qui lui appartiennent en propre; loin de là, la tenancière lui doit la fourniture de son habillement, tant pour l'intérieur de la maison que pour ses sorties;

ses effets personnels sont emmagasinés par la tenancière, qui a l'obligation de les lui remettre à l'époque où elle quitte le lupanar, avec tous ceux dont elle a, pendant son séjour, fait l'acquisition à ses propres frais, et dont la mention doit être ajoutée au fur et à mesure à l'inventaire d'entrée. Les registres contenant l'inventaire des effets appartenant aux prostituées sont constamment vérifiés et visés par la questure.

3° Il est rigoureusement interdit aux tenancières de maltraiter leurs pensionnaires, ainsi que de leur infliger une retenue pécuniaire quelconque, sous prétexte d'amende pour une faute. Si elles leur font des avances d'argent, il faut que ces avances soient reconnues valables par la questure; pour le remboursement, les prostituées n'ont pas à laisser à leur tenancière plus de la moitié de leur part personnelle dans les gains, et chaque somme ainsi remboursée doit être portée en déduction de leur débet, lors de chaque répartition bi-mensuelle.

4° Ici, nous citons textuellement le règlement italien, d'après la copie authentique prise par M. Guilbert de Préval, à son passage à Turin : « La misère, l'insouciance et les excès de table étant les principales causes de la prostitution, l'administration a adopté les dispositions suivantes, lesquelles tendent à faire retourner les prostituées à une vie laborieuse et honnête : — *a*) La prostituée qui, six mois après son inscription, présentera au bureau des mœurs le certificat nominatif prouvant le dépôt d'une somme à la Caisse d'épargne, obtiendra un encouragement en argent égal au vingtième de la somme versée, à la condition qu'elle n'ait retiré dans le même espace de temps aucune somme déposée antérieurement. — *b*) Si ensuite ladite femme avait retiré une somme de la Caisse d'épargne, on ne comptera plus pour le droit à l'encouragement que les sommes versées huit mois après l'époque du retrait ou remboursement. »

Quand on les interroge au sujet de la police des mœurs, les filles de lupanar disent : « La questure est *maternelle* pour nous. »

5° Lorsqu'une prostituée abandonne son honteux métier et que sa bonne conduite a été constatée pendant trois mois, on ne se contente pas de prononcer sa radiation des contrôles de la police, selon la pratique des autres pays. En Italie, le feuillet spécial consacré à la fille redevenue honnête est arraché du registre des inscriptions et brûlé en sa présence.

L'expérience faite sous le ministère Crispi ayant démontré que les maladies vénériennes augmentent dans des proportions formidables dès que la prostitution n'est plus réglementée, des mesures minutieuses sont prises au point de vue de la salubrité. La visite des filles soumises est bi-hebdomadaire. Au moindre soupçon de mal contagieux, la prostituée est envoyée au Syphilocome (hôpital spécial); le traitement y est gratuit, non seulement pour les filles inscrites, mais aussi pour toute femme, même non prostituée par état, qui ayant contracté accidentellement une maladie vénérienne, se présente d'elle-même et demande à être soignée.

Néanmoins, par prudence, en raison des rechutes toujours possibles du terrible mal, toutes les femmes nubiles et les femmes mariées non comprises parmi les irrépréhensibles, — en d'autres termes, toutes femmes libres, vénériennes jugées guéries, à la seule exception de celles dont la bonne conduite habituelle est un fait certain, — doivent, à leur sortie du Syphilocome, se présenter au bureau sanitaire établi dans les dépendances de la questure. On ne leur impose pas l'inscription, à cause de l'accident dont elles viennent d'être victimes; mais on exige que, pendant trois mois consécutifs, elles se soumettent, au moins une fois par semaine, à une visite, qui d'ailleurs est effectuée très discrètement sans que personne puisse soupçonner qu'elles sont l'objet de cette sage mesure de précaution.

Il va sans dire que, d'autre part, on inscrit d'office toute vénérienne accidentelle, qu'une enquête a démontré n'avoir pas d'autres ressources que les profits de sa débauche, accueillant tout client; la prostituée clandestine passe ainsi dans l'effectif des filles soumises, sans être pourtant obligée d'entrer en lupanar.

On sait qu'en Italie la femme est très précoce sous le rapport de la nubilité. Les Syphilocomes ont constaté de nombreux cas syphilitiques chez de fort jeunes filles; à la suite de ces constatations, il a été décidé que l'inscription des prostituées mineures pourrait être faite par la questure, selon les circonstances, laissées à l'appréciation du bureau des mœurs, mais sans descendre au-dessous de seize ans accomplis.

Voici enfin quelles sont les règles de la visite sanitaire, en ce qui concerne la taxe :

Pour les filles de bordel, quelle que soit la classe du lupanar, une lira (un franc) par visite et par fille; ces frais sont à la charge de la tenancière, c'est-à-dire qu'il lui est interdit de se les rembourser sur la part de gains attribuée aux prostituées.

Quant aux filles isolées, exerçant leur métier à leur domicile ou dans les maisons de passe, elles paient leur visite selon la catégorie dans laquelle elles se placent elles-mêmes : celles qui ont des prétentions aristocratiques, qui sont dans leurs meubles ou chez une logeuse plus ou moins distinguée, et qui s'intitulent de classe supérieure, paient un franc par visite, si elles vont la subir au dispensaire, et un franc cinquante, si elles demandent à être visitées chez elles par le médecin des mœurs; celles qui, faisant tant bien que mal leurs affaires, se classent sans vanité dans la catégorie moyenne, vont au dispensaire et paient cinquante centimes par visite; les indigentes, formant la troisième catégorie, sont visitées gratuitement.

Si la prostituée isolée s'est présentée régulièrement pendant trois mois consécutifs à la visite du bureau sanitaire, on lui restitue, lors de la dernière visite du trimestre, la somme totale qu'elle a payée pour le troisième mois. La prostituée isolée, retenue au lit par une maladie non vénérienne, est visitée chez elle, et la visite est gratuite.

Toute prostituée de la première catégorie, se faisant par vanité visiter chez elle en payant la surtaxe, doit, si le médecin la déclare atteinte de syphilis, se rendre au bureau sanitaire pour être envoyée de là à l'hôpital spécial. Si, au lieu de cela, elle tarde à venir se faire soigner, on l'arrête et on la conduit de force au Syphilocome; à plus forte raison, si elle quitte furtivement son domicile à la suite d'une constatation de mal vénérien, elle est aussitôt recherchée par la police, et, une fois découverte, elle est, à sa sortie de l'hôpital, condamnée à un emprisonnement de cinq à quinze jours.

Le produit des taxes de visite s'augmente, à la caisse administrative de la police des mœurs, des sommes annuelles que les tenancières ont à payer, conformément au tarif que voici, variant selon la classe de leur maison :

Lupanars fermés. — 1re classe, où le client paie 5 francs et plus pour monter avec une fille, la tenancière verse à l'administration 400 francs par an. — 2e classe, clientèle de moins de 5 francs jusqu'à 2 francs au minimum, la tenancière verse 200 francs — 3e classe, clientèle au-dessous de 2 francs, la tenancière verse 100 francs.

Maisons de passe. — Elles sont divisées en trois classes, sur la base des mêmes prix payés par le client dans les lupanars; mais, la tenancière de maison de passe n'ayant droit qu'au tiers du produit de la prostitution exercée chez elle par les filles isolées venant en rendez-vous ou ayant été suivies, les droits de tolérance sont moins élevés que ceux des maisons fermées. Ces tenancières paient chacune, annuellement : 100 francs, pour la première classe; 60 francs, pour la seconde classe ; 40 francs, pour la troisième.

Toutes ces sortes de patentes de tenancières et les taxes de visite, totalisées, laissent dans chaque ville un assez fort excédent, après le prélèvement pour les frais de police sanitaire. Ces excédents sont envoyés au ministère de l'Intérieur, où leur ensemble constitue une somme considérable, dont M. Guilbert de Préval a pu adroitement connaître l'emploi. Cette somme est versée aux fonds secrets et sert à payer les journalistes cléricaux traîtres à leur parti, ces tartufes romains dont les bas et honteux services sont rétribués en même temps que méprisés par le pouvoir. On ne saurait, en effet, trouver une meilleure affectation de cet argent d'odeur puante : la trahison politique, les journalistes de sacristie qui renseignent le Quirinal sur les intrigues du Vatican, cette saleté morale subventionnée avec le résidu pécuniaire de la prostitution !

Tout ce qui précède ne donne encore qu'une imparfaite idée de la prostitution italienne, d'après les constatations de notre voyageur. A côté de sa moisson de documents, le volumineux dossier qu'il nous a permis de parcourir contient ses innombrables observations personnelles, consignées avec le scrupule des moindres détails, recueillies par lui dans un monde inconnu du public, animées par le style vivant d'un récit toujours spirituel, caustique et libre sans jamais tomber aux descriptions obscènes, en un mot, éblouissantes de vérité.

Ce sont surtout ses aventures multipliées, qui, devant nos yeux privilégiés, ont placé comme un cinématographe inépuisable, où nous avons vu les prêtresses de l'amour vénal dans les principales villes d'Italie. La vie des lupanars se répète partout, avec peu de variantes, et, sans la négliger, ce n'est pas celle-là néanmoins que M. Guilbert de Préval s'attache à montrer; la vie la plus intéressante, celle dont il n'a négligé aucun tableau, aucune vue prise sur la voie publique ou dans les mystères de la clandestinité, c'est la vie des prostituées à qui l'esclavage du lupanar répugne et qui se meuvent parmi la société, en s'y mêlant d'une façon plus ou moins apparente. Et c'est cette prostitution-là qui présente les aspects les mieux variés et les plus caractéristiques.

Il nous montre Turin, ses gadoues bêtes et âpres au gain, rapaces piémontaises et stupides savoyardes, vêtues sans aucun goût, ridicules au suprême degré. A Milan, au contraire, la gruerie n'est pas dénuée d'intelligence, et elle porte bien la toilette; beaucoup ont des airs de grisettes parisiennes, sous le costume italien; d'ailleurs, comme mouvement, comme esprit, comme activité, Milan est une miniature de Paris, et sa prostitution rappelle quelque peu celle des boulevards de la capitale française.

Un tableau des plus intéressants, c'est celui de Venise, la ville exceptionnelle en tout, la reine du carnaval, la douce berceuse des gondoles, et la patrie de l'invraisemblable sigisbée. Le carnaval y est toujours plus fou que partout ailleurs; les gondoles y glissent jour et nuit, emportant vers le Lido des mystères amoureux. Quant au sigisbéisme, il est de bonne politique de le proclamer fini, mort et enterré depuis un quart de siècle; ce qui ne l'empêche pas de se porter à merveille, de faire la joie des voluptueuses épouses légitimes, à la barbe des maris, et M. Guilbert de Préval nous donne à ce sujet un témoignage vécu et des plus amusants.

Et la place Saint-Marc, la Piazza!... Il n'est pas un voyageur qui, au retour, ne célèbre la familiarité des pigeons traditionnels, connus du monde entier... Et puis, comme curiosité de la Piazza, après les pigeons, quoi encore?... Plus rien; il semble que tous nos écrivains se sont donné le mot d'ordre pour garder le silence sur les prostituées de Saint-Marc. Est-ce que, par hasard, ils ne les auraient point vues?...

La nuit est venue; la Piazza est envahie. C'est un soir de concert militaire (quatre fois par semaine). Des milliers de personnes sont là; les chaises, les tables de fer, tout le matériel des cafés déborde des arcades et encombre les larges dalles de trachyte et de marbre qui pavent l'immense place, la plus belle de toute l'Italie. C'est une cohue extraordinaire; dès huit heures, il n'y a plus un siège vacant, plus une table qui ne soit entourée de consommateurs; les joyeux amis s'y sont donné rendez-vous, les familles y viennent entendre la musique et déguster des sorbets. Bientôt, les garçons de café sont sur les dents et ont toutes les peines du monde à faire leur service, ne trouvant plus aucun passage dans la foule.

Et pourtant voici des femmes qui circulent, chacun écartant galamment sa chaise. Elles se glissent, offrant des bouquets, doucement, avec une exquise politesse, sans insister.

Oh ! elles ne ressemblent en rien aux bouquetières de Paris, vieilles pauvresses mendiantes, ou enfantines victimes d'ignobles parents. Si les bouquets de ces vendeuses vénitiennes sont pour la frime, ici comme ailleurs, ce sont du moins des bouquets de réelle valeur, composés de fleurs choisies avec art et divinement groupées. Et ces bouquetières de Saint-Marc, resplendissantes de beauté, en toilette d'une richesse et d'une élégance indicibles, satin et dentelles de prix, simplement gracieuses, nullement provocantes, dans tout l'éclat de leurs radieux vingt à vingt-cinq ans, parées d'un charme d'angéliques sirènes, avec un sourire délicieusement doux sur leurs lèvres roses, avec une interrogation muette, point effrontée, au fond de leurs yeux limpides, ont l'air de jeunes femmes de la plus haute aristocratie, qui viendraient de quitter leur salon pour une quête de bienfaisance dans un bazar de charité.

L'illustre sénateur Bérenger lui-même ne trouverait rien à reprendre en elles : pas le moindre soupçon d'indécence dans leur costume ; rien d'incorrect dans leurs manières, dans leur allure ; la caresse de leur voix est empreinte même d'une sorte de candeur.

Les braves gens sans malice, touristes voyageant en famille, s'y trompent, et l'on en a vu d'assez naïfs pour leur marchander sérieusement leurs bouquets. Quand un tel cas se présente, la belle fille vend de bonne grâce celui qu'on veut, et sans y gagner. Au contraire, dans un groupe uniquement composé d'hommes, qui connaissent déjà ce manège ou qui le devinent, si l'un d'eux, échangeant avec elle un regard significatif, rapide comme l'éclair, lui demande quel est le prix de ses fleurs, elle répond qu'elle les vend le plus cher possible.

Alors, si le galant tient à s'assurer la promesse d'une passagère intimité, il conclut en remettant une pièce d'or de vingt lire à la belle; en échange, elle lui fait choisir un de ses bouquets, en ayant soin, au moment où il le prend, de lui glisser invisiblement dans la main une minuscule carte de visite, portant l'indication de son domicile, ainsi que son heure de réception, laquelle est toujours dans la journée, la nuit étant réservée à son amant. Les vingt francs sont le prix de l'adresse de la phryné vénitienne, un simple et modeste à-compte; si le galant amateur tient à ne pas perdre sa première mise, il lui faut au minimum la quintupler pour une conversation complète, d'une heure environ.

Et, sous la grande et douce clarté de la lune, toujours superbe dans le ciel pur de l'Italie, chaque pseudo-bouquetière continue sa tournée à travers les tables des buveurs dilettante, tandis que les cuivres militaires résonnent et réjouissent la Piazza; elle va ainsi, semant ses fleurs et récoltant des clients pour les journées qui vont suivre.

Passons à Rome, la capitale aux sept collines, qui s'intitule la Ville Éternelle, et dont l'éternelle prostitution, d'un caractère inexprimable, semble jeter un défi à toutes les prostitutions du globe. On ne saurait dire qu'à elle seule elle les surpasse dans toutes leurs spécialités; car l'impartialité fait un devoir de reconnaître que Rome laisse à Londres le viol des petites filles. A part cela, la ville des Césars et des Papes vaut la capitale britannique, en ce sens qu'avec autant d'hypocrisie les deux cités rivalisent de luxure, et que les vices contre-nature que l'une n'a pas sont compensés par d'autres vices non moins immondes.

Dans *La Princesse de Babylone*, cette allégorie d'une satire si mordante, Voltaire fait gaiement allusion à l'un de ces vices, quand il nous représente le jeune prince gangaride Amazan, courant à la recherche de sa fiancée, la belle Formosante, et visitant une ville bâtie sur les bords du Tibre, aux ondes jaunes, qui a pour roi le Vieux des Sept Montagnes. Ayant pénétré dans le temple principal de la ville, Amazan fut assez surpris d'y entendre une musique exécutée par des hommes qui avaient des voix de femmes.

« Lorsqu'on eut bien chanté, le Vieux des Sept Montagnes alla en grand cortège à la porte du temple; là, il coupa l'air en quatre, avec le pouce élevé, deux doigts étendus et deux autres pliés, en disant ces mots d'une langue qu'on ne parlait plus : *Urbi et orbi;* ce qui signifie : A la ville et à l'univers. Le gangaride ne pouvait comprendre que deux doigts pussent atteindre si loin.

« Il vit bientôt défiler toute la cour du maître du monde. Elle était composée de graves personnages, les uns en robe rouge, les autres en violet; presque tous regardaient le bel Amazan, en adoucissant les yeux. Ils lui faisaient des révérences, et se disaient l'un à l'autre :

« — San Martino, che bel fanciullo! San Pancrazio, che bel ragazzo! »

Traduction : « Par saint Martin, quel beau jeune garçon! Par saint Pancrace, quel beau...! » En italien, *ragazza* signifie *jolie fillette;* les hommes rouges et les violets masculinisent donc ce substantif, en créant à leur usage le néologisme *ragazzo*. Et ce n'est pas seulement l'italien que ces gens-là estropient, dit ailleurs Voltaire :

> Ils ne savent pas leur latin;
> Car ils mettent au masculin
> Ce qui se met au féminin.

« Amazan ayant demandé à voir le maître du

monde, qui porte le titre de *Serviteur des serviteurs de Dieu*, un des hommes en robe violette lui dit :

« — Je lui demanderai audience pour vous, moyennant la buona mancia (un bon pourboire) que vous aurez la bonté de me donner.

« — Très volontiers, dit le gangaride.

« Le violet s'inclina.

« — Je vous introduirai demain, dit-il; vous ferez trois génuflexions, et vous baiserez le pied du Vieux des Sept Montagnes.

« A ces mots, Amazan fit de si prodigieux éclats de rire qu'il fut près de suffoquer; il sortit en se tenant les côtés, et rit aux larmes pendant tout le chemin, jusqu'à ce qu'il fut arrivé à son hôtellerie, où il rit encore très longtemps.

« A son dîner, il se présenta vingt hommes sans barbe et vingt violons qui lui donnèrent un concert. Il fut courtisé le reste de la journée par les seigneurs les plus importants de la ville : ils lui firent des propositions encore plus étranges que celle de baiser le pied du Vieux des Sept Montagnes. Comme il était extrêmement poli, Amazan crut d'abord que ces messieurs le prenaient pour une dame, et il les avertit de leur méprise avec l'honnêteté la plus circonspecte. Mais, étant pressé un peu trop vivement par deux ou trois des plus déterminés parmi ces hommes violets, il les jeta par les fenêtres, sans croire faire un grand sacrifice à la belle Formosante.

« Il quitta au plus vite cette ville des maîtres du monde, où il faut baiser un vieillard à l'orteil, comme si sa joue était à son pied, et où l'on n'aborde les jeunes gens qu'avec des cérémonies encore plus bizarres. »

En ce qui concerne la sodomie, M. Guilbert de Préval apporte la preuve, par quatre incidents, nullement exceptionnels, dont il donne les détails précis, que les mœurs du haut clergé romain n'ont pas changé depuis Voltaire.

D'autre part, on n'a pas oublié la réponse célèbre que fit un cardinal à un général français, lors de l'occupation de Rome il y a cinquante ans. Celui-ci, étonné de l'absence de maisons de tolérance, demandait à l'éminence comment la troupe pourrait découvrir des prostituées pour satisfaire aux besoins de l'impérieuse nature.

« — Qu'à cela ne tienne! répondit l'homme rouge. Vos soldats n'ont qu'à se présenter dans n'importe quelle maison de Rome; ils recevront bon accueil, et tous les goûts auront joyeuse satisfaction. Nos femmes et nos jeunes gens sont partout bien dressés. »

Cette situation s'est quelque peu améliorée. Il serait injuste de dire aujourd'hui que chaque maison romaine est un lupanar de prostituées et de gitons.

Les déplorables mœurs, qui ont fait à la ville sainte des catholiques une renommée honteuse, sont dues en grande partie à la longue période de domination pontificale; durant tant de siècles, les papes-rois n'ont rien fait pour moraliser les Romains, population très portée à la débauche, et toujours fière de son Jules César, qui disait cyniquement: « Je voudrais être le mari de toutes les femmes de la ville, et la femme de tous les maris. » De même, Lucrèce Borgia conserve une admiration presque générale, tandis qu'on rit de l'autre Lucrèce, la vertueuse épouse, qui se tua de désespoir, ayant été violée par un Tarquin.

Et loin de tenter quelques efforts en faveur du relèvement des mœurs, les pontifes romains, laissant la prostitution féminine en pleine liberté et lui accordant même des honneurs parfois, ont poussé la prostitution masculine à se développer formidablement. Autant le clergé irlandais est honnête et respectable, dit M. Guilbert de Préval, autant le clergé italien est corrompu et méprisable.

Il rappelle l'aventure historique de la belle Galiana, cette courtisane romaine que des habitants de Viterbe enlevèrent, et la guerre que cet enlèvement provoqua, comme dans l'antiquité le ravissement d'Hélène causa la guerre de Troie ; mais Hélène était l'épouse d'un roi grec, une reine enlevée par un des fils du roi troyen ; Galiana n'était qu'une prostituée. On sait que les Romains, vaincus, obligés de retourner dans leur ville, demandèrent en grâce, après leur défaite, qu'on leur montrât du moins encore une fois, du haut d'une tour de Viterbe, leur putain bien-aimée.

Notre voyageur, qui a tenu à faire une excursion aux villes étrusques, est allé notamment à Caprarola, où il a visité le palais Farnèse, un des plus splendides châteaux princiers de la renaissance, construit pour le jeune Alexandre Farnèse, neveu (?) et mignon du pape Paul III, qui le créa cardinal à l'âge de quatorze ans; ce château, devenu la propriété de l'ancien roi de Naples, est loué actuellement au docteur Ohlsen, compatriote de M. Guilbert de Préval. De Caprarola, notre voyageur s'est rendu à Viterbe, qui n'en est éloignée que de 14 kilomètres.

Devinez où le clergé catholique a enterré la prostituée Galiana!... Ses restes n'existent plus, dira-t-on; les prêtres d'une religion qui prêche la vertu lui ont refusé la terre sainte; son corps déshonoré a été jeté à la fosse maudite des suicidés et des impies?... Oh! combien vous vous trompez!... Ses restes sont vénérés comme le seraient les reliques d'une sainte. Les prêtres de Viterbe, ayant joui de Galiana et s'en glorifiant, l'ont placée en un tombeau des plus artistiques, incorporé dans la façade même de l'église Sant'Angelo ; et le sarcophage, au-dessus duquel se lit une inscription célébrant les mérites impurs de la très-catholique prostituée, a pour décoration la chasse de Méléagre poursuivant Atalante, obscène sujet de priapisme païen!... Et cela à l'entrée même d'une église chrétienne!

Notre voyageur, qui n'est pas bégueule, a pris la photographie de cette façade de Sant'Angelo de Viterbe, avec le tombeau de Galiana; je l'ai vue dans son dossier. Il a écrit au verso de la photographie : « Ceci ne devra pas être reproduit. » Je crois bien! Le volume serait saisi, et l'éditeur condamné pour outrage aux bonnes mœurs.

Une autre courtisane fameuse de la Rome papale, c'est Imperia, la superbe et toujours triomphante prostituée, qui reçut dans son lit les pontifes Jules II et Léon X, sans compter les princes eccclésiastiques du deuxième rang, dont l'un, le cardinal Sadolet, célébra dans un poëme érotique les grâces enivrantes et les divers talents d'alcôve qui contribuaient le plus à la réputation de la belle.

Imperia était, dans la capitale du monde catholique, la baronne d'Ange de cette époque. A sa mort, elle fut pleurée par tous les gens d'église; on lui fit des obsèques solennelles. Son inhumation eut lieu dans un des temples les plus vénérés de Rome, dans l'église San-Gregorio-Magno, qui contient aussi des tombeaux d'autres personnages illustres et les reliques du pape Grégoire-le-Grand. On inscrivit sur le mausolée qui fut érigé en 1514 à l'orthodoxe fellatrice cette épitaphe : « Hic jacet Imperia, cortisana romana, quæ, digna tanto nomine, raræ inter homines formæ specimen dedit. Vixit annos XXVI, dies XII. Obivit anno 1511, die 15 Augusti. » — Traduction : « Ici repose Imperia, courtisane romaine, qui, digne d'un si grand nom, a donné parmi les hommes le modèle d'une rare beauté. Elle a vécu vingt-six ans et douze jours. Elle est morte en l'année 1511, dans la journée du 15 août. »

Le pape actuel, comprenant l'indécence d'une telle inscription en face de l'autel, l'a fait effacer totalement ; le tombeau d'Imperia est donc, maintenant, une tombe anonyme. Mais, du temps de Pie IX, l'audacieuse épitaphe a été relevée par le docteur Félix Jacquot, médecin des hôpitaux du corps d'occupation à Rome, professeur agrégé à l'Ecole de médecine militaire de Paris, et ce témoin l'a reproduite dans son livre *Lettres médicales sur l'Italie, comprenant l'histoire médicale du corps d'occupation des Etats romains* (Paris, 1857). Pendant trois siècles et demi, de 1514 jusqu'à nos jours, on a donc vu cette cynique apothéose de la prostitution, en pleine église catholique, au cœur de Rome même. Et les restes bénis de la prostituée sont toujours là, bien qu'une couche de peinture recouvre à présent cette épitaphe, qui restera une des hontes attachées à la mémoire de Jean de Médicis, son auteur ; car c'est lui qui la rédigea, lui qui fit élever le mausolée dès la deuxième année de son pontificat, lui qui avait été un des nombreux amants de la courtisane impudique, alors qu'il n'était encore que cardinal.

Et cela nous fait penser aux prêtres de cette même religion, qui, à Paris, hésitèrent assez longtemps à dire leur messe au Panthéon, en alléguant que la sépulture de Voltaire dans les caveaux du monument était un impie voisinage !

D'autre part, si le souverain pontife d'aujourd'hui ne revendique plus la Ninon romaine comme une des gloires de l'Eglise, par contre l'incestueuse famille papale des Borgia n'est pas reniée. Les fameux appartements, qui furent le théâtre des débauches d'Alexan dre VI avec sa fille Lucrèce et son fils César, sont plus que jamais en grand honneur au Vatican; au moment où notre voyageur visitait le palais des papes, un monsignor violet qui daigna l'accompagner appela son attention sur trois magnifiques salles où l'on préparait l'installation d'un musée de la renaissance, et lui dit, en clignant de l'œil et en redressant le torse :

— Nous sommes ici dans les appartements de Borgia !

Il en avait la bouche pleine, de ce nom; il en était fier, de son Borgia. Il se cambrait, le monsignor. On aurait dit que ce passé monstrueux surexcitait en lui une admiration sadique.

A la basilique San-Paolo-fuori-le-Mura, hors de la ville, où sont les portraits des papes, superbes médaillons en mosaïque, Alexandre Borgia ne manque pas à la collection; il ne saurait être un personnage dont on rougit. Les Vénitiens ont plus de pudeur : au palais Ducal, dans la salle du grand Conseil, où figurent les portraits de tous les doges de la République, la place de l'un d'entre eux est remplacée par une vaste tache noire ; c'est là que le portrait de Marino Falieri devrait être, selon l'ordre chronologique, et, s'il n'y figure point, c'est à cause de son crime, bien faible auprès de ceux d'Alexandre Borgia ; le doge Falieri avait comploté un coup d'état.

Et de leur Paul III les catholiques romains ne rougissent pas non plus ; ce Paul III Farnèse, qui, sauf les empoisonnements, ne valut guère mieux qu'Alexandre VI, leur est cher, et les descendants de ses bâtards sont des grands dignitaires du Saint-Siège.

C'est, aujourd'hui encore, un Mario Chigi, prince Farnèse, qui est maréchal de la Sainte-Eglise et gardien du Conclave. Pourtant, lorsqu'on se remémore l'histoire, il apparaît que le nom de Farnèse est plus ignominieux même que ceux de Dumolard et de Tropmann ; quand une famille a dans ses annales le viol pédérastique et meurtrier du jeune évêque de Faënza, elle devrait se faire oublier et même changer de nom, au lieu de prétendre tenir le haut du pavé.

Par ces quelques exemples, on voit que le présent n'a pas rompu avec le passé. Loin d'être répudié, le souvenir des ancêtres infâmes est un titre à l'estime des hautes classes, pourries de vices.

Le pouvoir civil tente de louables efforts pour réparer les ruines morales causées par tant de siècles de dépravation sacerdotale : il aura de la peine à endiguer le torrent d'immoralité, dont la source est au Vatican même. La monarchie est représentée en Italie par une famille essentiellement honnête, où fleurissent toutes les vertus privées; cela est d'un bon exemple, mais le mal est si profond à Rome !...

Dans les premières années qui ont suivi la chute du pouvoir temporel des papes, les bons éléments de la capitale italienne avaient le dessus; l'édilité libérale s'occupa de mâter la prostitution ; on cessa de voir le scandaleux raccrochage qui pouvait faire croire à l'étranger qu'il se trouvait à Sodome ; la chasse fut donnée vigoureusement par la police aux prostituées clandestines ; par contre, on toléra les maisons de débauche soumettant leur personnel aux visites sanitaires; les libertins, ne trouvant presque plus de filles publiques sur le trottoir, prirent le chemin du bordel, qui, dans ces circonstances, joua, si l'on peut s'exprimer ainsi, un rôle moralisateur, qui fit œuvre d'assainissement, en attirant à lui, en absorbant, tel un égout, les flots de la corruption romaine, ou du moins une grande partie de ses immondices.

Le vice n'avait pas renoncé à ses prétentions toujours envahissantes; mais il était intimidé, il ne dressait plus orgueilleusement sa tête, comme en temps de Pie IX. Les prêtres ne s'affichaient plus, en public, dans les cafés, avec des drôlesses et des mignons. C'était un progrès, qui pouvait donner quelque espoir pour l'avenir.

Malheureusement, la politique gâta tout. Le suffrage universel, honnêtement pratiqué, avait envoyé les libéraux siéger au Capitole; la papauté, furieuse de cet échec, jura de prendre sa revanche et de donner coûte que coûte la majorité à ses séides pour l'administration de la ville.

Alors, en vertu d'instructions formelles données par le Vatican, on vit affluer à Rome tous les cléricaux qui étaient en mesure de s'y établir; les villes d'Italie, les campagnes dégorgèrent dans la capitale tous les gens disponibles, dévoués au Saint-Siège. Les familles bigotes s'imposèrent des sacrifices pour avoir un de leurs fils habitant la Ville Eternelle; les congrégations y multiplièrent leurs succursales, prêtres et moines pullulèrent en plus grande quantité même qu'à l'époque de la domination souveraine du pape. Bien plus, des légions de cléricaux étrangers, laïques et ecclésiastiques, vinrent fixer leur résidence à Rome, attendant avec patience les délais légaux pour se faire naturaliser.

Peu à peu, cet envahissement, savamment calculé, produisit les résultats attendus par le cardinal Rampolla, inspirateur de cette tactique; la majorité électorale fut déplacée de gauche à droite, et les partisans du pape entrèrent vainqueurs au Capitole. Mais négligeons les effets politiques de cette réaction, et voyons impartialement, au point de vue qui nous occupe, quelle action cette surabondance de mâles plus ou moins oisifs a eue sur la prostitution féminine, assez bien comprimée auparavant, et sur le germinysme romain, toujours à l'état latent dans cette ville impudique et dépravée.

De nos jours, la prostitution féminine réglementée ne compte presque plus à Rome; le bordel toléré et surveillé par la police sanitaire est en baisse, tandis que la prostitution clandestine s'accroît et s'étend tous les jours de plus en plus.

Au bas de l'échelle, sont les prostituées infectes, plus dégradées — et ce n'est pas peu dire! — que les raccrocheuses des boulevards extérieurs à Paris. Si elles se saoûlaient à l'instar des basses catins londoniennes, on pourrait les comparer à la lie dégoûtante des traînées de White-Chapel; sans doute elles s'enivrent, mais elles ne sont pas vraiment dans une ivrognerie permanente, comme la dernière catégorie des prostituées de Londres. Elles se répandent, la nuit, dans les endroits les moins fréquentés de la ville; elles entraînent les brutes avinées, qui forment leur clientèle, au milieu des ruines antiques, gloires de Rome, s'y glissent et s'y vautrent. Elles se prostituent, de toutes les façons, selon tous les goûts romains, dans les angles obscurs des ruelles, sous les porches déserts, sur les talus reculés des promenades, aux portes de la ville comme à l'intérieur, au Janicule, au Colisée, et jusque devant Saint-Pierre, sous les colonnades du Bernin.

A l'opposé de ces gadoues ignobles, sont les clandestines élégantes, qui guettent l'étranger dès son arrivée à l'hôtel; les facchini, qu'elles rétribuent en conséquence, donnent leur adresse, sans qu'on ait besoin de s'enquérir auprès d'eux; chacun a trois ou quatre prostituées à recommander et fournit les détails les plus variés sur les mérites de chacune, en indiquant le prix des faveurs; quoique sa complaisance soit spontanée, tout facchino indicateur réclame au touriste qui l'écoute un sigaro, ce qui, dans l'espèce, ne signifie nullement un cigare, mais une étrenne, une pièce d'argent; de la sorte, le facchino reçoit des deux mains, attendu que la courtisane en chambre lui remet aussi un sigaro, plus ou moins important, selon la générosité du client que ses bons offices lui ont valu.

Quand elles sortent de chez elles pour aller faire leur persil, c'est principalement au Pincio que vont ces femmes vers le soir, celles de la classe supérieure. Les filles d'un degré au-dessous se promènent plutôt tout le long du Corso. L'habitant, ou l'étranger au courant des coutumes, qui veut se payer une Fornarina, c'est-à-dire une femme servant de modèle aux peintres et faisant au surplus l'amour à prix réduit, n'a que l'embarras du choix, en se rendant à la place d'Espagne, dès le déclin du jour, et spécialement dans le voisinage du fameux escalier de 135 marches qui relie cette place à celle de la Trinité : mais ces femmes-ci, dont la crainte de la police n'est point le commencement de la sagesse, ne se livrent à aucun raccrochage, même de l'œil; muettes, immobiles, le regard perdu vers l'immensité céleste, elles ont l'air d'être plongées dans une méditation extatique, faisant uniquement valoir leurs formes par une pose savante, et elles attendent qu'on les aborde, pour leur demander si elles peuvent disposer de quelques instants.

Le grand raccrochage effronté est celui qui s'opère dans les basiliques les jours de fête. Il faut avoir vu, par exemple, la grand'messe solennelle du 24 juin à Saint-Jean-de-Latran, pour concevoir l'idée de la démoralisation d'un peuple lorsqu'elle se joint aux pratiques superstitieuses.

Les basiliques romaines n'ont pas de chaises pour les fidèles ; c'est debout qu'ils assistent presque tous à l'office, à part quelques vieilles dévotes qui du commencement à la fin restent agenouillées dans un coin éloigné de la cohue. Mais ne croyez pas que les assistants demeurent en place, pendant les chants des choristes et les exercices aussi variés que solennels des célébrants; c'est un va-et-vient continuel de promeneurs et de promeneuses, marchant à petits pas, pressés les uns contre les autres; c'est une foule bigarrée, qui se meut en divers courants dans tous les sens, en un mouvement d'une lenteur extrême, avec des remous parfois; et tantôt avec des arrêts comme pour mieux écouter un éclatant quatuor, ou bien plusieurs se haussant sur la pointe des pieds afin de voir la manœuvre religieuse du cardinal-vicaire, qui, représentant ici le pape, toujours absent à cette basilique, est suivi d'autres cardinaux, chacun avec son porte-queue, et va de la confession au maître-autel, disant la messe sur les reliques insignes, c'est-à-dire sur deux crânes, qualifiés de tête de saint Pierre et tête de saint Paul [1].

Aucun recueillement dans cette foule; la théâtrale grand'messe de Latran est un spectacle. Ici, la prostitution se sent chez elle; car l'immense église jouit du

1. Ce n'est pas à la légère que M. Guilbert de Préval se montre quelque peu sceptique. En ce qui concerne saint Pierre, son crâne qui est à la basilique de Latran est complet, avec les deux mâchoires; or, d'autre part, la cathédrale de Poitiers, dédiée au chef des apôtres, possède et montre comme précieuse relique une mâchoire de saint Pierre, ce qui ferait

privilège de l'exterritorialité accordée au Saint-Siège, comme au Vatican, à Saint-Pierre, à la Sixtine, et, hors de Rome, à Castel-Gandolfo; c'est pourquoi, en aucun de ces lieux sacro-saints, la police italienne n'a le droit de pénétrer. Or, les prélats, chanoines et autres gens d'église étant les premiers à donner l'exemple du relâchement des mœurs, leur police de sacristie montre une prodigieuse indolence; et la mère et première des églises, comme ils nomment Saint-Jean-de-Latran, « omnium urbis et orbis ecclesiarum mater et caput », ou encore la seconde Sion, l'Aula Dei, voit, dans ses grandes solennités, son pavé de dalles richement incrustées se transformer en un extraordinaire trottoir de tartuferie raccrocheuse.

L'élégante prostituée libre y vient avec son petit chien au bras; la femme-modèle n'est plus avare de sourires provocants ni de tendres invitations faites du coin de l'œil; la pierreuse des ruines et des carrefours sombres ne manque pas, elle non plus, à la fête, et, se faufilant dans les groupes les plus épais, elle essaie de se concilier des amateurs par des moyens crapuleux qui, grâce à l'intensité de la multitude, passent inaperçus.

Sous ces hautes voûtes qui abritèrent cinq conciles œcuméniques, les rendez-vous se donnent pour un quart d'heure après, le temps de se dégager de la foule, de sortir séparément, et de se rejoindre non loin de là. Des couples, pour ne pas être trop remarqués en s'em-

donc trois mâchoires. Quant à saint Paul, il compte des reliques dans 1,800 châsses au moins; en sus du crâne de Latran, une moitié du corps est à la basilique Saint-Pierre, l'autre moitié à la basilique Saint-Paul, ce qui n'empêche pas une épaule d'exister à Argentan, en France; la totalité des reliques de ce saint permettrait de reconstituer au moins vingt corps.

brassant, se tournent contre les grilles de la chapelle des Torlonia, ou contre celle des Massimi. Dans la nef majeure, dans les bas côtés, autour des piliers, partout où le public est admis et se presse, le racolage s'exerce en chuchottements préliminaires ; les prix se discutent à voix basse, dans les conversations couvertes par la voix majestueuse des orgues ; et l'agenouillement général sert de prétexte aux pinces discrètes et aux chatouilles, au moment mystique de l'élévation.

Tous les genres de raccrochage sont usités à Rome par la prostitution clandestine. Les filles les mieux nippées vont, selon leurs ressources, aux théâtres, aux concerts, aux trattorie (restaurants), cafés et brasseries, ainsi qu'aux bains publics, pour en ramener le client; les autres se contentent des osterie (cabarets) et des bateaux de la ripa Grande où l'on débite les vins de Sicile. Les ouvrières intermittentes se font suivre, en allant chercher le soir leur lait frais et leurs œufs à la vaccheria, de la viande rôtie chez le vendarrosto, ou des fruits chez la fruttajuola.

Il existe aussi des prostituées qui ne raccrochent pas, et toutes celles de cette catégorie sont loin d'appartenir à la classe aristocratique. Ce sont des filles isolées ou vivant deux ensemble ; mais ce second cas forme l'exception. Elles ont une clientèle respective d'habitués, dont beaucoup se connaissent; elles ne reçoivent pas un nouveau venu, s'il n'est pas présenté par un des débauchés qui les fréquentent.

Les prostituées de Rome ont, en outre, des maisons de passe à leur usage; ces maisons fonctionnent comme partout ailleurs, mais ici dans le secret. Ce sont principalement des lieux de rendez-vous, non accidentels, mais convenus.

D'autres établissements de débauche sont en quelque

sorte des lupanars mixtes : ils ont un personnel de femmes, convenablement varié, quoique très restreint; mais ce ne sont pas des pensionnaires. Les filles clandestines qu'on trouve là sont à demeure seulement pour la journée ; dans beaucoup de ces maisons, elles ne s'y tiennent que l'après-midi et une minime partie de la soirée; elles partent à neuf heures, dix heures au plus tard, et rentrent alors dans leurs familles. Quelques-unes s'absentent seulement trois ou quatre heures de chez elles, pour venir se prostituer dans ces maisons secrètes. Les deux tiers, sinon les trois quarts, sont des femmes mariées.

La clientèle de ces lupanars mixtes est remarquable par sa discrétion; elle est composée de laïques qui, hors de là, font l'édification de leur paroisse ; il faut y ajouter aussi bon nombre de jeunes ecclésiastiques. Ce qui caractérise encore ces établissements d'une façon curieuse, c'est que, pour dépister la police, ils se déplacent constamment; les matrones qui les tiennent ne louent que pour peu de mois, préférant payer cher, afin de pouvoir déménager à la première alerte; du jour au lendemain, plus personne, et les clients ont été prévenus de la nouvelle adresse, pour la plupart.

Ce n'est pas dans les familles qui vont à la messe que se trouvent, à Rome, beaucoup d'épouses chastes. Dans l'aristocratie, la Messaline est presque commune, par besoin de débauche, par dépravation; mais cette femme ne va guère dans les maisons de prostitution ; c'est surtout le prêtre qu'elle recherche, les petits prélats ou les religieux à la mode, et moines et monsignori sont innombrables. Dans la bourgeoisie dite bien pensante, et dans les classes inférieures, où la superstition est excessive parmi les neuf dixièmes des familles, la prostitution des femmes mariées est la caisse normale et inépuisable servant à payer les frais de coquetterie. Nulle part, ce désordre n'est considéré comme une tare; on ne l'affiche pas, mais on s'en vante entre bonnes amies. Chez les aristocrates et les bourgeois, le mari ferme complaisamment les yeux; dans le populaire, l'époux plaisante à ce sujet le soir avec beau-papa et belle-maman.

« A Rome, écrit le docteur F. Jacquot, qui fut témoin oculaire pendant de nombreuses années, le grand nombre des célibataires mâles, par suite de l'extension des ordres religieux, entraîne nécessairement beaucoup de célibats forcés dans le sexe féminin, et, d'autre part, dans un pays sans industrie et sans agriculture tel que celui-ci, le mariage, loin de créer des ressources par la communauté du travail, augmente souvent la gène par la nécessité d'élever des enfants et de soutenir son rang, première condition à laquelle les Romaines de toutes les classes tiennent essentiellement, comme à un véritable point d'honneur. Aussi les filles, incessamment préocupées du but si difficile du mariage, emploient-elles toutes les ressources imaginables pour arriver à leur fin. Commencer à se laisser faire la cour, « fare « l'amore », à partir de l'adolescence, et continuer pendant six à huit ans, en attendant que l'âge arrive, ne leur paraît pas une dure constance, si elles entrevoient la solution désirée. Une conduite irréprochable figure parmi les moyens d'y parvenir. Mais une fois mariées, la scène change, et la réserve cesse. »

Un voyageur est raccroché sur le Corso, ou dans une des rues latérales, par une jeune femme; il se laisse tenter et la suit, croyant avoir affaire à une prostituée quelconque, comme en toute autre ville. Dans l'appartement où elle l'introduit, il n'est pas peu surpris de trouver à table la famille de la belle, hommes et femmes s'étant attardés à causer et boire après dîner. On le salue poliment à son passage; l'aimable personne, ayant traversé avec lui la salle à manger, le conduit à sa chambre; et la conversation des autres ne s'interrompt pas pour cela.

Avec M. Guilbert de Préval, citons encore le docteur Jacquot, qui certes ne saurait être suspect. « A Rome, dit-il, la prostitution est un peu partout : elle s'exerce, par malheur, trop souvent dans la famille, sous les yeux des parents, comme un métier avouable; la mère vous introduit chez sa fille, la jeune sœur, qui attend son tour, vous mène à sa sœur adulte, et le petit frère vous éclaire dans l'escalier! »

Il importe d'ajouter que deux quartiers ont échappé à la gangrène, le Transtévère et le Rione-Monti, lesquels sont précisément les deux places fortes de l'opinion radicale, la région principale où prospèrent les cercles anticléricaux fondés par les garibaldiens. Au Transtévère et au Monti, les filles du peuple ne se prostituent pas; on n'y séduit pas non plus, mais on épouse; et l'on ne trouve plus le matin, dans la rue, qu'un cadavre percé de coups de couteau, quand un étranger téméraire est venu chasser aux jeunes filles dans ces parages dangereux aux libertins.

Quant à l'autre forme de prostitution, celle qui a surtout provoqué les railleries de Voltaire, elle est de tradition à Rome, et c'est un devoir de dire, dans une œuvre impartiale comme celle-ci, que la responsabilité en incombe exclusivement au haut clergé, — le pape actuel, très honnête homme privé, mis en dehors.

Il est de notoriété publique que les châtrés de la Sixtine ne jouent pas le rôle de femme uniquement en tant que choristes de la chapelle; on se les passe aussi de main en main entre membres du Sacré-Collège et prélats bien rentés. Nul besoin d'être très perspicace pour deviner quel est, chez certains cardinaux, le double emploi des jeunes secrétaires, frais et dodus, toujours parfumés comme des filles. Sur tout cela, M. Guilbert de Préval a recueillis des faits précis, et non des racontars; mais je doute qu'un éditeur ait le courage de publier cette partie de son manuscrit.

Enfin, il suffit d'aller au Vatican pour être fixé dès le premier coup d'œil; un médecin surtout ne peut s'y tromper. Les yeux sombres,de l'exalté, éclairés cependant d'une lueur fauve au fond de la prunelle, ne se confondent pas avec les yeux au regard oblique, à la flamme vive, mais manquant de fixité, indécise, tremblottante, fuyante, qui caractérisent le pédéraste. Les deux types, le fanatique et l'antiphysique, sont représentés en nombre égal dans la multitude des camériers et autres monsignori qui encombrent les salles d'apparat, les grandes galeries pour l'alignement des pélerins, les petits cabinets pour l'encaissement des offrandes et des taxes pieuses, en un mot, toutes les pièces et tous les corridors, de dimensions larges et étroites, de ce palais des papes, palais unique au monde, qui ne compte pas moins de *onze mille chambres*. Le Vatican, il faudrait être aveugle pour ne pas le voir, est le bercail sacré d'un formidable troupeau d'émasculés, pervertis dès le séminaire, n'ayant pas conscience de leur avilissement moral, se livrant entre eux à des turpitudes qui, à tout prendre, selon leur manière de raisonner, sont de simples péchés dont l'absolution les lave.

En somme, ils ne font rien, ils ne représentent rien; paresseux comme des marmottes, ils ne se livrent à aucun travail sérieux, ils ne gagnent pas leur vie. Ils sont entretenus par le Denier de Saint-Pierre.

Ces mœurs infâmes, étant plusieurs fois séculaires,

ont pris racine si profondément, si solidement, qu'il est impossible de les extirper. Il en est là comme dans ces harems de despotes orientaux, où des centaines de femmes sont réunies, esclaves surveillées étroitement et destinées à un seul homme, qui, bien entendu, ne jette son mouchoir qu'à un petit groupe de favorites; la continence forcée qui règne au harem, parmi tant d'odalisques vouées à la volupté et ne recevant aucune satisfaction masculine, produit fatalement une frénésie de saphisme dans ce milieu; c'est là un fait, d'ailleurs, très connu.

Au Vatican, c'est par milliers que la vanité a réuni, pour donner à la cour pontificale un éclat sans pareil, tous ces monsignori en bas de soie violets, coiffés d'un chapeau à glands multiples, coquettement affublés de manteletta ou de mantellone, tous ces innombrables prélats domestiques, protonotaires apostoliques, auditeurs de rote, clercs de la chambre et clercs de la chancellerie, votants et référendaires de la signature, abréviateurs du parc majeur, ministres de la chapelle papale, prélats de justice, camériers secrets participants et camériers secrets surnuméraires, camériers d'honneur, chapelains du commun, clercs secrets de la chambre apostolique, aumôniers privés, sous-dataires, sommistes, sacristes, bibliothécaires pontificaux, secrétaires des lettres latines et secrétaires mémoriaux, assesseurs de la consistoriale, de la résidence, de l'immunité, de la propagande, de l'index, des rites, du cérémonial, des indulgences, des saintes reliques, de la lauretane, de la révérende fabrique, des études, des brefs apostoliques, de la pénitencerie, des affaires extraordinaires, sans parler des laïques assistants au trône, écuyers pontificaux, camériers intimes de cape et d'épée, gardes nobles, gardes d'honneur palatins, porteurs de la barette rouge et porteurs de la rose d'or; tout autant de titres ronflants, imaginés pour masquer l'oisiveté des sinécures.

Mais les odalisques des harems sont rigoureusement cloîtrées et ne vont pas propager au dehors leurs mœurs lesbiennes. Ici, au contraire, cette énorme agglomération masculine n'est pas strictement recluse; les vieux cardinaux, les vieux évêques sans diocèse, si nombreux à Rome, ne logent pas au Vatican; quant aux monsignori qui y demeurent, ce sont, sauf de rares exceptions, des hommes dans toute la force de l'âge, les plus mûrs étant très verts, entourés de plusieurs milliers de ces jeunes camériers, petits abbés ou prélats domestiques, fournis par les séminaires italiens, et dont les cerveaux, érudits dans la science casuistique, sont farcis d'une théologie impure, initiés d'abord par la théorie à la connaissance approfondie de tous les péchés charnels, même les plus bestiaux, les plus infâmes. La corruption est donc aussi inévitable là que dans les sérails musulmans, mais dans un sens opposé, et c'est du Vatican qu'est sortie, que sort encore la propagation du vice abominable de Sodome, dont la capitale italienne est infectée.

En ce qui concerne le pape actuel, on ne saurait trop rendre hommage à la pureté de ses mœurs. Nous ne parlons pas seulement de sa vieillesse; mais avant son accession au trône pontifical, et de tout temps, il a été d'une vertu parfaite, que n'a pas ternie la moindre tache; aucune aventure de jeunesse même n'est à lui reprocher. Il offre un contraste frappant avec son prédécesseur, dont le souvenir des débauches est toujours vivace à Rome. Ce n'est pas à une impudique Clara Colonna que Gioachino Pecci a eu recours pour payer les frais de son élévation au cardinalat, comme fit Gian-Maria Mastaï, qui puisait, en vulgaire alphonse, dans la bourse de ses riches maîtresses ; ce n'est pas Léon XIII qui aurait donné à une duchesse d'Uzès la célèbre indulgence d'alcôve pontificale que Paul III administra toute une nuit, et dont Brantôme nous a rapporté l'impayable récit.

Personnellement, Léon XIII est donc d'une moralité irréprochable; mais il ne peut pas purifier la catholique population romaine, sa dissolution étant l'œuvre des siècles, — exactement comme la réforme des mœurs londoniennes aurait été impossible à la reine Victoria d'Angleterre, qui vient de mourir pendant que nous écrivons ce chapitre, et qui fut une épouse modèle et la meilleure des mères.

Léon XIII, dès le lendemain de son élection, a fait effacer, à l'église San-Gregorio-Magno, la honteuse épitaphe du mausolée d'Imperia la courtisane. Il a tenté l'assainissement moral du Vatican ; des mesures sévères ont été édictées par lui; des prélats domestiques, pris sur le fait, ont été punis de plusieurs semaines de cachot, dans les souterrains du palais : mais il a dû renoncer à cette tâche; car, pour en finir, il faudrait supprimer la cour pontificale, renoncer au prestige de cet appareil pompeux d'une armée de monsignori et de petits abbés, dont la moitié sont des gitons. Comment licencier tant de courtisans? comment se priver de cet entourage élégant et coquet? D'ailleurs, les pèlerins, généralement reçus en masse, et tout à leur enthousiasme naïf, n'ont jamais rien soupçonné.

Le pape a rédigé des règlements pour l'intérieur du palais; si le majordome, le vice-camerlingue et les maîtres-camériers observateurs ne tiennent pas la main à ce que tous s'y conforment, sa responsabilité est sauve.

De même, Léon XIII s'est rendu compte de l'ignominie scandaleuse du clergé dans la ville, et il a voulu au moins mettre un terme aux dégoûtantes habitudes dont les confessionnaux étaient souillés. Savez-vous pourquoi, dans les églises de Rome, le compartiment de milieu de chaque confessionnal, la partie où se tient le prêtre, a une porte très basse, une demi-porte, n'ayant guère plus de 60 centimètres de hauteur, et sans aucun rideau au-dessus?

Voici, pour éclairer les touristes qui ont pu être surpris de cette singularité, le décret par lequel Léon XIII a ordonné cette modification. Il va sans dire que le changement a été effectué discrètement, et ce n'est pas dans les journaux que M. Guilbert de Préval a puisé le document tout-à-fait probant qu'on va lire; il ne figure que dans le recueil de jurisprudence pontificale, les *Analecta*, dont le directeur à Rome est un monsignor français, très respectable, Mgr Albert Battandier, protonotaire apostolique. Ce décret a été rendu, sur l'ordre de Léon XIII, par la Congrégation des Évêques et Réguliers :

« Considérant que certains prêtres ne craignent pas, tandis que les pénitentes avouent en confession des péchés de la chair, de céder à l'émotion que suscite en eux le démon impur, et de faire sur eux des attouchements contraires à la chasteté, profitant du refuge obscur du confessionnal ;

« Attendu, d'ailleurs, que de si damnables pratiques ont été cause de scandales graves, qui portent atteinte à la dignité du sacerdoce ;

« La Congrégation décide que, dans les églises de Rome, la porte des confessionnaux ne s'élèvera qu'à hauteur du siège et ne sera garnie d'aucun voile à sa partie supérieure. »

Ce document authentique, — officiel, quoique n'ayant pas été porté à la connaissance du public, — en dit long sur la dégradation où est tombé le clergé romain ; on comprend à quels désordres sont entraînés, au sein même de leurs familles, les jeunes gens des deux sexes, par la mauvaise influence de prêtres corrompus, à qui le pape a dû imposer matériellement, — les conseils n'ayant pas suffi, — l'obligation de respecter au moins leurs églises.

XV

Les autres pays du monde.

Dix ans consécutifs de voyages, spécialement consacrés à faire le tour du monde de la prostitution contemporaine!... Nous n'avons pu, de cette longue et minutieuse exploration, donner qu'un aperçu très faible. M. Victor Guilbert de Préval est un homme qui procède en tout avec méthode; l'excellent classement de son dossier et l'écriture régulière de ses notes nous ont permis d'évaluer en pages imprimées ce que représente le manuscrit de sa relation, dans son état actuel, c'est-à-dire sans les retouches qu'il juge nécessaires au point de vue du style; il craint de produire un travail trop baclé. Eh bien, sauf erreur, cette relation complète prendrait, à notre avis, environ 3,000 pages du format in-8°, par conséquent, des pages beaucoup plus grandes que celles-ci. Nous ne craignons pas d'avancer que c'est là une œuvre colossale, du plus puissant intérêt physiologique, extrêmement instructive au point de vue social, une œuvre capitale sans aucun précédent.

Voici les douze grandes divisions du dossier que nous venons de rendre à son auteur, en le remerciant de nous avoir permis d'y puiser ce qu'on a lu jusqu'à ce quinzième chapitre :

I. — ANGLETERRE, ÉCOSSE, IRLANDE. Sauf pour l'Irlande, c'est dans cette partie que nous avons le plus mis notre auteur à contribution; il nous a paru indispensable de faire connaître les Anglais tels qu'ils sont; le sujet est de pleine actualité.

II. — BELGIQUE; HOLLANDE; DANEMARK; SUÈDE-NORVÈGE, y compris la Laponie norvégienne; et, en outre, excursions au GROENLAND et en ISLANDE. Nous avons dû abréger, résumer, et même supprimer beaucoup.

III. — ALLEMAGNE; LUXEMBOURG; SUISSE. A notre grand désespoir, il nous a fallu encore condenser et éliminer.

IV. — ITALIE, Sardaigne et Sicile comprises, avec excursion à Malte. L'une des plus intéressantes parties du dossier de M. Guilbert de Préval. Ce que nous en avons extrait est à peu près le dixième du manuscrit relatif à cette région.

V. — ESPAGNE, avec excursions à Gibraltar et aux Baléares; PORTUGAL; AUTRICHE-HONGRIE; RUSSIE, avec la Finlande; ÉTATS DU DANUBE ET DES BALKANS : Roumanie, Bulgarie, Serbie; MONTÉNÉGRO, principauté indépendante, et la Bosnie et l'Herzégovine, provinces turques, administrées par l'Autriche; GRÈCE, avec les îles Ioniennes, les Cyclades et la Crète.

En Espagne, maisons de tolérance et filles isolées, soit inscrites soit clandestines; inscription volontaire, sans engager les droits des tiers sur la personne inscrite, ni atténuer la responsabilité civile ou criminelle que celle-ci a pu encourir; lupanars et filles sont soumises à la taxe. Prostitution masculine très développée. Lou fasteig des Baléares, sorte de flirtage. Ignominies de Gibraltar. — Recrutement des jeunes filles françaises pour l'Autriche; infamie des bureaux de placement de

Paris. En Hongrie, les bains obscènes. — Deux grands lupanars, l'un à Madrid, l'autre à Vienne, jouissant d'une célébrité universelle comme la Grotte de Calypso, d'Anvers. — En Russie, les hommes dominés par la passion du jeu, les femmes adonnées au saphisme; notes très détaillées sur Saint-Pétersbourg, Moscou et Odessa. — La corruption grecque : tout en se prostituant, les femmes se conservent vierges, afin de pouvoir se marier, dotées avec l'argent de leur infamie.

VI. — Aux Pays Musulmans. Turquie d'Europe et Asie Mineure, avec notes très détaillées sur la prostitution à Jérusalem et en Palestine. — Caucase et Caspienne; les Géorgiennes ou les plus belles femmes du monde; mœurs kurdes de l'Ararat, le père vend ses filles au plus offrant; les Yésides ou adorateurs du diable, et leurs mystères lubriques. — Perse, Turkestan, Afghanistan et Béloutchistan; excursion à Mascate et dans l'Oman. — L'Afrique septentrionale : Maroc, Algérie, Tunisie, Tripolitaine, Egypte, les tribus du Sahara. M. Guilbert de Préval nous a autorisé à tirer parti de ses nombreuses et curieuses notes concernant la prostitution arabe, pour le volume que nous préparons sur *la Prostitution en Province, en Algérie et Tunisie.* Quant à l'Egypte, nous relevons ici : les prostituées organisées en corporations; 20,000 prostituées européennes sur 60,000 Européens habitant l'Egypte. Les Aïssaouas; les charmeuses de serpents et leurs secrets de volupté; la danse des couleuvres.

VII. — Les Indes Anglaises, avec Ceylan : les bayadères; les mystères du libertinage indien; les goules de Lahore. Orgies religieuses : le culte de Sakty. — Birmanie, Siam, presqu'île de Malacca; Singapour, sentine de la débauche des cinq parties du monde. — En Cochinchine et au Tonkin; les dessous du jeu des 36 bêtes.

VIII. — La Chine, avec le Thibet. Les thibétaines ; polyandrie et polygamie mêlées. Séré-Soumdo. Les bateaux de fleurs, lupanars chinois, allant de ville en ville par les fleuves et les canaux. Les tankadères, ou femmes des bateaux de fleurs ; le fils d'une tankadère ne peut pas devenir mandarin. Comment l'opium fait concurrence aux tankadères. Hong-Kong et ses maisons de prostituées chinoises pour l'usage européen. Tien-Tsin et Pékin ; les maisons à plumes de poules, ou le comble de la prostitution immonde ; ces maisons, par leur organisation, permettent tous les rapprochements, même incestueux, sans que les acteurs des scènes de débauche se connaissent. — La Corée. — Le Japon. Les plus grands honneurs y sont rendus à la prostitution. Yeddo : le quartier spécial des prostituées, dit le Gankiro, est le plus beau quartier de la ville ; ses habitantes y atteignent plus du quart de la population totale de Yeddo. Les certificats de savante débauche. Nagasaki et ses prostituées ; leur concours public et le jury de prostitution, institué pour décerner les prix ; couronnement de la rosière des prostituées.

IX. — Amérique du Nord, et principalement les États-Unis : régime analogue à celui de l'Angleterre ; liberté des mauvaises mœurs, avec moins d'hypocrisie ; jeunes filles chinoises volées dans leur pays, amenées aux États-Unis, et vendues publiquement aux enchères pour les lupanars libres. — Canada : bonnes mœurs des Canadiens français, faisant contraste avec la corruption des autres habitants. — Mexique : prostitution à la mode espagnole, mais seulement féminine, et avec un caractère quelque peu sauvage.

X. — Antilles. Cuba, Haïti et Saint-Domingue, Guadeloupe et Martinique. — Centre-Amérique. Guatemala, Honduras, San-Salvador, Nicaragua, Costa-Rica. Les prostituées émigrantes à Panama. — Les 3 GUYANES. Mulâtresses de Cayenne; les vieilles guenons coquettes; les sorcières prostituées, dans les tribus insoumises. — AMÉRIQUE DU SUD. Vénézuéla; Colombie; Brésil et peuples sauvages de l'Amazone; les veuves peaux-rouges, filles de débauche exploitées par une mission de franciscains; Equateur; Pérou; Bolivie; Chili; République Argentine; Uruguay. Partout, en général, prostitution à la mode espagnole.

XI. — AU PAYS DES NÈGRES. L'Afrique, sauf sa partie septentrionale: — Soudan; Abyssinie; Sénégambie; Guinée; Congo; Zánguebar et Mozambique; Madagascar. Important séjour de M. Guilbert de Préval dans la région des sources du Nil : les pygmées de l'Équateur africain; une reine de l'Afrique tenébreuse. Les courtisanes de la fête du Sannoô. Orange et Transvaal. Le Cap. Iles Maurice et de la Réunion.

XII. — OCÉANIE. Malaisie, avec les Philippines, Micronésie; comment un blanc évite d'être mangé par les anthropophages. Australie; Tasmanie; Nouvelle-Calédonie, et les bons services des femmes canaques. Polynésie : Nouvelle-Zélande, et les petits mystères de débauche d'une Suisse océanienne; îles Sandwich; Hawaï; les Marquises; Taïti et ses prostituées vampires. — Conclusion.

Et maintenant, nous demandons au lecteur de se poser une question, au sujet du rôle très simple et facile que nous venons de jouer personnellement, en donnant cet aperçu des voyages de M. Victor Guilbert de Préval et en reproduisant quelques parties de ses relations. N'avons-nous pas eu raison, lorsque, ayant eu connaissance de cette vaste exploration, nous avons prié cet homme courageux, qui doute encore de lui, comme tous les cœurs vaillants et modestes, de nous confier son précieux dossier pour le signaler à l'attention publique? N'était-ce pas un devoir d'agir comme nous l'avons fait?

Sans bruit, sans réclame, sans demander aucune subvention aux nombreuses sociétés pour l'avancement des sciences, cet homme, obéissant à la voix paternelle, et sans rancune contre le verdict qui condamna injustement son illustre ancêtre, et s'élevant au-dessus des préjugés, cet homme a accompli, en y consacrant toutes ses ressources, une mission devant laquelle les plus hardis auraient peut-être reculé. A nos yeux, ce tour du monde en vaut bien d'autres, et beaucoup de couronnes qui ont été décernées à des explorateurs n'ont pas été gagnées si utilement pour la cause de l'humanité. Fixer le cours d'un fleuve en partie inconnu, ou ouvrir des débouchés au négoce des spéculateurs d'un pays, ne vaut pas l'étude universelle d'une plaie sociale, aussi affreuse que celle de la prostitution; car cette étude désintéressée est de nature à faciliter la tâche des législateurs en beaucoup de pays, puisqu'elle met chacun en mesure d'apprécier, par la comparaison des résultats de partout, le bien et le mal, les bonnes qualités salutaires et les imperfections de chaque système relatif à la réglementation ou à la liberté de la débauche.

Une telle enquête démontre la nécessité d'une réglementation prudente et essentiellement sanitaire.

Mais, afin que la cause soit entendue sans discussion possible, nous souhaitons que la relation complète des voyages de M. Guilbert de Préval soit publiée au plus tôt.

TABLE DES MATIÈRES

OUVRAGES EN PRÉPARATION

1° Suite des ouvrages documentés sur la Prostitution :

LA PROSTITUTION A TRAVERS LES SIÈCLES, son histoire complète chez toutes les nations depuis les temps anciens jusqu'à nos jours, d'après les documents authentiques, par le DOCTEUR GRANDIER-MOREL, ancien médecin de la Marine. — Cet ouvrage, de la plus grande importance, sera en plusieurs volumes, dont chacun se vendra séparément. Chaque volume, in-18 jésus de 360 pages, au prix de 2 francs. Franco et recommandé par la poste : 2 fr. 50.

Le 1er volume donnera l'historique complet de la prostitution dans les pays suivants : Chaldée; Arménie; Syrie; Phénicie; Lydie; Parthes et Amazones; Perse; Égypte; Palestine; Grèce. La prostitution dans la Grèce ancienne formera la partie la plus importante de ce volume, qui, en outre, contiendra en appendice les *Dialogues des Courtisanes* et *l'Ane d'Or*.

LA PROSTITUTION EN PROVINCE, EN ALGÉRIE ET TUNISIE, par le DOCTEUR GRANDIER-MOREL. Cet ouvrage formera un seul volume, in-18 jésus à 2 francs. Il s'agit ici de la prostitution, telle qu'elle existe de nos jours, dans les principales villes des départements de France. La partie consacrée à l'Algérie et la Tunisie sera faite d'après les notes de voyage de M. VICTOR GUILBERT DE PRÉVAL et donnera de très curieux détails sur la débauche chez les Kabyles et autres Arabes, y compris ceux des tribus nomades du Sahara.

2° Ouvrages destinés à la Propagande anti-cléricale :

NOS BONS JÉSUITES, *étude vécue de mœurs cléricales contemporaines*, par LÉO TAXIL. — Un beau volume de grand format (23 centimètres de hauteur sur 15 de largeur), au prix de **3 fr. 50.**

Sous le titre général : *Notes et Croquis du Pays Noir*, Léo Taxil entreprend une série d'ouvrages complètement inédits et d'un genre tout nouveau. Il met en scène, avec tout l'attrait du roman, les divers types de personnages les plus caractéristiques appartenant au monde clérical contemporain, qu'il a pu étudier de près, grâce à sa mystification célèbre ou pseudo-conversion. On sait que, mettant en pratique le proverbe : « *A renard, renard et demi,* » il a réussi à rouler de la plus joyeuse façon le pape lui-même, qui se prétend infaillible, sans compter les cardinaux, archevêques et évêques ; il a visité le Vatican dans ses parties les plus inaccessibles au public, ainsi que les retraites des Jésuites les plus inconnues et les mieux fermées; il a été hébergé dans les couvents, en compagnie de prélats, qui ne se doutaient guère qu'ils étaient l'objet de ses observations, destinées à édifier le public une fois qu'il serait suffisamment documenté. C'est donc incessamment que LEO TAXIL va commencer la publication de cette série d'études très fouillées et très vivantes. Le genre qu'il a adopté, et qu'il crée, à vrai dire, est une étude vécue, presentée sous la forme animée du roman ; d'ailleurs, pas une scène, pas une intrigue, qui ne soit appuyée d'un document authentique. Dans **NOS BONS JÉSUITES**, le premier ouvrage à paraître, ce sont les disciples actuels d'Ignace de Loyola qui ont été étudiés par notre auteur d'une façon toute particulière. On voit par là que les Jésuites d'aujourd'hui sont aussi capables d'intrigues et de crimes que ceux d'il y a cinquante ans, si bien dépeints par Eugène Sue.

LES CHEVALIERS DU MENSONGE, suite de *Nos bons Jésuites*.

A L'OMBRE DE LA CROIX, autre étude de mœurs cléricales contemporaines, par LEO TAXIL. Celle-ci est consacrée aux révérends pères Assomptionnistes, que l'auteur a pu étudier d'aussi près que possible et dans leurs plus secrètes manœuvres.

LES VICTIMES DU CONFESSIONNAL, grand roman historique anti-clérical, par PAUL GILQUIN.

LE CURÉ COCU, roman comique, par PAUL GILQUIN. Tout en paraissant une fantaisie, cet amusant ouvrage est la satire vraie du curé de campagne paillard, ami de la bouteille et des femmes, qui, prêchant la vertu et pratiquant le contraire, cherche à monopoliser à son profit les personnes du beau sexe, gourmandes de débauche discrète. Le château, le village et les hameaux dépendant de la paroisse, tout est mis à contribution par le saint homme, tout lui est un terrain de chasse amoureuse : mais, finalement, il ne recueille que des déboires ; ses finesses se retournent contre lui : car, en somme, toutes ses maîtresses, l'une après l'autre, le trompent, même l'institutrice congréganiste !... Ce petit roman sans prétention est d'une gaieté communicative, écrit avec une verve charmante. Nos amis passeront de joyeux moments, lorsque ce volume sera publié avec d'amusantes gravures.

SOMMAIRE GÉNÉRAL

du premier volume de PARENT-DUCHATELET

Son chef-d'œuvre.

NOUVELLE ÉDITION publiée par la LIBRAIRIE P. FORT

46, rue du Temple, 46, PARIS

LA PROSTITUTION A PARIS

Un fort volume in-18 jésus. Prix exceptionnel : **2** francs.
Contre mandat de **2** fr. **50**, envoi par la poste en paquet recommandé
(*Le volume est toujours enveloppé d'un épais vaquetage.*)

INTRODUCTION

Importance du sujet que j'ai entrepris d'étudier. Préjugés du public contre tout ce qui concerne les prostituées. Injustice de ce préjugé. Les hommes sensés doivent le mépriser. Utilité et nécessité du travail que je publie.

I

QUESTIONS GÉNÉRALES

1. Qu'est-ce qu'une prostituée ?

Définition d'une prostituée et de la prostitution. Circonstances qui, dans le langage administratif, constituent la prostitution. Différence qu'il faut établir entre la femme débauchée et la femme prostituée. Devoirs de la police à l'égard de l'une et de l'autre. Combien cette distinction est importante.

2. Quels sont les pays qui fournissent les prostituées, et dans quelle proportion chacun d'eux les envoie-t-il à Paris ?

Avantage des nombres de proportion. Etude de 12,707 dossiers de prostituées inscrites. Indication des étrangères à l'Europe. Indication des Européennes étrangères à la France. Indication de toutes celles qui sont venues des chefs-lieux de département, de leurs sous-préfectures, et des campagnes de tous les départements de France; chiffre proportionnel pour chaque département.

Deuxième classification : par provinces. Enseignements résultant de cette statistique.

3. Position sociale des familles qui fournissent les prostituées exerçant leur métier à Paris.

Avantage que peut fournir la connaissance de la position particulière des familles des prostituées. Sources où j'ai puisé des données à cet égard. Tableau indiquant les professions exercées par les pères des prostituées de Paris, nées dans cette ville. Autre tableau donnant les mêmes indications pour les filles venant des départements. Quelques observations sur les conséquences à tirer de ces tableaux.

4. Instruction que possèdent les prostituées, ainsi que les personnes de leur famille.

Eléments de cette statistiqne : proportions de l'ignorance et du manque d'éducation; incurie des pères et mères, preuve de la dégradation morale et de l'abandon de leurs enfants.

5. Considérations sur l'état-civil des prostituées.

L'épreuve des chiffres appliquée à l'opinion, si répandue, que la plupart des prostituées sont des enfants naturels. Chiffres de la statistique officielle : comme quoi l'opinion courante se trompe gravement.

6. Professions exercées par les prostituées au moment de leur inscription sur les registres de contrôle de la police.

Quantité formidable et très variée de ces professions; nécessité de les classer en cinq groupes principaux. Chiffres relevés dans une période de vingt ans. Influence des travaux sédentaires des fabriques et des ateliers.

7. Quel est l'âge des prostituées exerçant leur métier à Paris, et depuis combien de temps l'exercent-elles?

Statistique d'une année prise au hasard : examen des dossiers de 3,517 filles publiques inscrites, exerçant leur métier en cette même année. Tableau indiquant l'âge que ces filles avaient au moment de la constatation faite à ce sujet. Autre tableau indiquant l'âge que ces mêmes filles avaient au moment de leur inscription. Troisième tableau donnant le nombre proportionnel pour chaque âge. Quatrième tableau résumant cette étude et indiquant les années d'exercice de la prostitution chez ces mêmes filles.

8. Quelle est la cause première de la prostitution?

La prostitution est constamment le résultat de premiers désordres. Action de la paresse ; de la misère et de la pauvreté; de la vanité ; de la gourmandise; de l'abandon de la part des séducteurs; des chagrins domestiques; des mauvais traitements; du séjour dans les hôpitaux et dans les garnis de logeuses; du mauvais exemple donné par les parents ou reçu dans les manufactures; de la cessation des travaux dans les fabriques. Les femmes mal partagées et injustement traitées dans l'ordre social. La société ne fait pas pour elles ce qu'elle devrait. Quelques filles se livrent à la prostitution par des raisons en apparence fort louables. Il ne faut pas attribuer à la civilisation la cause de la prostitution. Exposé numérique des principales causes déterminantes qui ont agi sur les filles inscrites à Paris.

II

MŒURS ET HABITUDES DES PROSTITUÉES

1. Opinion que les prostituées ont d'elles-mêmes.

Circonstances particulières où il faut les étudier. Elles savent qu'elles font mal. Ne se trouvent bien qu'avec les mauvais sujets. Evitent cependant de passer pour ce qu'elles sont. Ont le sentiment de leur abjection. Orgueil qui les domine. Sont très sensibles aux bons et aux mauvais procédés.

2. Du sentiment religieux chez les prostituées.

Contradiction entre ce qu'elles disent et ce qu'elles font à cet égard. Traits divers, fort caractéristiques. Conduite singulière de quelques unes. Leur fanatisme et leur superstition.

3. Les prostituées, malgré leurs habitudes et leurs vices, conservent-elles quelque reste de pudeur?

Le sentiment de la pudeur ne se perd pas chez elles. Circonstances dans lesquelles il se manifeste. Conséquence que l'on doit en tirer.

4. Tournure d'esprit et caractère des prostituées.

La légèreté et la mobilité constituent le fond de leur caractère. Conséquences à tirer de cette tournure d'esprit. Leur loquacité extrême. Jusqu'où est portée, chez elles, le besoin de l'agitation et du mouvement.

5. De l'habitude qu'ont certaines prostituées de s'imprimer sur le corps des figures et des inscriptions.

Les filles qui fréquentent les soldats et les marins sont les seules qui s'impriment ces figures sur le corps. Ces inscriptions ne sont pas toujours les mêmes. Les régions du corps sur lesquelles on remarque ces tatouages varient suivant des circonstances importantes à étudier; à quoi tient cette variation. Jusqu'où va quelquefois le nombre de ces inscriptions. Procédé qu'elles emploient pour effacer un tatouage.

6. A quoi les prostituées passent-elles leur temps dans l'intervalle de l'exercice de leur métier?

Les diverses catégories de filles publiques présentent à cet égard des différences extrêmes. La plupart ne font rien. Quelques-unes s'occupent de bagatelles. Livres que recherchent celles qui se livrent à la lecture. Particularités remarquables sur la clientèle de quelques prostituées.

7. Faux noms pris par la plupart des prostituées.

De tout temps, elles ont aimé à changer de nom ou à l'altérer. Motifs qui peuvent les déterminer à ces changements. Sobriquets ou noms de guerre qu'elles prennent ou qu'on leur donne; différences que présentent la classe inférieure et la classe supérieure sous le rapport de ces sobriquets.

8. Malpropreté des prostituées.

Classe dans laquelle on la remarque principalement. Considérations sur ce qui concerne la gale et la vermine de corps.

9. Les prostituées ont-elles un argot particulier?

Elles n'ont que quelques expressions particulières et en très petit nombre. Les filles, voleuses de profession, ont seules l'argot des voleurs.

10. Défauts particuliers aux prostituées.

Goût qu'elles ont pour les liqueurs fortes; ce qui leur en fait contracter l'habitude; variété que les différentes catégories présentent à cet égard. Habitude qu'elles ont de mentir; cause première de cette habitude; différence qui existe sous ce rapport entre les vieilles et les jeunes. Elles s'abandonnent souvent à la colère; fureur qu'elles déploient en cette circonstance; ce qui l'excite le plus ordinairement.

11. Bonnes qualités des prostituées.

Elles cherchent à s'entr'aider; se dépouillent quelquefois de leurs vêtements pour en couvrir d'autres. Ne négligent pas, quand elles le peuvent, les pauvres et les malheureux. Comment elles envisagent les grossesses qui leur surviennent. Soins tout particuliers qu'elles prodiguent à leurs camarades, pendant que celles-ci sont grosses ou en couches. Amour extrême que quelques unes ont pour leurs enfants. Elles sont excellentes nourrices. Que deviennent leurs enfants? comment les élèvent-elles?

12. Des amants et souteneurs des prostituées.

Toutes les prostituées ont-elles un amant particulier? Classes de la société à laquelle ces amants appartiennent. Attachement extraordinaire des prostituées pour leurs souteneurs; elles en sont maltraitées et tyrannisées. De tout temps, elles ont eu recours à ces hommes comme protecteurs. Parti qu'elles en savent tirer. Embarras que ces individus causent à l'administration.

Les Tribades. Prostituées qui prennent une camarade pour amante; ce choix résulte d'une horrible dépravation. Où les prostituées contractent ces goûts. Recherches sur le nombre de filles qui pratiquent cet amour contre-nature. Opinion du commun des prostituées à l'égard de celles qui sont adonnées au vice lesbien. Particularités remarquables sur l'âge des deux amantes. Attachement frénétique et jalousie extrême de deux tribades l'une pour l'autre. Ce qui arrive dans des cas d'infidélité; manière dont s'exerce la vengeance; surveillance particulière que cette sorte de femmes exige de l'administration.

13. Différentes classes qu'il y a lieu d'établir dans la population des prostituées.

Nécessité de distinguer les prostituées en classes et en catégories. Ce que l'on entend par les expressions de femmes galantes et de femmes à parties; on ne peut, sous le rapport administratif, considérer ces femmes comme des prostituées. Distinction à établir entre les prostituées qui provoquent et celles qui ne provoquent pas; entre celles qui sont dans les maisons publiques de débauche et celles qui vivent isolément : filles en carte, et filles à numéro. Autre distinction à faire entre les prostituées d'après les différences de ton, de manière et de costume. Examen général des proxénètes, des marcheuses, des filles à soldats ou des barrières, des pierreuses ou femmes de terrain, des filles publiques voleuses. Faut-il placer parmi les prostituées les femmes qui sont à la tête des maisons publiques de prostitution?

III

PHYSIOLOGIE DES PROSTITUÉES

1. Embonpoint de beaucoup de prostituées.

Un grand nombre de prostituées se font remarquer par leur embonpoint; exceptions à cet égard. Age auquel cet embonpoint se développe. Il n'est pas dû à l'usage du mercure; il tient à leur régime et à leur vie inactive. On l'observe plus fréquemment encore chez les dames de maison.

2. Altération de la voix chez quelques prostituées.

Classe dans laquelle on remarque le plus ordinairement cette altération de la voix; âge auquel elle se manifeste. Causes auxquelles on a cru devoir la rapporter. Elle n'est pas due à la salacité, ni aux vices contre-nature. Elle provient surtout de l'habitude des liqueurs fortes et des refroidissements assez fréquents chez ces femmes.

3. Particularités que présentent les prostituées de Paris sous le rapport de la couleur de leurs cheveux, de leurs sourcils, et de leurs yeux.

Étude de signalements faite en examinant les dossiers de 12,600 prostituées inscrites à Paris; examen spécial de celles de ces femmes qui sont nées en France. Deux statistiques, l'une pour les cheveux et les sourcils, l'autre pour les yeux, divisées en trois zones, Nord, Centre et Midi. Peut-on en tirer une conclusion au point de vue de l'influence des climats?

4. De la taille des prostituées de Paris.

Etude de la taille des femmes, d'après les mêmes 12,600 dossiers. Classification en trois zones françaises, les étrangères étant groupées à part. Tableau synoptique des prostituées petites, moyennes et grandes, depuis la taille d'un mètre 15 jusqu'à celle d'un mètre 85.

5. État dans lequel se trouvent les parties sexuelles chez les prostituées. Questions médico-légales qui s'y rattachent. État du clitoris des prostituées. État de leur anus. État de leur menstruation.

Je n'avais pas l'intention de traiter ce sujet; motifs qui m'ont fait changer de résolution. Les fausses vierges. Incertitudes au sujet du viol. Erreurs communes relativement à l'altération des parties génitales produite par l'exercice de la prostitution. Nouveau signe de la grossesse, découvert par les examens faits au spéculum. — Le développement du clitoris est rare chez les prostituées. Ce développement, lorsqu'il existe, n'indique pas chez elles des penchants contre-nature. Erreur de beaucoup de médecins à cet égard. — L'état de l'anus chez les filles publiques peut servir à rectifier quelques opinions trop fréquemment admises. — Double enquête sur l'état de la menstruation chez les prostituées; ma conclusion personnelle.

6. De la fécondité chez les prostituées.

Il est généralement admis dans le monde, et parmi les médecins, que les prostituées sont stériles; cette opinion, quoique fondée, n'est pas exacte, si on la prend d'une manière absolue. Nouvelles recherches à ce sujet. Proportion des accouchements à terme fournis par 1,000 filles publiques dans le cours d'une année. Les « bondons »; les fausses couches. Les prostituées conçoivent souvent, mais elles avortent fréquemment; causes diverses de ces avortements. Les prostituées croient pouvoir indiquer l'auteur de leur grossesse; renseignements curieux fournis à cet égard. Mort prématurée des enfants des prostituées; cause de cette mortalité.

IV

LES MAISONS PUBLIQUES DE PROSTITUTION

1. Noms particuliers donnés chez nous aux maisons publiques de prostitution à différentes époques.

Premiers termes empruntés par nous aux Romains; étymologie des noms nouveaux à partir des croisades. Réserve et convenance du langage actuel, inauguré par l'administration.

2. Conditions principales exigées dans Paris pour toutes les maisons de tolérance.

Il ne peut pas en exister deux dans le même immeuble ; inconvénients qui en seraient le résultat. Le local proportionné au nombre de personnes qu'il doit contenir. Nécessité d'une chambre spéciale pour chaque femme. Importance attachée à tout ce qui concerne la propreté, la sûreté et la salubrité.

3. Divers cas d'empêchement opposés par l'administration à l'établissement des maisons de tolérance.

On ne les supporte pas auprès des églises et des temples ; pourquoi on les éloigne aussi des palais nationaux, des grands établissements publics et de la demeure des hauts fonctionnaires. Soins tout particuliers que nécessitent, à cet égard, les écoles de filles et de garçons. Sagesse remarquable de l'administration dans tout ce qu'elle fait sur ce point. Sa conduite pour ce qui regarde la proximité des hôtels garnis. On exige le consentement écrit du propriétaire de l'immeuble où doit s'établir une maison de tolérance ; pudeur des propriétaires ignorants. Une maison qui a servi de repaire à la prostitution est perdue de réputation et ne peut plus être affectée à un autre usage ; preuves de cette vérité. Des rues qui peuvent recevoir des maisons tolérées. Tendance des maisons publiques de prostitution à se grouper sur certains points ; inconvénients lorsqu'elles se trouvent en face l'une de l'autre. Leur surveillance est pénible pour les commissaires de police de quelques quartiers ; combien ces magistrats répugnent à cette partie de leurs attributions. Les propriétaires et les habitants, en général, opposés à l'établissement de nouvelles maisons de tolérance. Noms particuliers donnés par nos ancêtres à quelques rues de Paris. Motifs allégués par ceux qui font des plaintes et des oppositions ; ce que répond l'administration ; la plupart des oppositions dictées par l'intérêt personnel, et non par la morale.

4. Désordres qui ont quelquefois lieu dans les maisons de tolérance.

Ces désordres sont très rares ; ordinairement, ils sont occasionnés par l'ivresse ; quelquefois, par l'esprit de vengeance. Bien plus graves et bien plus fréquents autrefois qu'à l'époque actuelle ; peinture de ces désordres anciens. Services que nous rend l'administration. Sa conduite dans quelques cas embarrassants.

5. Des changements et mutations qu'éprouvent les maisons de tolérance.

Statistique de dix années consécutives, indiquant les cas suivants : changement d'immeuble, décès de la tenancière, cession de l'établissement, faillite, retraite volontaire, suspension de la tolérance, fermeture administrative.

6. Les maisons de passe.

Ce qu'est une maison de passe. Classe des prostituées qui fréquentent ces maisons. On y reçoit une foule de femmes et de fille qui ne sont pas inscrites sur les registres de la police sanitaire. Combien ces maisons favorisent le désordre et l'immoralité. Nécessité de les surveiller d'une manière encore plus exacte que les autres. Moyens différents proposés à l'administration pour atténuer le mal fait par les maisons de passe ; ils ont tous été reconnus impraticables. Nécessité de mettre beaucoup de sagesse et de prudence dans tout ce qui concerne la police de ces maisons. Nouvelle preuve qu'il faut se borner à atténuer le mal, lorsqu'on ne peut pas l'empêcher.

7. Les maisons à parties.

Quelle est l'espèce de maisons désignées sous ce nom dans le langage administratif. Elles sont tenues par des femmes d'esprit et d'intrigue. Les repas qui s'y font, véritables orgies. On y joue des sommes considérables. La plupart de ces maisons restent inaperçues. On y rencontre les intrigues les plus infâmes. L'administration ne peut atteindre ces maisons qu'avec beaucoup de peine.

8. Du mouvement des prostituées.

Etude spéciale faite d'après les notes particulières figurant au dossier de 2,254 prostituées inscrites; résumé de leur biographie, au point de vue de leur passage de la maison de tolérance à la situation de fille en carte, et réciproquement, ainsi que sous le rapport des changements de domicile au cours d'une même année. Curieuse statistique très détaillée.

9. Peut-on et doit-on reléguer les prostituées dans certains quartiers et dans quelques rues particulières d'une grande ville comme Paris ?

Anciennes expériences de cantonnement des prostituées ; l'impossibilité de cette mesure démontrée par l'insuccès de plusieurs siècles. Nouveaux obstacles qui naitraient aujourd'hui. Mauvais raisonnement des esprits superficiels. Une question qui se juge d'elle-même.

V

DE L'INSCRIPTION DES PROSTITUÉES

1. Manière dont on procède à l'inscription des prostituées. Sagesse de toutes les mesures prises par l'administration dans cette grave et importante question.

Origine de l'inscription. Le premier recensement officiel des prostituées de Paris. Le sommier et le dossier spécial. Nécessité d'un enregistrement fait avec soin. Classification des filles inscrites ou trois catégories distinctes. Le premier bulletin. L'interrogatoire ; indication de toutes les questions qui sont posées à la fille ; comment la sincérité des réponses est vérifiée, en très peu de temps, pendant l'envoi à la visite du Dispensaire. La lettre du Bureau des Mœurs à la famille. L'engagement de la prostituée vis-à-vis de l'administration. Petit nombre des filles qui font une fausse déclaration. Quelle est, en général, l'attitude des familles. Filles sur lesquelles on ne peut avoir aucun renseignement. Différence entre l'inscription volontaire et l'inscription d'office. Ce qu'exige de particulier cette dernière. Conduite de l'administration en différentes circonstances délicates et épineuses. Statistique des inscriptions d'une période de seize années consécutives.

2. De l'inscription des filles mineures sur les registres de contrôle de la prostitution.

L'inscription d'une fille, avant la majorité, a toujours été considérée comme une affaire grave et embarrassante. Combien les opinions ont varié à cet égard. Conduite différente tenue par plusieurs préfets de police. Ils finissent tous, cependant, par adopter la même mesure; raisons qui les y déterminent. Les bonnes mœurs et la santé publique réclament souvent l'inscription des mineures; preuves de cette vérité fournies par de nombreux exemples. Age légal pour l'inscription, d'après les diverses expériences administratives; moyens mis en usage pour reconnaître cet âge. Plusieurs exemples de cas embarrassants et tout-à-fait exceptionnels.

3. Des réinscriptions. De la radiation des filles publiques qui renoncent à la prostitution.

Quelques filles renoncent à la prostitution pendant quelque temps et la reprennent ensuite; ce que l'on fait, lorsqu'elles se représentent. Les filles publiques qui renoncent à la prostitution ont le droit d'exiger leur radiation. Cette radiation réclame certaines formalités; preuves de leur nécessité et de leur importance. Circonstances dans lesquelles la radiation s'accorde sans délai. Sagesse des mesures prises dans ces différents cas par l'administration. Soins tout particuliers que doivent prendre les inspecteurs à l'égard des filles mises en surveillance. Les demandes pour obtenir la radiation sont, pour la plupart, écrites par les réclamantes; style de ces demandes. Ce qu'il faut entendre par radiations d'office. Une statistique des radiations et de leurs causes, pendant une période de cinq années consécutives.

VI

LES DAMES OU MAITRESSES DE MAISON

1. Ce qu'ont été primitivement les dames de maison.

Variété des noms sous lesquels ont été désignées chez nous, en diverses circonstances, les dames de maison; liberté et franchise du langage usité par nos pères. Nom que se sont donné, depuis lors, les tenancières tolérées; il a été adopté par l'administration: Importance que ces femmes attachent à leur nouvelle dénomination. On peut diviser, sous ce rapport, ces femmes en quatre classes bien distinctes; caractère particulier à chacune de ces classes. La gestion des maisons de débauche est une industrie particulière à quelques familles. Immoralité de ces familles et de toutes celles dont proviennent les dames de maison.

2. Des qualités que l'administration exige pour la bonne direction d'une maison de tolérance; formalités pour obtenir le livret.

Elles ne doivent pas être trop jeunes. Impossibilité d'avoir des règles fixes à cet égard. Elles doivent avoir des fonds suffisants; être propriétaires du mobilier; moyens mis en usage pour éluder cette condition. Quelques femmes régissent à la fois plusieurs maisons; graves inconvénients qui en résultent. Renseignements pris avant d'accorder une tolérance; instructions contenues dans le livret qu'on leur délivre. Division du livret en deux parties, pour les filles à numéro, et pour les pensionnaires à l'état libre.

3. Opinion que les dames de maison ont d'elles-mêmes; leur caractère; tournure de leur esprit, nombreux exemples de pétitions adressées par elles au préfet de police.

La plupart considèrent leur métier comme une industrie licite. Combien elles se croient au-dessus du commun des filles publiques. Leur orgueil. Ecrivains publics ayant la clientèle des dames de maison, ainsi que de toutes les prostituées, en général. Quelques filles publiques croient se réhabiliter dans l'estime de leur concitoyens en devenant dames de maison. D'autres allèguent pour raison les motifs les plus honorables. Il est des femmes qui, pour obtenir plus aisément l'autorisation de tenir une maison de tolérance, mettent en avant des motifs religieux. La plupart sont persuadées qu'elles rendent aux bonnes mœurs et à l'ordre public des services signalés. Sentiments d'élévation et d'indépendance manifestés par quelques unes.

4. Comment les dames de maison recrutent les filles dont elles ont besoin.

Ce n'est pas dans les maisons de tolérance que les jeunes filles se pervertissent. Les dames de maison ont des courtières dans les différents hôpitaux de Paris; particularités relatives à ces courtières. Quelques dames de maison font rechercher des filles en province. Immoralité malfaisante d'un grand nombre de bureaux de placement; comment ces bureaux entraînent les domestiques à entrer en maison de tolérance; statistique officielle de quarante professions exercées par les prostituées avant leur inscription, et démonstration, par les chiffres, de la quantité formidable de domestiques qui tombent dans les bas-fonds du vice; les bonnes à tout faire; organisation internationale du recrutement de la prostitution par les bureaux de placement, correspondant entre eux dans les principaux pays d'Europe; les bureaux de placement devraient être impitoyablement supprimés. Quelques dames de maison voyagent elles-mêmes, en France et à l'étranger, pour recruter leur personnel. Les commis-voyageurs en prostitution. Lieux où les dames de maison de la dernière classe vont chercher leurs sujets.

5. Moyens que les dames de maison emploient pour retenir sous leur dépendance les filles qu'elles ont attirées chez elles; soumissions et déférences qu'elles exigent; elles sont l'objet du mépris et de la haine des prostituées.

Il n'y a jamais entre elles de conventions écrites. Amour de la liberté porté à l'extrême chez les filles publiques. Elles ne sont pas payées par les dames de maison ; elles ne reçoivent que le logement, la nourriture et le vêtement. L'excès de la misère, l'éclat du costume de salon, une nourriture succulente et l'amour-propre flatté, seules causes qui déterminent des filles à entrer en maison de tolérance. Dureté des dames de maison; leur exploitation des prostituées ; respect qu'elles exigent de leur part. L'humanité n'est pour rien dans les secours qu'elles leur procurent dans quelques circonstances. Raisons pour lesquelles les filles publiques regardent les dames de maison comme leurs plus grands ennemis; circonstances dans lesquelles elles manifestent cette haine. La dureté des dames de maison à l'égard des filles publiques explique jusqu'à un certain point l'inconstance et la mobilité de ces dernières.

6. Parures et vêtements que les prostituées soustraient quelquefois aux dames de maison chez lesquelles elles sont entrées; conduite de l'administration, lorsque ces vols lui sont dénoncés.

Certaines filles publiques sont d'une probité à toute épreuve; un grand nombre d'autres se font un jeu d'emporter et de vendre les vêtements qu'elles ont sur elles, mais qui sont la propriété des dames de maison; préjudice qui en résulte pour celles-ci. Impossibilité où elles sont de s'adresser pour cela aux tribunaux. Pourquoi elles préfèrent la protection de l'administration; celle-ci rendue impuissante par la crainte de dépasser ses pouvoirs; moyens qu'elle met en usage pour remédier au mal.

7. Des maris et des amants des dames de maison.

A peu près le quart des dames de maison sont mariées; ce que font les maris; combien est grande leur immoralité. L'administration s'abstient de toute relation avec eux et est censée ne pas les connaître. Ils mettent presque toujours le désordre dans la maison. Circonstances qui font qu'on peut les tolérer dans quelques localités. Les amants des dames de maison nuisent moins au bon ordre que les maris de ces femmes; raisons de cette particularité; positions sociales de ces amants ; inconvénients qu'ils présentent.

8. Des enfants des dames de maison.

Ces enfants sont presque toujours très bien élevés; ils ne sont jamais reçus chez leurs mères; l'administration ne les y tolère pas. Soins que prennent les dames de maison pour cacher leur industrie à leurs enfants Ce que deviennent quelques uns d'eux. Elles adoptent quelquefois des enfants étrangers. Soins tout particuliers de l'administration à l'égard des filles et des proches parentes des dames de maison.

9. Particularités du caractère des dames de maison.

Elles sont, pour la plupart, irascibles et violentes. Il importe à l'administration de connaître ce caractère. Vengeances exercées par les dames de maison contre les voisins qui se plaignent d'elles; contre les autres dames de maison de leur classe; motifs des désordres qui se produisent entre tenancières; manière dont ces vengeances s'exercent. Quelques moyens mis en usage par les dames de maison pour attirer chez elles les différentes classes du public.

10. La domesticité des dames de maison.

Toutes les dames de maison, quelle que soit leur classe, ont une domesticité à leurs ordres. Ce que font les femmes en service dans les maisons de tolérance; leurs défauts principaux. La sous-maîtresse. Ces domestiques, sauf la sous-maîtresse, n'ont pas toutes été filles publiques; quelques unes très honnêtes. Surveillance sanitaire que l'administration fait exercer sur ces femmes. Domestiques mâles dans quelques maisons; position de ces domestiques vis-à-vis des prostituées qu'ils servent.

11. Des chances de ruine et de fortune que présente la gestion d'une maison publique de prostitution; ce que deviennent les dames de maison qui quittent leur métier. Définition d'une dame de maison.

Cette industrie ruine les unes et enrichit les autres. Conditions pour réussir; gain que peut réaliser une dame de maison. La prospérité de leurs affaires subordonnée à la prospérité publique; exemples d'influences favorables et d'influences contraires. Brillante fortune faite par quelques dames de maison; ce n'est pas, en général, dans les maisons les plus somptueuses que se font ces fortunes. Combien se sont vendus les fonds de quelques maisons de tolérance. Quelques dames de maison se retirent à la campagne; leur nouvelle conduite et leur attitude. Quelques unes entreprennent un commerce. Beaucoup vont dans d'autres pays. Sort et fin misérable de la plupart. Définition d'une dame de maison.

VII

LA PROSTITUTION CLANDESTINE

1. Causes diverses de la prostitution clandestine; principaux masques sous lesquels elle se cache; son action néfaste à la santé publique; difficultés pour l'atteindre et la réprimer.

Ce qu'est la prostitution clandestine. Bien des gens ignorent son existence. Elle ne s'exerce pas toujours avec des mineures. Ruses nombreuses des proxénètes qui l'exploitent. Commerçantes patentées qui sont de véritables tenancières clandestines. Combien cette prostitution est dangereuse sous le rapport moral et sous le rapport sanitaire; preuves de ces vérités. Comment les efforts de l'administration sont paralysés, quoique toujours sur ses gardes; ce qui fait découvrir, de temps en temps, les repaires de la prostitution clandestine; obstacles insurmontables qui se dressent devant les inspecteurs envoyés pour constater; aveuglement des pères dont on débauche les filles, principalement chez les modistes. Les lois actuelles rendent inutiles les perquisitions nécessaires pour la répression de la prostitution clandestine.

2. De la prostitution exercée dans certaines maisons garnies.

Idée d'un garni. Ce qu'est la population qui s'y réfugie. Peinture de ceux que choisissent un très grand nombre de prostituées; il en est, cependant, qui se logent dans des maisons moins sales. Raisons pour lesquelles les prostituées aiment mieux être en garni que chez les dames de maison; inconvénients qui en résultent. Obstacles apportés par les logeurs à la répression de la prostitution clandestine. Tentatives inutiles de plusieurs préfets de police pour expulser des hôtels meublés les filles publiques: conduite adoptée par l'administration, après l'insuccès des précédentes mesures; prudence et réserve qu'exige la surveillance des garnis. Nouvelles preuves de l'indispensable nécessité de locaux spéciaux pour le logement des prostituées.

3. De la prostitution favorisée par les marchands de vins, les cabaretiers, teneurs de cafés, tavernes, et, en général, un grand nombre de débitants de boissons.

Multiplicité de ceux qui favorisent de cette manière la prostitution; lieux où ils se trouvent en plus grande quantité. Chez les marchands de vins, on ne rencontre que des prostituées de bas étage; raisons qui engagent les débitants à les attirer chez eux. Brasseries avec service parles femmes, consommateurs naïfs exploités par ces filles et par divers individus qui ne vivent que d'expédients. Désordres qui se commettent dans les tavernes fréquentées par les prostituées et leur clientèle; danses indécentes, tableaux vivants; les cabinets de passe et les numéros d'ordre. Danger sanitaire résultant d'un pareil état de choses. Efforts tentés par l'administration pour y remédier; propositions faites à ce sujet; on ne peut les exécuter à cause de notre droit sur l'inviolabilité du domicile. Nécessité d'une loi spéciale sur cet objet.

VIII

LE RACCROCHAGE

Ce qu'il a été autrefois, et ce qu'il est aujourd'hui; justes limites auxquelles il doit être restreint.

Impossibilité d'empêcher le raccrochage, dès l'instant que l'on admet qu'il peut y avoir des prostituées ailleurs que dans les maisons de tolérance. L'ancienne coutume du stationnement en groupe; combien cet usage était scandaleux; le préjudice qu'il portait aux honnêtes boutiquiers; plaintes innombrables du commerce parisien et des habitants de toutes classes. Comment l'administration est parvenue, peu à peu, à faire cesser ce déplorable état de choses. Théorie de l'exhibition décente de la fille soumise aux règlements et vivant isolément; la clientèle suit ces femmes, sans qu'elles appellent, et, par conséquent, sans scandale de part ni d'autre. Exposé général des principales critiques qui ont été formulées contre le raccrochage. Ce que l'administration peut tolérer en fait de signes indicatifs discrets, à l'usage des logements et des maisons de tolérance.

IX

LES PROSTITUÉES A SAINT-LAZARE

1. Le séjour des prostituées au Dépôt; leur comparution devant la commission administrative.

Raison d'être du Dépôt, lieu de passage. En dehors des individus arrêtés pour crimes et délits de droit commun, quelles sont les femmes qui sont écrouées au Dépôt? Attributions de la troisième section du deuxième bureau de la première division, ou bureau administratif de la police des mœurs. A quoi l'on reconnaît, parmi les voitures cellulaires, celles qui sont affectées au transport des prostituées. La grande salle des femmes; le régime commun; les chambres à la pistole. L'examen des différents cas des filles arrêtées. Certaines d'entre elles sont forcément retenues pendant quelque temps.

2. De la prison Saint-Lazare comme lieu de punition des prostituées, et comme infirmerie spéciale pour le traitement de leurs maladies.

Les trois sections de Saint-Lazare. La seconde section, affectée aux filles de débauche, soumises ou insoumises; sa division en deux quartiers. C'est de cette seconde section seulement que nous nous occupons ici. Nombre habituel des femmes en détention administrative. Description des locaux, et proportion des maladies au quartier des vénériennes et galeuses. Composition du personnel médical et des services auxiliaires. Statistique de la durée du traitement des syphilitiques. Régime de l'infirmerie; division des malades en cinq catégories sous le rapport de l'alimentation. Les prostituées enceintes et les nourrices. Excellente salubrité des salles; moyenne de la mortalité. Visites à l'infirmerie; parloir. L'administration; le greffe et les guichetiers; les sœurs de Marie-Joseph. Livrée des détenues. Le quartier des filles valides; leur régime; la cantine; les communications avec l'extérieur, malgré les défenses. Les réfectoires; la prostituée riche et sa mangeuse; comme quoi la grande majorité des détenues engraissent à Saint-Lazare. Les ateliers et le travail; occupations et gains très variés. Expériences qui ont démontré la bonne influence des travaux; cependant, tout n'est pas pour le mieux. Ressources des prostituées en prison; les cigarettes. Comment les filles, à leur libération, expliquent aux clients leur absence. Ce que Saint-Lazare coûte annuellement à l'administration. La prison, telle qu'elle est, ne fait pas une impression salutaire sur l'esprit des prostituées; preuves irrécusables de ce fait; rapport d'une commission d'enquête à ce sujet. Comment, à mon humble avis, il faudrait s'y prendre pour changer cette situation; exposé de mes *desiderata*. Quelques mots sur les détenues de la seconde section qui vont échouer au Dépôt de Mendicité.

3. Du TREAD-MILL, ou moulin à marcher, et de son application à la répression des délits de la prostitution.

Origine et description du *tread-mill*. On commence à s'en occuper en France à propos d'un rapport de M. Barbé-Marbois, qui en fait la critique virulente. Faits nombreux qui démontrent, au contraire, que le *tread-mill* est un excellent moyen de répression. Il n'est pas nuisible à la santé des hommes et des animaux. Opinion des médecins de l'un de nos bagnes sur cet appareil. Autres preuves de son innocuité. Mon expérimentation personnelle. Combien le mouvement et l'exercice sont nécessaires à la santé des détenus. Moulins à marcher qui existent dans plusieurs industries et dont personne ne se plaint. Précautions indispensables à prendre pour appliquer, d'après mon plan de réformes, le *tread-mill* à la répression des délits dont les prostituées se rendent coupables. Économie annuelle de deux cent mille francs au moins, qui serait la conséquence de l'introduction de cet appareil à Saint-Lazare. Nécessité d'établir une différence entre l'infirmerie et la prison, sous le rapport de la discipline intérieure. Possibilité d'améliorer le régime de l'infirmerie. Combien il est important, pour l'amélioration morale des prisonnières, que les travaux qu'on leur impose soient utiles à quelque chose.

4. De quelques habitudes particulières aux prostituées durant leur détention.

Il en est qui n'ont pas de vêtements leur appartenant; d'autres, à peine entrées, vendent ceux qu'elles ont; pourquoi elles se défont de ces vêtements. Prêts usuraires faits par quelques prisonnières aux autres; inconvénient grave qui en résulte. Des associations qui s'établissent entre elles pour prendre leurs repas La contagion du vice saphiste; son danger pour la société. Réponse à ceux qui disent qu'il n'y a pas de distinction à établir entre les prostituées. Mon projet de classement des prostituées valides, en détention administrative; établissement de quatre divisions particulières pour ce quartier.

5. De la moralisation des prostituées pendant leur séjour à Saint Lazare.

Exposé impartial des divers systèmes expérimentés. La surveillance des prostituées confiées à des religieuses. Quelques détails sur les offices divins célébrés dans la prison des prostituées. Notes sur quelques aumôniers qui leur ont été donnés. Des dames de charité laïques qui se consacrent à l'instruction des prostituées; à quel point elles sont respectées. Preuves que les religieuses ne peuvent pas être utiles aux prostituées; les femmes mariées sont seules capables de les instruire et de les corriger. A quel point il importe de bien choisir les surveillantes des ateliers. Qualités que doit avoir un aumônier des prostituées détenues ou soignées à Saint-Lazare; manière dont il doit s'y prendre pour opérer quelque bien.

X

QUEL EST LE SORT DÉFINITIF DES PROSTITUÉES?

Fins diverses des prostituées des différentes classes; les Maisons de Refuge.

Ce sujet est aussi curieux qu'important; chacun avoue à cet égard son ignorance. Quelles sont les personnes qui m'ont fourni sur ce point des renseignements. Le sort définitif des prostituées n'est pas le même pour toutes. Indication des métiers pris par quelques unes d'entre elles. Établissements plus relevés formés par quelques autres. Position sociale des personnes qui en prennent à leur service. Détails sur celles qui sont mortes dans l'exercice de leur honteux métier. Détails sur celles qui sont rayées pour cause d'infirmités. Positions sociales des hommes qui en épousent. Fortunes faites par quelques prostituées; origine et causes de ces fortunes. Détails sur celles qui sont livrées entre les mains de la justice et condamnées par elle à une réclusion plus ou moins longue. Autres détails sur celles qui ont été réclamées par leurs parents. Positions sociales de ceux qui les ont réclamées, en déclarant qu'ils en faisaient leurs maîtresses. Un petit nombre de prostituées, mariées, ont été reprises par leurs maris. Nombre de celles qui ont quitté Paris, en en informant la Préfecture; localités où elles vont pour la plupart. Détails sur les prostituées qui disparaissent de Paris sans autorisation. Nombre de celles qui y reviennent. Fin dernière de la classe la plus abjecte de ces filles.

Les Maisons de Refuge. Principales congrégations à qui appartiennent ces maisons; note détaillée concernant ces ordres religieux et leurs divers établissements. Quelle est la classe des prostituées dans laquelle on rencontre ordinairement celles qui reviennent à des sentiments honnêtes et à de bonnes mœurs. Le Bon-Pasteur de Paris; étude sur 245 filles qui y ont été admises successivement pendant une période de douze ans. Mortalité effrayante de cette maison de refuge; causes qui peuvent la déterminer; gravité et importance des recherches à ce sujet. Régime alimentaire et occupations des filles repenties dans cette maison. Examen des avantages de ces institutions charitables, en prenant comme exemple le Bon-Pasteur de Paris; services rendus aux ex-prostituées et à la société. Imperfections qui ont été constatées; améliorations à apporter. L'exemple du Bon-Pasteur prouve, après celui de Saint-Lazare, que les femmes mariées sont bien plus capables que les religieuses de faire le bien moral des prostituées. Considérations importantes sur les instructions et pratiques religieuses, sur les travaux manuels et sur la division de la journée. Un refuge-modèle existe en France ; il a été fondé par une simple repasseuse; détails sur cet établissement admirable; immense bien qu'il opère.

CONCLUSION

LES PROSTITUÉES SONT-ELLES NÉCESSAIRES ?

Opinion dominante à ce sujet. Autre manière d'envisager la question. Enseignement fourni par l'histoire. Le Japon, seul pays où la prostitution est en honneur. Aveuglement de l'homme dominé par ses passions brutales. Les prostituées, aussi inévitables dans une grande agglomération humaine que les égoûts, les voiries et les dépôts d'immondices. Opinion de saint Augustin, très nettement formulée. Les moralistes les plus austères ne peuvent récuser un tel docteur. Nous concluons en pensant comme lui dans cette grave question.

LA SYPHILIS

ET LES AUTRES MALADIES VÉNÉRIENNES

CHEZ LES PROSTITUÉES DE PARIS

— De l'influence que peut avoir sur la santé générale des prostituées l'exercice de leur métier.

Les maladies de l'utérus ou matrice chez les prostituées; comment il faut s'y prendre pour explorer l'utérus d'une malade; le spéculum et la sonde utérine. — Palper abdominal; toucher vaginal; toucher rectal; application du spéculum; cathétérisme utérin.
Congestion de l'utérus.
Hypertrophie de l'utérus.
Inflammations de l'utérus ou métrites. Métrite aiguë, et métrite chronique (avec notes sur l'état puerpéral, sur les lymphatiques, sur les herpétiques, sur le museau de tanche, sur la salivation mercurielle).
Hémorrhagie de l'utérus ou métrorrhagie (avec notes sur la ménopause et l'aménorrhée).
Fleurs blanches, leucorrhée ou catarrhe de l'utérus (avec notes sur l'érosion du col de l'utérus, sur la chlorose ou pâles couleurs).
Granulations utérines.
Cancer de l'utérus.
Útéromanie (avec notes sur l'hystérie, sur le satyriasis).
Les maladies de la vulve et du vagin chez les prostituées. Anatomie de ces organes.
Prurit de la vulve.
Abcès de la vulve.
Kystes de la vulve.
Tumeurs fibreuses des grandes lèvres (avec note sur le squirrhe).
Thrombus.
Vulvite simple.
Appendicite ou vulvite des tribades (avec note sur les fellatrices).
Folliculite vulvaire.
Herpès de la vulve.
Dartres des parties génitales externes.
Esthiomène ou lupus de la vulve.
Gangrène de la vulve, phlegmon gangréneux, vulvite phlegmoneuse (avec note sur l'atrésie et l'atrésélytrie).
Kystes du vagin.
Vaginite, vulvo-vaginite, útéro-vaginite, uréthro-vaginite, blennorrhagie de la femme; le gonococcus, microbe du virus blennorrhagique; la conjonctivite blennorrhagique.
Vaginite granuleuse.
Fistules recto-vaginales.
Les prostituées pléthoriques.

2. Convulsions et affections spasmodiques observées chez les prostituées.

3. Particularités relatives à l'aliénation mentale observée chez quelques prostituées.

4. De quelques infirmités congénitales, qui, bien que singulières, n'empêchent pas les prostituées d'exercer leur métier.

II. — Les prostituées de Paris considérées dans leurs rapports avec la garnison.

Les soldats attirent les prostituées. Ces prostituées forment une classe à part. Lieux où elles se trouvent. Circonstances qui les mettent dans la nécessité de se livrer à la prostitution. Danger qu'elles présentent sous le rapport sanitaire. Leur dénûment excessif. Elles sont attirées par les mastroquets et les gargotiers. Singuliers moyens mis par elles en usage pour échapper aux agents des mœurs. Elles détruisent dans les corps la discipline militaire, amènent des duels entre les hommes de deux régiments différents. Nécessité pour le bon ordre que l'autorité militaire s'entende avec l'autorité civile. Une mesure imaginée par le préfet Anglès; insuccès de cette mesure, chaque fois que l'expérience a été renouvelée; raison de cette non-réussite. Paris moins pernicieux à la santé des soldats que beaucoup d'autres villes de garnison. Il faut surveiller la prostitution partout.

III. — Le dispensaire et les soins sanitaires donnés aux prostituées de Paris

1. Considérations générales. La syphilis est plus redoutable que la peste et que les autres maladies contagieuses. Faute commise par nos pères en ne cherchant pas les moyens d'en arrêter les progrès. Nous devons réparer le mal déchaîné par leur négligence, et, pour cela, surveiller la santé des prostituées. Ces soins ne blessent pas la morale; ils n'encouragent pas le libertinage; ils contribuent à sauver de la contagion une foule d'êtres innocents; ils diminuent le nombre des prostituées, des infanticides et des enfants abandonnées. La morale et la charité commandent ces soins sanitaires. L'administrateur et l'homme d'État ne peuvent faire le bien sans une connaissance parfaite des bonnes et mauvaises qualités de l'espèce humaine.

2. Le Dispensaire de Salubrité ; sa création ; son organisation actuelle ; son fonctionnement. Des qualités indispensables aux médecins chargés de la surveillance sanitaire des prostituées.

3. Les visites sanitaires et leurs résultats. Comment ces visites s'effectuent; moyenne de leur nombre annuel. Les prostituées clandestines et leur comédie de la pudeur. Modèle de la feuille d'envoi à Saint-Lazare. Les trois grandes divisions adoptées pour le classement des maladies constatées par les médecins des mœurs. Les objections du docteur Le Pileur; thèse diamétralement opposée, soutenue par le docteur Verchère. Comme quoi la gale, chez les prostituées clandestines, se trouve souvent sous l'influence de la syphilis à l'état d'incubation.

Proportion de la Syphilis. Statistiques officielles. Tableaux indiquant l'énorme différence du nombre des accidents syphilitiques entre les filles soumises et les prostituées clandestines. Observations spéciales du docteur Commenge, médecin en chef du Dispensaire, pendant une période de dix ans. Étude extrêmement minutieuse, relative aux prostituées clandestines mineures; détails, année par année, avec gradation d'âge, sur les plus jeunes prostituées, c'est-à-dire au-dessous de dix-huit ans; effrayants résultats de ces constatations. Intéressante expérience du docteur Mauriac à l'hôpital du Midi.

4. Les excès et les désordres du carnaval, le froid de l'hiver, la chaleur de l'été, le bonheur et la détresse de la population sont-ils capables d'augmenter, chez les prostituées d'une grande ville, le nombre des affections vénériennes?

5. Des prostituées qui exercent leur métier dans les départements, qui y ont été infectées, et qui viennent réclamer à Paris les secours sanitaires.

6. Existe-t-il des prostituées qui soient exemptes de la contagion des maladies vénériennes?

7. L'âge, la saison et l'habitation influent-ils sur la nature des symptômes vénériens?

8. Peut-on permettre aux prostituées, affectées de syphilis, et qui ont un domicile, de se faire soigner chez elles?

9. Projet de soumettre à la visite sanitaire les souteneurs, les vagabonds et les mauvais sujets de la lie du peuple.

10. Des femmes mariées qui contractent la syphilis, en se prostituant plus ou moins accidentellement.

Appendice. — La syphilis et ses principales manifestations. Origine de la syphilis, vulgairement vérole ou grosse vérole. Nous n'examinons pas ici la syphilis héréditaire.

Comment la syphilis se contracte par contagion : transmission directe ou médiate.

Les quatre périodes de la syphilis, constituant son évolution complète.

Syphilis primitive. Le chancre induré ou infectant, et l'adénite syphititique (avec note sur le chancre mou et le bubon non syphilitique); la pléiade ganglionnaire; la lymphangite; l'adénite syphilitique mixte. Traitement de la syphilis primitive.

Syphilis constitutionnelle. Caractère insidieux et traître de la plus grave des maladies vénériennes; pendant quatre ans, on ne peut affirmer qu'on a échappé aux suites du chancre induré, même après les meilleurs soins.

A. Les accidents secondaires. Plaques muqueuses. Roséole syphilitique ou syphilide érythémateuse; la couronne de Vénus. Autres syphilides : syphilide papuleuse; syphilide vésiculeuse; syphilide bulleuse, en deux variétés, pemphigus et rupia; syphilide pustuleuse, en deux variétés, syphilide ecthymateuse et syphilide acnéiforme: syphilide maculeuse; syphilide squameuse ou cornée: syphilide tuberculeuse, avec deux variétés, disséminée et circonscrite (syphilides tuberculeuses circonscrites. syphilide tuberculeuse en groupes non ulcérés, syphilide tuberculo-serpigineuse, syphilide tuberculo-ulcéreuse se subdivisant en syphilide tuberculo-crustacée et syphilide gommeuse) ; époques moyennes de l'apparition des diverses syphilides, classées en trois groupes, les précoces, les intermédiaires et les tardives; leurs caractères communs; la teinte syphilitique.

Autres manifestations de la syphilis constitutionnelle, qui peuvent suivre les syphilides : alopécie syphilitique; onyxis syphilitique; végétations; iritis syphilitique.

B. Les accidents tertiaires. Gomme syphilitique. Syphilis viscérale; hépatite syphilitique, en deux variétés, hépatite scléreuse infiltrée et hépatite modulaire gommeuse. Périostite syphilitique; périostoses. Ostéite syphilitique; nécrose; exostoses éburnées. Choroïdite syphilitique; rétinite syphilitique; décollement de la rétine: atrophie de la pupille; corps flottants de l'humeur vitrée. Sarcocèle fibreux ou orchite syphilitique.

Le mercure et l'iodure de potassium dans le traitement général antisyphilitique.

IV. — Français, prenez garde à vous!

1. Quelle est la moyenne générale annuelle des personnes des deux sexes atteintes de maladies vénériennes à Paris?

2. L'administration peut-elle et doit-elle favoriser l'emploi des moyens préservateurs de la syphilis?

L'Armée du Vice, par Jules DAVRAY, un volume in-18 Jésus, illustré de nombreux dessins par nos meilleurs artistes. Superbe volume de l'auteur de l'*Amour à Paris*, donnant tout les renseignements sur le vice et ses pratiques, ses prêtres et ses prêtresses, documents rares et inédits.......... 3 fr. 50

Cabotines d'Amour, par Lucien DESTELLE, récits intéressants lestement contés et simplement exposés, initiant le lecteur la vie d'une ballerine de café-concert. Un beau volume in-1 jésus de 252 pages, orné de nombreux dessins de LACARRIÈRE, ROB ROY et ROCHER, couverture illustrée et coloriée. 3 fr. 5

Fleur de chair, par Fréderic DARGENTHAL, un beau volume de 252 pages, illustré de nombreux dessins inédits. Roman de mœurs. Aventures mouvementées d'une paysanne devenue cocotte. Scènes de la vie parisienne, couverture illustrée e coloriée.................................... 3 fr. 50

Marchande d'Amour, *Maison Rosine*, par Jean BRUNO. Roman d'études initiant les lecteurs aux mystères des maisons de rendez-vous ; beau volume inédit de 252 pages, illustré de nombreux dessins de Léon ROZE, couverture en couleur de Victor SPAHN.................................... 3 fr. 50

Les Enfants d'une gueuse, *Maison Rosine* (suite de *Marchande d'Amour*), par J. BRUNO. Romans tragiques de mœurs réalistes, illustré de 30 dessins inédits de Léon ROZE, couverture illustrée en couleur .... 3 fr. 50

Les Vierges fin-de-siècle, par Jean BRUNO. Un beau volume de 370 pages, couverture en couleur par LACARRIÈRE. 3 fr. 50

Ce roman, dans lequel l'amour honnête lutte à chaque page contre la passion inspirée par une courtisane et où l'on voit une femme outragée ne reculer devant aucun forfait pour arriver à satisfaire sa vengeance, est une histoire vraie qui a inspiré à l'auteur ses pages les plus pathétiques e les plus terribles.

La Jolie Faubourienne, par Charles BÉRARD, beau volume de 252 pages, illustré de douze compositions et de nombreux dessins inedits.................................... 3 fr. 50

La lutte pour la vie est terrible chez les humbles et les faibles, et lorsqu'une femme est pauvre et jolie, les embûches tendues autour d'elle sont innombrables. Tout le monde s'intéressera donc aux aventures de la JOLIE FAUBOURIENNE, cette jeune fille livrée à elle-même et se débattant au milieu des écumeurs parisiens. Ce livre d'amour et de passion contient, en outre, de curieuses observations sur un certain monde qu'il est utile de connaître pour s'en méfier.

Les Prostituees du Trône, grand roman historique de cape et d'épee, par Emile LAUMONT.................... 3 fr. 50

Afin d'augmenter l'attrait de ce volume d'un intérêt et mystérieux et puissant, qui ne contient pas moins de 396 pages, nombreux dessins inédits signés D. Mulle formant une véritable illustration artistique que les amateurs désireront conserver.

Madame Mathurin, par Jérôme MONTI. Œuvre de haute valeur littéraire, qui fit grand bruit lors de son apparition, il y aura bientôt dix ans, et poursuivie devant la Cour d'assises de la Seine .... 3 fr. 50

C'est à travers des péripéties multiples, tantôt gaies et tantôt tristes, que se déroule cette histoire de mœurs parisiennes.

Miserere, par Jérôme MONTI. Un beau vol. 276 pages. 3 fr. 50

Dans ce beau roman, l'auteur avec un rare esprit d'observation, nous fait envisager la femme sous un point de vue qui, convenant à sa nature convient aussi à nos plaisirs; c'est une rare et belle étude du cœur humain.

Babylone d'Allemagne, (*Mœurs berlinoises*); par Victor JOZE. Un volume illustré de nombreux dessins de BAC, LUBIN DE BEAUVAIS, etc., couverture en couleurs de TOULOUSE-LAUTREC .... 3 fr. 50

L'Amour en Visite, par Alfred JARRY, roman d'aventures amoureuses. illustré de nombreux dessins hors texte, couverture en couleurs de D. MULLET .... 3 fr. 50

Croquis du Vice, par G. BRANDIMBOURG, ce beau volume. dont la couverture est de STEINLEN, contient en outre une composition de HEIDBRINCK. Nombreuses illustrations par RADIGUET, D'ESPAGNAT et D. MULLET .... 3 fr. 50

Le CROQUIS DU VICE est une des études les plus documentées sur les vices de Paris, on pourrait même dire sur les vices de Province, car l'auteur, avec son talent bien connu, passe en revue tout ce dont la névrose moderne est coupable, ce qui n'est pas peu dire.

L'arrière-Boutique, par Georges BRANDIMBOURG, roman de mœurs parisiennes, couverture de REDON, belles illustrations de JACQUES et D. MULLET .... 3 fr. 50

Un des plus curieux romans de mœurs qui pour théâtre a l'ARRIÈRE-BOUTIQUE de ces magasins interlopes. Il se dégage pourtant de ces pages une idylle jeune et fraîche, un amour si doux, si tendre, que la femme la plus froide voudra se réchauffer à la lecture de ce roman.

Les trois cocus, Roman comique, par LÉO TAXIL. Nouvelle édition, illustrée de 281 dessins des plus amusants par le célèbre caricaturiste Pepin .... 3 fr. 50

Voulez-vous opérer un miracle? .. De l'avis de tous ceux qui ont lu ce roman : avec Les Trois Cocus, on ferait rire un mort... Essayez ! Volume de 400 pages.

Le Fils de l'Assassin, par Auguste VILLIERS. Un volume in-18, couverture illustrée coul., 30 dessins. 288 pages ... 3 fr. 50

Roman moral et philanthropique, offrant un moyen de relever et de protéger les enfants des condamnés.

Les Reines du Trottoir, par Aug. VILLIERS et A. DEVANCAZE, curieuse et attachante étude sur la prostitution, les bas-fonds de Paris, et repaires de souteneurs. Un beau volume de 252 pages, illustré de 30 dessins et 15 en-tête de chapitres et culs-de-lampe par LACARRIÈRE et JOANÈS, avec couverture coloriée .... 3 fr. 50

Messieurs les Alphonses, (suite aux *Reines du Trottoir*), des mêmes auteurs, récit impressionnant sur les meurtres, vols et guet-apens commis par les souteneurs et les filles. Étude de mœurs réaliste. Un superbe volume de 276 pages, illustré de plus de 30 dessins de nos meilleurs artistes, avec couverture illustrée et coloriée........................... 3 fr. 50

Minette (*Histoire d'une jeune fille sage*). Titre chaste, illustrations plus que drôles.............................. 3 fr. 50

Cette belle Minette est une héroïne à la Paul de Kock. Elle se tire fort adroitement d'un tas d'aventures burlesques et galantes et arrive à l'honnêteté conjugale fièrement ainsi qu'un bon jeune homme ayant jeté sa gourme. Je ne recommande pas ce livre aux jeunes filles à marier (il y en a beaucoup qui le trouveraient trop naïf)

Les Amours du Chevalier de Faublas, l'immortel chef-d'œuvre de LOUVET DE COUVRAY. Réimpression complète conforme à l'edition de 1787. Illustré de nombreux dessins inédits. couverture en couleurs. Complet en 3 volumes........ 2 fr. »

Cœur immolé, par Louis LATOURRETTE. Un magnifique volume de luxe; illustré de 4 lithographies hors texte, couverture illustrée de Jack ABEILLÉ........................ 3 fr. 50

Roman de mœurs contemporaines, étude approfondie et captivante que voudront lire tous ceux que passionne la belle littérature.

Fille ou Femme, par Antonin RESCHAL. Un volume, imprimé sur papier de luxe et orné de nombreuses illustrations de DENIZOT, couverture illustrée..................... 3 fr. 50

Roman de mœurs parisiennes dans lequel l'auteur a su décrire d'une façon merveilleuse les dessous du cœur humain.

La Noce, par COUTURIER. Un grand album artistique, 29 planches en noir et en couleurs........................ 2 fr. »

La Jolie Cigarrière, par Marc MARIO. Grand roman de Drame et D'Amour illustré de nombreux dessins. Couvertures en couleurs.. 3 fr. 50

L'Amour et les Baisers, par Paul DE SAINT-MERRY, un beau volume illustré de nombreux dessins, couv. en coul. 3 fr. 50

Collection Anti-Cléricale.

La Bible Amusante, par LÉO TAXIL, avec *quatre cents* dessins comiques de FRID'RICK.

Cet ouvrage célèbre est mis en vente sous forme de grande édition, format in-octavo écu, beau volume de 824 pages. En dehors de 400 spirituels dessins qui sont, à eux seuls, une critique aussi joyeuse que complète des divers épisodes bibliques, cette édition contient un texte très développé (VINGT MILLE LIGNES), comprenant les citations TEXTUELLES de l'Ecriture sainte (avec indication des versets) et reproduisant **toutes les réfutations** opposées par **Voltaire**, Fré, et lord Bellingbroke, Toland et autres savants philosophes. Cette œuvre considérable, où l'auteur s'efface derrière tous les illustres critiques, en groupant tous leurs arguments et en les complétant par ses observations personnelles, est d'une importance capitale qui n'échappera à personne. C'est là un travail tout à fait nouveau, des plus instructifs, en même temps que d'une lecture agréable.

Le prix de vente de ce magnifique volume est de 5 francs.

La Vie de Jésus, par LÉO TAXIL. Un fort volume illustré de 50 dessins comiques, du célèbre caricaturiste PÉPIN. Même format que la *Bible Amusante*, et son pendant, pour toute bibliothèque philosophique............................ 4 fr. »

De l'avis général, cet ouvrage est le chef-d'œuvre du joyeux écrivain ; sa verve y est intarissable : mais à côté de chaque plaisanterie moqueuse, se trouve la démonstration, à la fois sagace et érudite, des contradictions et des bourdes commises par les inventeurs et exploiteurs du mythe Jésus-Christ On s'instruit en s'amusant : Leo Taxil vous fait toucher du doigt la bêtise de chaque légende, en citant avec précision les chapitres et les versets de l'Evangile : si bien qu'on découvre gaiement avec lui tout le côté grotesque de chaque dogme, toutes les impossibilités des prétendus faits miraculeux ou soi-disant historiques, imaginés par les prêtres, et l'on s'étonne du degré d'abrutissement des pauvres dupes qui peuvent croire à ces sornettes religieuses, aussi immorales que stupides. On ne saurait trop recommander cet ouvrage, qui est excellent pour la propagande.

Les livres secrets des Confesseurs, dévoilés aux Pères de famille, par Léo Taxil.......................... 2 fr. »

Cet ouvrage reproduit les principaux livres et manuels qui sont en usage dans les grands séminaires et au moyen desquels les jeunes abbés s'instruisent des questions les plus délicates. Ce sont ces manuels secrets, ayant pour auteurs : le R. P Debreyne, Mgr Bouvier, Mgr Claret, etc., que les évêques ont toujours dérobés à la vigilance des gouvernements ; car ces livres sont la preuve flagrante de l'enseignement abominable des séminaires et l'horrible immoralité du confessionnal.

Le Capucin enflammé, roman comique, par le R. P. Alleluia. de l'Ordre de la Sainte-Rigolade, 1 volume illustré. 3 fr. 50

Le Couvent de Gomorrhe, par Jacques Souffrance, roman historique. Mœurs abominables et mystères horribles des communautés religieuses. Illustré........................ 3 fr. 50

Le Moine incestueux, orgies des couvents, par Edmond Ploert. Un volume illustré........................ 3 fr. 50

Lettres amoureuses d'un Ignorantin à son élève. La mère en défendra la lecture à sa fille et même le père à son fils Un volume.. 2 fr. »

Confession d'un Confesseur, par Gustave Ethber. A tous les maris! A tous les pères de famille! Qui veut faire l'ange, fait la bête. 1 beau volume illustré........................ 3 fr. 50

Les Amours d'un Supérieur de Séminaire, par Achille Le Roy. Un volume illustré........................ 3 fr. 50

La Belle Dévote, par Jean Vindex, roman passionnel, couverture illustrée par Jack Abeillé........................ 3 fr. 50

L'Alcôve du Cardinal, par Jean Vindex. Un fort volume illustré de nombreux dessins, dans lequel l'auteur dévoile toutes les turpitudes et les mensonges du clergé, couverture illustrée en couleur.. 3 fr. 50

Les Débauches d'un Confesseur, par Jean Pauper, suivies des **Galanteries de la Bible,** par Evariste Parny. 1 fort vol. illustré par Lacarrière, couverture coloriée....... 3 fr. 50

Au Temps d'Amour, roman émouvant, par Paul Rouget, couverture de Maurice Neumont........................ 3 fr. 50

Franc-Cœur, par Ange Rebelle. Un volume, avec illustrations d'Alphonse Gallais........................ 3 fr. 50

Le Vice en Algérie, par Marcel Debiefs. Un volume illustré de nombreux dessins de Claverie, couv. coloriée, ... 3 fr. 50

Curieuse étude de mœurs civiles et militaires de l'Algérie contemporaine.

OUVRAGES DIVERS

Au Harem, Émile DESCHAMPS. Mœurs orientales. Souvenirs vécus d'amour au Harem. Un charmant volume illustré de deux compositions de L. TENAILLE.......................... 3 fr. 50

Petit Zouzou, par Marc MARIO. Roman milit. 1 vol. 3 fr. 50

Mariage forcé, par Marc MARIO. Roman de mœurs. 3 fr. 50

Le Charriot de Terre cuite, Victor BARRUCAND. Traduit de l'Indien. Pièce en cinq actes. 1 volume............ 3 fr. 50

Une Histoire d'Amour, par Paul MARIETON. Un beau volume de 265 pages...................................... 3 fr. 50

George Sand ! Alfred Musset, qui ne connaît ces deux célébrités littéraires ce livre raconte l'histoire aussi serrée que possible, de l'attachante aventure d'amour qui unit ces deux grands écrivains depuis leur rencontre jusqu'à leur séparation

Naïs Vivette, par René DUBREUIL, roman de mœurs, passionnant et attachant. Un magnifique volume sous couverture illustrée et 4 lithographies hors texte de DILLON....... 2 fr. »

La Belle Simonne, par L. DESSAIGNE grand roman d'amour et d'espionnage; illustré de 110 compositions de LUDOVIC. L'ouvrage complet en 7 volumes. Ensemble........... 10 fr. »

La Puissance des Ténèbres, par le comte TOLSTOI. Drame en cinq actes. 1 volume................................ 3 fr. 50

Journal d'un Vaincu, par Pierre DE LANO. Souvenirs vécus sur la commune. 1 volume................................ 3 fr. 50

L'Empereur Napoléon III, par P. DE LANO. 1 vol... 3 fr. 50

Grands Hommes en Robe de Chambre : Nos célébrités intimes, par Charles Buet. 1 volume..................... 3 fr. 50

Les Filles du Commandant, par Jonas LIE. Traduation d'Aline Toppélius.. 3 fr. 40

Comédies du XVIIe siècle, introductions et notes, par Martel TANCRÈDE... 3 fr. 50

Les Visionnaires. La Sœur. Don Japhet d'Arménie. Le Pédan joué. La Mère Coquette.

Léonarda, par BJORNSJERNE BJORNSON. Traduction d'Auguste Monnier.. 3 fr. 50

La Formation des Mondes, par Eug. TURPIN. 1 volume illustré. 1 port de l'auteur et de nomb. fig. hors texte. 3 fr. 50

L'Amour de Marguerite. Roman contemporain, par Gaston ROUTIER.. 3 fr. 50

La Société des Concerts du Conservatoire de 1828 à 1897. Les grands Concerts symphoniques de Paris, par A. DANDELOT.. 3 fr. 50

La Russie politique et sociale, L. TIKHOMIROV.... 3 fr. 50

Le Théâtre moderne en Danemark, Vicomte DE COLLEVILLE et FRITZ DE ZEPELIN. Edouard Brandes .... 3 fr. 50

Le Nombril de M. Aubertin, LÉO-TRÉZENIK. Couverture en couleur de Maurice NEUMONT.......................... 3 fr. 50

Sceaux. — Imp. E. Charaire.

POUR PARAITRE PROCHAINEMENT

LA PROSTITUTION

A TRAVERS LES SIÈCLES

SON HISTOIRE COMPLÈTE

CHEZ TOUTES LES NATIONS

Depuis les temps anciens jusqu'à nos jours

D'APRÈS

LES DOCUMENTS AUTHENTIQUES

PAR LE

Docteur GRANDIER-MOREL

Cet ouvrage, de la plus grande importance, sera en plusieurs volumes, dont chacun se vendra séparément.

Chaque volume, in 18 de 360 pages : ...

Sceaux. — Imprimerie E. Charaire.

www.ingramcontent.com/pod-product-compliance
Ingram Content Group UK Ltd.
Pitfield, Milton Keynes, MK11 3LW, UK
UKHW020304230726
13925UKWH00001B/211

9 782013 436397